牛羊病

精准鉴别与防治

王大民　王李辉　谢占伟　郭军辉　主编

中原农民出版社

·郑州·

图书在版编目（CIP）数据

牛羊病精准鉴别与防治 / 王大民等主编 . —郑州 : 中原农民出版社，
2023.10

ISBN 978-7-5542-2818-0

Ⅰ . ①牛… Ⅱ . ①王… Ⅲ . ①牛病–诊疗②羊病–诊疗 Ⅳ . ①S858.2

中国国家版本馆CIP数据核字（2023）第185227号

牛羊病精准鉴别与防治
NIUYANGBING JINGZHUN JIANBIE YU FANGZHI

出 版 人：刘宏伟
策划编辑：朱相师
责任编辑：肖攀锋
责任校对：李秋娟
责任印制：孙　瑞
封面设计：杨　柳
版式设计：薛　莲

出版发行：中原农民出版社
　　　　　地址：郑州市郑东新区祥盛街 27 号　　　邮编：450016
　　　　　电话：0371-65713859（发行部）　　0371-65788652（编辑部）
经　　销：全国新华书店
印　　刷：新乡市豫北印务有限公司
开　　本：710 mm×1010 mm　1/16
印　　张：21.5
字　　数：363 千字
版　　次：2023 年 10 月第 1 版
印　　次：2023 年 10 月第 1 次印刷
定　　价：58.00 元

如发现印装质量问题，影响阅读，请与印刷公司联系调换。

牛羊病精准鉴别与防治
编委会

主　编　王大民　王李辉　谢占伟　郭军辉

副主编　王丽敏　刘潇潇　张巧霞　杜丽娟

　　　　赵利民

编　者　曹士杰　王建军　马留峰　魏　唯

　　　　房卫红

前 言

随着我国养殖业的发展，牛羊养殖已由传统的以分散饲养为主的养殖方式，逐步向以规模化养殖为主的格局转变。随着养殖方式的改变，规模养殖场重大动物疫病防控越来越受到养殖技术人员的关注。近年来，河南省许昌市动物疫病预防控制中心成立了技术研讨组，开展了牛羊规模养殖场疫病综合防控技术的调研、论证。在大量的调查、座谈的基础上，形成了针对牛羊规模养殖场疫病的防治措施。这些防治措施在周边地市牛羊规模养殖场应用推广后，牛羊的发病率和病死率明显下降，疫病防控效果显著。

为使牛羊病综合防治措施能够广泛地应用于实际生产中，特将牛羊病鉴别与防治措施汇编成册，供规模养殖企业参考。

由于水平有限，加之时间仓促，书中难免存在不足之处，恳请各位读者不吝指正。如在实践中发现需改进和完善之处，请及时与编者联系。

编　者

2023 年 5 月

目录 /CONTENTS

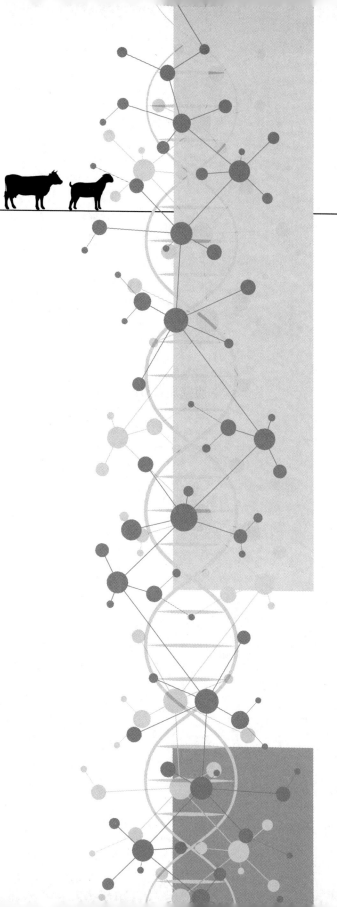

第一篇

传染病

第一章
传染病防治基础知识

第一节
传染和传染病的概念

一、传染的概念

（一）传染

病原微生物（病原体）侵入动物机体，在一定部位生长、繁殖，而引起机体产生一系列病理反应的过程，简称传染或感染。

（二）感染的类型

由于动物机体与病原体双方斗争力量的不同，传染过程可有不同的表现形式。

1. 病原携带状态、隐性感染和显性感染

病原体侵入动物体后，在一定部位生长繁殖，但不产生任何疾病症状的感染形式称为病原携带状态。病原体侵入动物体后，在一定部位生长繁殖，引起一定的病理变化，但不表现或仅仅出现不明显的临床症状，则称为隐性感染。病原体侵入动物体后，在一定部位生长繁殖并产生毒素，引起一系列病理变化，出现该传染病特有的症状的感染形式，称为显性感染。

2. 病毒的持续性感染和慢病毒感染

持续性感染是指动物长期持续的感染状态。由于入侵的病毒不能杀死宿主细胞而形成病毒与宿主细胞间的共生平衡，感染动物可长期或终生带毒，而且经常或反复不定期地向体外排毒，但常缺乏临床症状，或出现与免疫病理反应有关的症状，如疱疹病毒、披膜病毒、副黏病毒及反转录病毒科所属的病毒，常易诱发持续性感染。慢病毒感染，又称长程感染，是指潜伏期长，发病呈进行性且最后常以死亡为转归的病毒感染。其与持续感染的不同点在于疾病过程缓慢，但不断发展且最后常引起死亡。慢病毒有两类：一是反转录病毒科的慢病毒属的病毒；二是亚病毒中的朊病毒。

另外，感染还表现为外源性感染和内源性感染，局部感染和全身感染，单纯感染、混合感染和继发感染，典型感染和非典型感染等形式。

二、传染病的概念

（一）传染病

由特定的病原微生物引起，具有一定的潜伏期和临床表现，并具有传染性的疾病称为传染病。动物机体对某种病原微生物缺乏抵抗力或免疫力时，则动物对该病原微生物具有易感性，具有易感性的动物常称为易感动物。

（二）传染病的特征

1. 由病原微生物引起

有无病原微生物是确定传染病与非传染病的最根本依据。

2. 具有传染性

具有传染性意味着病原微生物能排出体外，并侵入另一个有易感性的健康畜体内，引起同样症状的疾病。传染性的大小取决于病原微生物的致病力和动物机体的抵抗力，通常由发病率的高低来体现。

3. 具有流行性

在一定地区和一定时间内，传染病具有能在易感动物群中从个体发病扩展到整个群体感染发病的特性。

4. 被感染的机体发生特异性反应

由于病原微生物的抗原刺激作用，机体发生免疫生物学的改变，产生特异性保护性反应和变态反应等。无论是显性感染或隐性感染，感染动物都可产生针对病原体及其产物的特异性保护性免疫。根据感染后免疫力持久性和强度不同，以及机体抵抗力的变动，临床上可出现以下现象：

（1）再感染　同一传染病在痊愈后，经过长短不等的时间再度感染，称为再感染，常见于口蹄疫、巴氏杆菌病等。

（2）重复感染　一种传染病尚在进行中，同一种病原体再度侵入而又感染或另一种病原体乘虚而入造成的感染，称为重复感染。前者称为原发性感染，后者称为继发性感染。

（3）复发　初发传染病已经转入恢复期或痊愈初期时，该病症状再度出现，其病原体在体内再度活跃，这种现象称为复发。

（4）终生免疫　耐过动物可获得终生免疫，如布鲁氏菌病。

（三）传染病的发生和发展条件

传染病的发生和发展，必须具备三个条件：其一，要有一定数量和足够毒力的病原微生物；其二，要有对该病原微生物有感受性的动物（即易感动物）；其三，要有可促使病原微生物侵入动物机体内的外界条件（即传播途径）。这三个条件是传染病发生的必备条件，如果缺少任何一个条件，传染病就不可能发生与流行。

1. 病原微生物

病原微生物是传染病发生的必要因素，没有病原微生物，传染病就不可能发生。病原微生物具有引起传染的潜在能力，即致病力。同一种病原微生物的不同菌株，其致病力并不一样。病原微生物的致病力程度或大小，称为毒力。毒力就是指病原微生物在动物机体内生长繁殖、抵抗并抑制机体防卫作用的能力。在自然和人工条件下，毒力可以发生改变。病原微生物侵犯机体时，不仅需要一定的毒力，也需要足够的数量。有时毒力虽强，但数量少，也不能引起传染病。

2. 动物机体状态

动物机体状态对传染病的发生和发展起着决定性作用。如果机体抵抗力强，病原微生物就难以发挥它的致病作用；相反，机体抵抗力弱，是传染病发生的有利因素。机体抵抗力的强弱，与动物年龄、品种、营养、生理机能和免疫状况有密切关系。

3. 外界环境条件

外界环境条件对易感动物机体和病原微生物都有影响，它直接影响传染病的发生和发展。良好的外界条件可增强机体的防御机能，降低病原微生物的致病作用，减少易感机体与病原微生物的接触机会，有利于控制和消灭传染病。不良的外界条件则能降低机体抵抗力，有利于病原微生物的生存，促进易感机体与病原微生物接触，助长传染病的发生和发展。外界条件是可以人为改造的，我们可把不利的外界条件变为有利条件，以便有效地控制传染病的发生与发展。

（四）传染病的发展阶段

传染病的发展过程，一般可分为潜伏期、前驱期、明显（发病）期和转归期四个阶段。

1.潜伏期

从病原微生物侵入动物机体到出现疾病的最初症状为止，这个阶段称为潜伏期。传染病的潜伏期各不相同，即使同一种传染病，潜伏期的长短也有一定的变动范围。潜伏期长短受以下因素影响：

（1）侵入机体的病原微生物的数量与毒力　病原微生物侵入机体数量越多，毒力越强，则潜伏期越短，反之则越长。

（2）动物机体的生理状况　动物机体抵抗力越强，则潜伏期越长，反之则越短。

（3）病原微生物侵入的途径和部位　如狂犬病毒侵入机体的部位，越靠近中枢神经系统，则潜伏期越短。此外，家畜进入牧场的预防检疫期限和发生某种传染病后的隔离、封锁期限，都决定了该传染病潜伏期的长短。

2.前驱期

前驱期为疾病的前兆阶段。病畜表现为体温升高，精神沉郁，食欲减退，呼吸增快，脉搏加速，生产性能降低等一般临床症状，而尚未出现疾病的特征性症状。

3.明显期

明显期为疾病充分发展阶段。病畜明显地表现出某种传染病的典型临床症状，如黏膜病的双相热。

4.转归期

转归期为疾病发展的最后阶段。如果疾病经过良好，病畜可恢复健康。恢复期的特点是疾病现象逐渐消失，机体内破坏性变化减弱和停止，生理机能渐趋正常化，且多有一定的免疫生物学反应性。在转归不良情况下，病畜以死亡告终。应当注意的是，临床上痊愈的动物，仍可能是带菌（毒）或排菌（毒）者，这是最危险的传染来源。

（五）传染病的类型

1.根据病程长短分类

（1）最急性型　病程短促（仅数分至数小时），往往没有明显的临床症状，突然死亡，如最急性炭疽、绵羊快疫等传染病。

（2）急性型　病程较短，有明显而典型的临床症状，如牛巴氏杆菌病。

（3）亚急性型　病程较长，临床症状不如急性明显，介于急性和慢性之间。

（4）慢性型　病程发展非常缓慢，临床症状不明显，如牛结核病等。

同一种传染病的病程长短不是固定不变的，在一定条件下，各型可以相互转化。

2. 按症状是否典型分类

（1）典型　具有该病常见症状和常见病情经过，如破伤风，出现全身强直、角弓反张、瘤胃鼓胀等。

（2）非典型　缺乏该病一种或几种主要症状和常见病情经过，包括顿挫型和一过型两种。顿挫型，即开始症状较重，与急性病例相似，但未来得及表现出主要症状即迅速消退，恢复健康，常见于疫病流行后期。一过型，即开始症状较轻，主要症状未出现就恢复了。

3. 按发病的严重程度分类

（1）良性　一般常以病畜的死亡率作为判定传染病是否为良性的指标。若不引起病畜大批死亡，则为良性，如良性口蹄疫，病畜死亡率一般不超过2%。

（2）恶性　恶性传染病可引起病畜大批死亡，如恶性口蹄疫病畜死亡率可达50%以上。

第二节
传染病的流行过程

传染病在畜群体中发生、传播和终止的过程，就是传染病的流行过程。传染病在畜群体中的传播必须具备传染源、传播途径和易感畜群这三个基本环节。三者联结起来，就构成家畜传染病的流行链，只有当这个链完整时，传染病的流行才有发生的可能。构成这个链的三个条件之中，缺少任何一个，传染病的流行均不可能发生。

一、传染病流行过程的基本环节

（一）传染源

传染源是指体内有病原微生物生存、繁殖，并能排出病原微生物的动物，包括病畜和带菌（毒）者。

1. 病畜

多数患传染病的病畜，在发病期排出的病原体数量多、毒力强、传染性大，是主要的传染来源。如患口蹄疫的病畜，口蹄疫病毒随其分泌物、排泄物不断排出。

2. 带菌（毒）者

带菌（毒）者是指临床上没有任何症状，病原体能在体内生长繁殖，并向体外排出的动物。一般有以下三种类型：

（1）潜伏期带菌（毒）者　如口蹄疫病畜在潜伏期就能排毒。

（2）病愈后带菌（毒）者　有些病畜在传染病临床症状消失后，体内仍残存病原微生物并不断排出，如慢性或隐性牛结核病病畜。

（3）健康动物带菌（毒）者　是指在健康动物的上呼吸道、消化道和泌尿生殖道等常有一些条件性病原微生物存在，但并不引起动物发病，如患巴氏杆菌病的病畜经常可见到这种带菌现象。但当动物机体在不良条件因素的影响下抵抗力降低时，条件性病原微生物便大量繁殖，毒力增强，成为内源性传染而引起发病，并可排出病原菌，感染其他动物。

病原微生物一般随排泄物、分泌物（如粪便、尿液、阴道分泌物、唾液、精液、乳汁、眼分泌物、脓汁等）排出体外。病原微生物排出的途径和传染病的性质及病原微生物存在的部位有密切关系。某些败血性传染病，病原微生物排出的途径较多，如巴氏杆菌病的病原微生物，可随所有分泌物、排泄物排出。当病原微生物局限于一定组织器官时，病原微生物排出的途径一般比较单纯，如动物患肠结核时，病原微生物只从粪便排出，乳腺结核病的病原微生物从乳汁排出，子宫结核病的病原体则常从阴道分泌物排出。

（二）传播途径

病原微生物从传染源排出后，经一定的方式侵入其他易感动物的途径，称为传播途径。传播途径可分水平传播和垂直传播。

1. 水平传播

水平传播是指传染病在群体与群体之间或个体与个体之间平行传播，包括下列两种方式：

（1）直接接触传播　是指在无任何外界因素参加的情况下，病畜与健畜直接接触而引起的传播，如狂犬病就是健畜被病犬咬伤而传染的。

（2）间接接触传播　病原微生物通过传播媒介使易感动物发生感染的方

式，称间接接触传播。从传染源将病原微生物传播给易感动物的各种外界环境因素称间接接触传播媒介。一般有以下几种传播方式：①经污染的饲料、饮水传播。以消化道为侵入门户的传染病，通过动物采食被污染的饲料、饮水而传染，如猪瘟、鸡新城疫等。②经污染的土壤传播。病畜的排泄物或尸体内的病原微生物能在土壤中长期生存，并经土壤传给其他家畜而引起传染病。如炭疽、气肿疽、破伤风等。③经空气传播。主要通过飞沫和尘埃传播。主要见于以呼吸道为主要侵入门户的传染病，如牛肺疫、口蹄疫、结核病等。④经被污染的用具传播。被病原体污染的用具未经消毒而用于健康家畜时，常可引起传染，如患附红细胞体的病牛使用过的针头，未经消毒再用于其他健康牛时，则可引起感染。⑤经节肢动物、野生动物和人传播。节肢动物可以在体表或体内机械携带病原微生物而传播某些传染病，此种传播方式称为机械性传播。

2. 垂直传播

垂直传播就是从母体到其后代两代之间的传播，包括以下两种方式：

（1）经胎盘传播　病原微生物由受感染的孕畜经胎盘血液循环感染胎儿。可经胎盘传播的疾病有牛黏膜病、蓝舌病、伪狂犬病、弯曲杆菌性流产、钩端螺旋体病等。

（2）经产道传播　一是病原体经孕畜阴道通过子宫颈口到达绒毛膜或胎盘引起胎儿感染，即上行传播；二是胎儿在产出过程中经过严重污染的产道时，病原微生物可经皮肤、呼吸道、消化道而感染。

（三）易感畜群

易感畜群是指对某种传染病缺乏免疫而容易受感染的畜群。家畜易感性的高低虽然与病原体的种类和毒力强弱有关，但主要还是由畜体的遗传特征、特异性免疫状态等因素决定。外界条件，如气候、饲料、饲养管理水平、卫生条件等因素都可能直接影响畜群的易感性和病原体的传播。该地区畜群中易感个体所占的百分率直接影响传染病是否能造成流行疫病以及造成流行疫病的严重程度。

二、传染病流行过程的表现形式

传染病的流行过程可根据一定时间内发病率的高低和传染范围的大小分为五种形式。

（一）散发性

发病数目不多，在较长时间内只有个别地区散在发生，如破伤风呈散发性，这是因为该病要经过创伤感染才能发生。

（二）地方流行性

发病数目较多，但传播范围不广，常局限于一定的地区，称为地方流行性，也可以说该病的发生有一定的地区性。例如炭疽经常出现于炭疽病尸掩埋的地方或被炭疽芽孢污染的场所。

（三）流行性

当一个地区某病的发病率显著超过该病常年的发病率水平或为散发发病率的数倍时，称为流行性。它是一个相对数值概念，因此，同一种传染病在不同的地区称为流行性时，各地各畜群所见的病例数是不一致的。

（四）大流行性

当某一种传染病在一定时间内迅速传播，波及全国各地，甚至超出国界、洲境时，称为大流行性。例如口蹄疫曾出现过这种流行形式。

（五）暴发性

在某一个局部地区或一定畜群范围中，短时间内突然出现很多同类疾病的病畜，这些病畜大多有同一传染源或同一传播途径。如饲料中毒、流行性感冒、牛流行热等。

三、影响传染病流行过程的因素

（一）自然因素

自然因素对传染媒介的作用最为明显。气候温暖的夏秋季节，虻、蚊等吸血昆虫多，容易发生由吸血昆虫传播的传染病，如牛流行热、蓝舌病等。在寒冷冬季，家畜转为舍饲时，呼吸道传染病的发病率常有升高的现象。

自然因素对传染源的影响也很显著。如果传染源是野生动物，由于野生动物均生活在一定的自然地理条件下（如森林、沼泽等），它们所散播的疾病往往都局限在一定的自然疫源地内，如李氏杆菌病、钩端螺旋体病等，就是自然疫源性疾病。如果传染源是家畜时，则传染病的散播常受动物饲养条件的影响，而饲养条件在很大程度上是由气候、地理等因素决定的。

自然因素还影响家畜抵抗力。如在低温和高湿的条件下，不仅有利于病原体在外界环境中长期生存，还能降低家畜机体抵抗力，因而易发生呼吸系统传染病和由条件性病原微生物所致的传染病。

（二）社会因素

影响流行过程的社会因素，主要是人们对畜禽流行病的认识和重视程度。例如，当家畜是传染源时，传染病能否在家畜间继续散播，则决定于畜牧兽医人员是否及时地查明和隔离这些传染源，并施行其他有效的防疫措施。水、空气、土壤、饲料、昆虫等，能否成为传染媒介，也是由人类的活动决定的。家畜对传染病的感受性，更是受人为的饲养管理制度和卫生条件的影响。

（三）饲养管理

饲养管理包括饲养管理制度、营养水平以及畜舍建筑结构、通风设施等都可成为影响传染病发生和流行的因素。

第三节
传染病的诊断方法

及时而正确的诊断不仅是对病畜进行有效治疗的前提，而且是预防工作的重要环节，关系到能否有效地采取防疫措施。常用的诊断方法有临床诊断、流行病学诊断、病理学诊断、病原学诊断和免疫学诊断等。

（一）临床诊断

临床诊断是最基本的诊断方法。利用视、触、叩、听、嗅等方法对病畜进行检查，搜集症状，分析病因，有时也包括血、粪、尿的常规检验。通常只能提出可疑疫病的大致范围，必须结合其他诊断方法方能确诊。

（二）流行病学诊断

流行病学诊断是在疫情调查的基础上进行的。以召开调查会及个别交谈的方式询问疫情，查阅有关记录资料和对现场仔细观察、检查，取得第一手资料，然后对材料进行归纳整理，去伪存真，做出判断。通常要做好流行概况调查、传染源调查、传播途径和传播方式的调查以及发病地区社会基本情况的调查等四方面的工作。

（三）病理学诊断

发现典型病理变化，验证临床观察结果，某些疾病即可确诊。

（四）病原学诊断

运用兽医微生物学的方法检查病原体。包括显微镜检查、分离培养和鉴定、动物接种试验、气相色谱分析、免疫组化技术和分子生物学检测技术等。

（五）免疫学诊断

血清学的方法使用频率最高。既可用已知抗原来测定动物血清中的特异性抗体，也可用已知的抗体来测定被检材料中的抗原。经典试验包括凝集试验、沉淀试验和有补体参与的反应。变态反应诊断对诊断某些传染病是很重要的，如结核病、布鲁氏菌病常用此法进行诊断。

第四节
传染病的防治措施

一、防治措施

传染病的防治措施，通常分为预防措施和扑灭措施两部分。前者是平时经常进行的，以预防传染病发生为目的；后者是以消灭已经发生的传染病为目的。实际上两者并无本质差别，而是相互联系，互为补充。因此，防治家畜传染病，必须贯彻"预防为主"的方针，对实行规模化、工厂化、机械化饲养的奶牛（羊）场贯彻这一方针，更具有十分重要的意义。

对于传染病的防治，应针对流行过程的三个环节，即查明和消灭传染源，切断传播途径，提高牛、羊对传染病的抵抗力等，采取综合性防治措施。

（一）传染病的预防措施

1. 加强饲养管理

建立和健全合理的饲养管理制度，正确管理，以提高畜群的抵抗力。贯彻自繁自养原则，减少疾病的发生和传播，是当前规模化养殖的重要措施之一。

2. 加强兽医卫生监督

经常做好检疫工作是杜绝传染来源、防止传染病由外地侵入的根本措施。

（1）国境检疫　目的在于保护我国国境不受他国家畜传染病的侵入。凡从国外入境的家畜和畜产品，必须经过设在国境的兽医检疫机关检查，认定是健畜或非传染性的畜产品时，方许进入国境。

（2）国内检疫　目的在于保护国内各省、市、县不受邻近地区家畜传染病的侵入。凡从外地输入家畜和畜产品时，须有检疫证明书，并经输入地区兽医机构检查，认定是健畜或非传染性的畜产品时，方许进入，以防家畜传染病由疫区传入。

（3）市场检疫　家畜交易市场，由于家畜大量集中而增加了传染病的散播机会，因此加强市场检疫，对防止传染病的传播极为重要。

（4）屠宰检验　肉类联合加工厂或屠宰场进行屠宰检验，对保护人民健康，提高肉品质量和防止家畜传染病的传播都具有重要意义。

（5）定期检疫　目的在于及早发现传染源，防止扩大传染。对新购入的牛、羊，也必须进行隔离检疫，观察一定的时间，认定是健康者，方许并入原有健康群。

3. 搞好卫生

做好经常性的消毒、杀虫、灭鼠工作，对外界环境、畜舍进行定期性消毒，这是规模化、机械化养殖场防止传染病发生的一个重要环节。

4. 搞好预防接种

在经常发生某些传染病的地区，或有发生该病的潜在可能性的地区，为了防患于未然，在平时有计划地给健康畜群进行疫（菌）苗接种，称为预防接种。为了使预防接种做到有的放矢，需要查清本地区传染病的种类和发生季节，并掌握其发生规律、疫情动态、畜禽种类、头（只）数，以及饲养管理情况，以便制订出相应的预防接种计划，即科学的免疫程序。

（二）传染病的扑灭措施

当发生传染病时，应立即采取以下扑灭措施。

1. 及时发现、诊断和上报疫情，并通知邻近单位做好预防

在发现传染病或疑似传染病时，应立即报告当地畜禽防疫机构或乡镇兽医站，由当地畜禽防疫机构或乡镇兽医站组织有关专家进行确诊和负责通知邻近有关单位，以便采取相应的预防措施。特别是怀疑为口蹄疫、牛瘟等一类疫病时，一定要立即上报。及早而准确的诊断，是扑灭畜禽传染病的一个主要环节。越早查明或消灭传染来源，就越能防止传染病的蔓延。因此，早期诊断有极大的预防意义。

2. 迅速隔离病畜，污染的地方进行紧急消毒

隔离病畜和可疑病畜是为了控制传染来源，把疫情限制在最小范围内，以

便就地消灭。为此，当传染病发生时，首先要查明疫情蔓延的程度，逐头进行临床检查，必要时进行血清学和变态反应等特异性检查。根据检查结果，可将受检家畜分为病畜、可疑病畜和假定健康畜等三个群体，分别进行隔离。

病畜是指有明显症状的典型病例，是最危险的传染来源，应在彻底消毒的情况下，将其单独隔离或集中隔离在原来的畜舍，最好是送入病畜隔离舍，要有专人管理，禁止闲杂人员或其他家畜出入或接近，并在病畜隔离舍出入口设消毒槽。专用的饲养用具要经常消毒，粪便要妥善处理。

可疑病畜是指无任何症状，但与病畜及其污染的环境有过明显接触，如同群、同畜舍、同槽、同牧，使用共同的水源、草场及用具等。这类畜群有可能处在潜伏期，并有排菌（毒）的危险，应在严格消毒后转移到别处看管，并限制其活动，仔细观察。有条件时，应立即进行紧急预防接种或用药物预防。

假定健康畜是指与病畜、可疑病畜没有接触过的家畜。对这种家畜可立即进行紧急免疫接种，如无疫（菌）苗，可根据实际情况划分小群饲养，或转移至偏僻饲养地。

隔离病畜的期限，因传染病的性质和潜伏期的长短而不同。一般急性传染病隔离的时间较短，慢性传染病隔离的时间较长。此外，亦应根据各种传染病痊愈后带菌（毒）的时间不同，来决定病畜隔离期限。

3. 封锁疫区

封锁疫区是为了防止传染病由疫区向安全区传播所采取的一种紧急措施。根据我国动物疫病防疫法相关规定：当发生严重的或当地新发现传染病时，畜牧兽医人员应立即报请当地人民政府，划定疫区范围，进行封锁。封锁区的划分必须根据该病的流行规律，当时的疫情流行情况和当地的具体条件充分研究，确定疫点、疫区和受威胁区。执行封锁应根据"早、快、严、小"的原则，即报告疫情要早，行动要快，封锁要严，范围要小，这是我国多年实践总结出来的经验。

（1）疫点为病畜所在的畜舍、牧场　在农区划分疫点的范围包括病畜栏圈、运动场，连同与病畜的栏圈及运动场十分接近的场所；在牧区划定的疫点应包括足够的草场和饮水地点。封锁的疫点应采取的措施有：严禁人、畜禽、车辆出入和畜禽产品及可能污染的物品运出，特殊情况下人员必须出入时，需经有关兽医许可，并进行严格消毒后方可出入；对病死畜禽及其同群畜禽，由县级以上农牧部门决定采取扑杀、销毁或无害化处理等措施；疫点出入口必须有消毒设施，疫点内用具、圈舍、场地必须进行严格消毒，疫点内的畜禽粪便、垫草、受污染的草料必须在兽医人员监督指导下进行无害化处理。

（2）疫区为疫病正在流行的地区　即病畜所在地及病畜在发病前后一定时间内，曾经到过的地点。实施封锁措施时，要做好以下工作：在封锁区边缘设立明显的标志，指明绕行路线，设置监督岗哨，禁止易感动物通过封锁线，在必要的交叉路口设检疫站，对必须通过的车辆、人和非易感动物进行消毒或检疫；停止集市贸易和疫区内畜禽及其产品的采购流通，做好必要的杀虫灭鼠工作；未污染的畜禽产品必须运出疫区时，需经县级以上农牧（兽医检疫）部门批准，在防疫人员监督指导下，经外包装消毒后运出；非疫点的易感畜禽，必须进行检疫或预防注射；农村及牧区畜禽必须在指定地区放牧，役畜限制在疫区内使役。

（3）受威胁区为疫区周围可能受到传染的地区　受威胁区的范围可根据疫区山川、河流、交通要道、社会经济活动的联系等具体情况而确定。疫区和受威胁区统称为非安全区，而非安全区以外的地区视为安全区。受威胁区应采取如下主要措施：对受威胁区内的易感动物应及时进行预防接种，以建立免疫带；管好本区内的易感动物，禁止出入疫区，并避免饮用疫区流过来的水；禁止从封锁区购买牲畜、草料和畜产品，如从解除封锁后不久的地区购进牲畜或其产品时，必须进行隔离观察，必要时对畜产品进行无害化处理；对设于本区的屠宰场、加工厂、畜产品仓库等进行兽医卫生监督，拒绝接受来自疫区的活畜及其产品。

4.解除封锁

疫区内（包括疫点）最后一头病畜扑杀或痊愈后，经过该病一个潜伏期以上的检测、观察，再未出现病畜时，经彻底消毒处理，由县级以上农牧部门检查合格后，经原发布封锁令的政府发布解除封锁，并通报毗邻地区和有关部门。疫区解除封锁后，病愈畜需根据其带毒时间，控制在原疫区范围内活动，不能将其调入安全区。

二、治疗措施

（一）特异疗法

特异疗法是指应用针对某种传染病的高免血清、噬菌体等特异性的生物制剂所进行的治疗。这种疗法的特异性很高，如抗破伤风血清对治疗破伤风具有特效。高免血清用于某些急性传染病，如牛出血性败血症等的治疗，一般在发病初期注射足够的数量，可收到良好效果。如无高免血清，而以耐过动物或人工免疫动物的血清代替时，虽可起一定的作用，但用量必须加大。

（二）抗生素疗法

按传染病的性质选择使用抗生素，如革兰氏阳性细菌（如炭疽等）引起的，可选用青霉素；革兰氏阴性细菌（如大肠杆菌病、沙门菌病等）引起的，可选用链霉素治疗。使用抗生素时，开始剂量宜大，以便集中优势药力消灭病原微生物，以后则可按病情酌减其用量。疗程则根据传染病的种类和病畜的具体情况来决定。如果治疗用药选择不当或使用不当，不仅浪费药品，达不到治疗目的，还会造成种种危害。

（三）化学疗法

化学疗法是用化类药物消灭和抑制动物体内病原体的治疗方法，常用的有磺胺类药物、抗菌增效剂和喹诺酮类药物，治疗结核病的异烟肼（雷米封）、对氨基水杨酸钠等。

（四）微生态平衡疗法

微生态平衡疗法是通过使用微生态制剂以调整正常菌群平衡达到治疗目的的方法。

（五）对症疗法

对症疗法是按症状性质选择用药的疗法，是减缓或消除某些严重症状，调节和恢复机体的生理机能而进行的一种疗法。如体温升高时，可用氨基比林或安乃近解热，伴发心脏衰弱时，可用樟脑、咖啡因或洋地黄强心；咳嗽时可用氯化铵或远志祛痰止咳等。

（六）护理疗法

对病畜加强护理，改善饲养条件，多给新鲜、柔软、易消化的饲料。若动物无法自食，可用胃管灌服米汤、稀粥等流食，以免家畜因饥饿和缺水死亡。此疗法对疾病的转归影响很大，不可忽视。

（七）中兽医疗法

用白头翁汤、乌梅汤等治疗羔羊痢疾；用千金散配合其他方法治疗破伤风等，都有较好的疗效。

第二章
牛羊传染病

第一节
病毒性传染病

一、口蹄疫

口蹄疫俗名"口疮""蹄癀",是由口蹄疫病毒所引起的一种急性、热性、高度接触性传染病。临床上以口腔黏膜、蹄和乳房皮肤发生水疱和溃烂为特征。主要侵害偶蹄兽,偶见于人和其他动物。有强烈的传染性,往往造成大流行,不易控制和消灭,因此,世界动物卫生组织(OIE)一直将本病列为 A 类动物疫病名单之首。

(一)病原

口蹄疫病毒(FMDV)属于微核糖核酸病毒科中的口蹄疫病毒属。该病毒是目前所知最小的动物核糖核酸病(RNA)病毒。病毒由中央的核糖核酸核心和周围的蛋白壳体组成,无囊膜,成熟的病毒粒子约含 30% 的 RNA,其余 70% 为病毒蛋白质。RNA 决定病毒的感染性和遗传性,病毒蛋白质决定其抗原性、免疫性和血清学反应能力,并对病毒中央的 RNA 提供保护。

FMDV 具有多型性、易变性的特点。目前已知口蹄疫病毒在全世界有 7 个主型,每一型内又有亚型,亚型内又有众多抗原差异显著的毒株。目前已发现 65 个亚型。各型临诊表现相同,但彼此均无交叉免疫性。同型各亚型之间交叉免疫程度变化幅度较大,亚型内各毒株之间也有明显的抗原差异。据观察,一个地区的牛群经过有效的口蹄疫疫苗注射之后,1~2 个月又会流行该病,这往往被怀疑是另一型或亚型病毒所致。

该病毒对外界环境的抵抗力很强,含病毒组织或被病毒污染的饲料、皮毛及土壤等可保持传染性数周至数月。在冰冻情况下，血液及粪便中的病毒可存活 120~170 d。对日光、热、酸、碱敏感，故 2%~4% 氢氧化钠、3%~5% 福尔马林、0.2%~0.5% 过氧乙酸、5% 氨水、5% 次氯酸钠都是该病毒的良好消毒剂。

（二）流行病学

口蹄疫病毒可侵害多种动物，但主要为偶蹄兽。家畜中牛最易感（奶牛、牦牛、犏牛最易感，水牛次之），其次是猪，再次是绵羊、山羊和骆驼。仔猪和犊牛不但易感而且死亡率也高。野生动物也可感染发病。

本病具有流行快、传播广、发病急、危害大等流行特点，疫区发病率为 50%~100%，犊牛死亡率较高，其他则较低。

病畜和潜伏期动物是最危险的传染源。在症状出现前，从病畜机体开始排出大量病毒，发病初期排毒量最多。病畜的水疱液、乳汁、尿液、口涎、泪液和粪便中均含有病毒，其中水疱液内及淋巴液中含毒量最多，毒力最强。隐性带毒者主要为牛、羊及野生偶蹄动物，猪不能长期带毒。

该病毒入侵的途径主要是消化道和呼吸道，也可经损伤的黏膜和皮肤感染。

该病毒经空气广为传播。畜产品、饲料、草场、水源、交通运输工具、饲养管理用具，一旦污染病毒，均可成为传染源。

本病传播虽无明显的季节性，但冬、春两季较易发生大流行，夏季会减缓或平息。

（三）症状

潜伏期 1~7 d，平均 2~4 d。病牛精神沉郁，闭口，流涎，开口时有吸吮声，体温可升高到 40~41℃。发病 1~2 d 后，病牛齿龈、舌面、唇内面可见到蚕豆至核桃大的水疱，涎液增多，并呈白色泡沫状挂于嘴边。采食及反刍停止。水疱约经一昼夜破裂，形成溃疡，呈红色糜烂区，边缘整齐，底面浅平，这时体温会逐渐降至正常。在口腔发生水疱的同时或稍后，趾间及蹄冠的柔软皮肤上发生水疱，会很快破溃，然后逐渐愈合。有时在乳头皮肤上也可见到水疱。本病一般呈良性经过，经 1 周左右即可自愈；若蹄部有病变则可延至 2~3 周或更久；死亡率 1%~2%，该病型叫良性口蹄疫。

有些病牛在水疱愈合过程中，病情突然恶化，全身衰弱、肌肉发抖，心跳加快、节律不齐，食欲废绝、反刍停止，行走摇摆、站立不稳，往往因心肌炎引起心脏麻痹而突然死亡，这种病型叫恶性口蹄疫，病死率 25%~50%。

哺乳犊牛患病时，往往看不到特征性水疱，主要表现为出血性胃肠炎和心肌炎，死亡率很高。

（四）病变

除口腔、蹄部的水疱和烂斑外，还可在咽喉、气管、支气管、食管和瘤胃黏膜见到圆形烂斑和溃疡，皱胃和小肠黏膜有出血性炎症。恶性口蹄疫可在心肌切面上见到灰白色或淡黄色条纹与正常心肌相伴而行，如同虎皮状斑纹，俗称虎斑心。

（五）诊断

1.诊断要点

根据以下几点可做出初步诊断：发病急、流行快、传播广、发病率高，但死亡率低，且多呈良性经过。

大量流涎，呈引缕状；口蹄疮定位明确（口腔黏膜、蹄部和乳头皮肤），病变特异（水疱、糜烂）；恶性口蹄疫时可见虎斑心。

2.鉴别诊断

本病与下列疾病都有相似之处，应注意鉴别。

（1）牛瘟　传染猛烈，病死率高；舌背面无水疱和烂斑，蹄部和乳房无病变；水疱和烂斑多发生于舌下、颊和齿龈，烂斑边缘不整齐，呈锯齿状。胃肠炎严重，有剧烈的下痢；皱胃及小肠黏膜有溃疡。应用补体结合试验和荧光抗体检查可确诊，也可以此加以区别。

（2）牛恶性卡他热　常散发，无接触传染性，发病牛有与绵羊接触史；病死率高；口腔及鼻黏膜、鼻镜上有糜烂，但不形成水疱；常见角膜浑浊。无蹄冠、蹄趾间皮肤病变，这是与口蹄疫的区别所在。

（3）传染性水疱性口炎　流行范围小，发病率低，极少发生死亡；不侵害蹄部和乳房，马属动物可发病。

（4）牛黏膜病　地方性流行，羊、猪感染但不发病；牛见不到明显的水疱，烂斑小而浅表，不如口蹄疫严重。白细胞减少，腹泻，消化道尤其是食管糜烂、溃疡。

3.实验室诊断

为了和类似疾病鉴别及毒型鉴定，必须进行实验室检查。目前口蹄疫的检测技术主要有病毒分离技术、血清学检测技术和分子生物学技术等。

病毒分离技术是检测口蹄疫的重要标准，主要有细胞培养和动物接种两种方法；血清学检测技术主要有病毒中和试验、补体结合试验、间接血凝试验、乳胶凝集试验、免疫扩散试验、酶联免疫吸附试验、免疫荧光抗体试验、免疫荧光电子显微镜技术等。近年来，随着分子生物学的飞速发展，以及对 FMDV 研究的不断深入，已经建立起检测 FMDV 的各种分子生物学方法，其中包括聚合酶链式反应、核酸探针、核酸序列分析、基因芯片技术等。

（六）防治

由于目前还没有口蹄疫病畜的有效治疗药物，国际动物卫生组织和各国都不主张，也不鼓励对口蹄疫病畜进行治疗，重在预防。

发生口蹄疫后，应迅速报告疫情，划定疫点、疫区，按照"早、快、严、小"的原则，及时严格封锁，病畜及同群畜应隔离急宰，同时对病畜舍及污染的场所和用具等彻底消毒。对疫区和受威胁区内的健康易感畜进行紧急接种，所用疫苗必须与当地流行口蹄疫的病毒型、亚型相同。还应在受威胁区的周围建立免疫带以防疫情扩散。在最后一头病畜痊愈或被屠宰后 14d 内，未再出现新的病例，经大消毒后可解除封锁。免疫参考程序：①种公牛、后备牛每年注射高效苗 2 次，每间隔 6 个月免疫 1 次。肌内注射高效苗 5ml。②生产母牛分娩前 3 个月肌内注射高效苗 5ml。③犊牛出生后 4~5 个月首免，肌内注射高效苗 5ml。首免后 6 个月二免，方法、剂量同首免，以后每间隔 6 个月接种 1 次，肌内注射高效苗 5ml。羊的免疫程序参照牛的免疫程序执行，肌内注射，剂量减半。发生口蹄疫时，也可对疫区和受威胁的家畜使用康复动物血清或高免血清。

疫点粪便堆积发酵处理，或用 5% 氨水消毒；畜舍、运动场和用具用 2%~4% 氢氧化钠溶液、10% 石灰乳、0.2%~0.5% 过氧乙酸等喷洒消毒；毛、皮可用环氧乙烷或福尔马林熏蒸消毒。

二、牛病毒性腹泻—黏膜病

牛病毒性腹泻—黏膜病（BVD-MD）简称牛病毒性腹泻或牛黏膜病。该病是以发热、黏膜糜烂溃疡、白细胞减少、腹泻、免疫耐受与持续感染、免疫抑制、先天性缺陷、咳嗽、怀孕母牛流产、产死胎或畸形胎为主要特征的一种接触性传染病。

目前 BVD-MD 已呈世界性分布，特别是畜牧业发达的国家，如美国血清学阳性率为 50%、澳大利亚为 89%、加拿大部分地区为 82%~84%、南美 6 国（巴西、智利、阿根廷、哥伦比亚、乌拉圭和秘鲁）为 84.9%、法国为 76%、瑞士为 78%~80%、印度为 17.31%。目前随着我国养牛业的快速发展，也在我国新疆、内蒙古、宁夏、甘肃、青海、黑龙江、河南、河北、山东、辽宁、陕西、山西、广西、四川、江苏、安徽等 20 多个省、区、市检出此病。

（一）病原

牛病毒性腹泻病毒（BVDV）又名黏膜病病毒，是黄病毒科，瘟病毒属的成员。为单股 RNA 有囊膜病毒。本病毒耐低温，冰冻状态可存活数年。本病毒与猪瘟病毒在分类上同属于瘟病毒属，有共同的抗原关系。

（二）流行病学

各种牛对本病易感，绵羊、山羊、猪、鹿次之。

患病动物和带毒动物通过分泌物和排泄物排毒。急性发热期病牛血中大量含毒，康复牛可带毒 6 个月。

主要通过消化道和呼吸道感染，也可通过胎盘感染。

本病常年发生，多发于冬季和春季。新疫区急性病例多，大小牛均可感染，发病率约为 5%，病死率为 90%~100%，发病牛以 6~18 个月居多。老疫区急性病例少，发病率和病死率低，隐性感染率在 50% 以上。

（三）症状

潜伏期 7~10 d。

急性型：病牛突然发病，体温升高至 40~42℃，持续 4~7 d，有的呈双相热。病牛精神沉郁，厌食，鼻腔流鼻液，流涎，咳嗽，呼吸加快。白细胞减少。鼻、口腔、齿龈及舌面黏膜出血、糜烂。呼气恶臭。通常在口内损害之后常发生严重腹泻，开始水泻，以后带有黏液和血。有些病牛常引起蹄叶炎及趾间皮肤糜烂坏死，从而导致跛行。急性病牛恢复的少见，常于发病后 5~7 d 死亡。

慢性型：发热不明显，最引人注意的是鼻镜上的糜烂。口腔内很少有糜烂。眼有浆液性分泌物。背部及耳后皮肤常出现局限性脱毛和表皮角质化，甚至破裂。慢性蹄叶炎和趾间坏死导致蹄冠周围皮肤潮红、肿胀、糜烂或溃疡，跛行。间歇性腹泻。多于发病后 2~6 个月死亡。

母牛在妊娠期感染本病时常发生流产，或产下有先天性缺陷的犊牛。最常见的缺陷是小脑发育不全。

绵羊通常为隐性感染，但妊娠 12~80 d 的绵羊感染后，可能导致流产或早产。

（四）病变

主要病变在消化道和淋巴组织。特征性损害是口腔（内唇、切齿齿龈、上颚、舌面、颊的深部）、食管黏膜有糜烂和溃疡，直径 1~5 mm，形状不规则，是浅层性的，食管黏膜糜烂沿皱褶方向呈直线排列。第四胃黏膜严重出血、水肿、糜烂和溃疡。蹄部、趾间皮肤糜烂、溃疡和坏死。肠系膜淋巴结肿胀。犊牛小脑发育不全，亦常见大脑充血，脊髓出血。

（五）诊断

根据症状和流行病学情况，可以做出初步诊断，用不同克隆 DNA 探针可检测 BVDV，检查抗体方法有 BVDV 血清中和试验、酶联免疫吸附试验等。

本病应注意与牛瘟、口蹄疫、恶性卡他热、牛传染性鼻气管炎、水疱性口炎、蓝舌病等区别。

（六）防治

1. 防治措施

由于 BVDV 普遍存在，而且致病机制复杂，给该病的防治带来很大困难，目前国内尚无有效的控制方法，国外控制的最有效办法是对经鉴定为持续感染的动物立即屠杀及进行疫苗接种，但活苗不稳定，而且会引起胎儿感染，所以国外大多数学者主张采用灭活苗。防治本病应加强检疫，防止引入带毒牛、羊或造成本病的扩散。一旦发病，病畜隔离治疗或急宰；同群和有接触史的牛、羊应反复进行临床学和病毒学检查，及时发现病畜和带毒畜。持续感染牛、羊应淘汰。

2. 治疗措施

本病在目前尚无有效疗法。应用收敛剂和补液疗法可缩短恢复期，减少损失。用抗生素或磺胺类药物，可减少继发性细菌感染。

硫酸庆大霉素 120 万 IU 后海穴注射；硫酸黄连素 0.3~0.4 g、10% 葡萄糖注射液 500 ml；0.2% 氧氟沙星葡萄糖注射液或诺氟沙星葡萄糖注射液 300 ml；新促反刍液（5% 氯化钙 200 ml、30% 安乃近 30 ml、10% 盐水 300 ml），分三步静脉滴注。也可饮 2% 白矾水，灌牛痢方（白头翁、黄连、黄柏、秦皮、当归、白芍、大黄、茯苓各 30 g，滑石粉 200 g，地榆 50 g，金银花 40 g），均有疗效。

三、牛流行热

牛流行热又称三日热或暂时热，是由牛流行热病毒引起的一种急性热性传染病。其特征是牛高热，流泪，流涎，流鼻汁，呼吸急促紧迫，后躯僵硬，跛行。一般为良性经过，经 2~3 d 恢复。

（一）病原

牛流行热病毒属弹状病毒科，狂犬病毒属的成员。成熟病毒粒子含单股

RNA，有囊膜。对酸碱敏感，不耐热，耐低温，常用消毒剂能迅速将其杀灭。

（二）流行病学

本病主要侵害奶牛和黄牛，水牛较少感染。以 3~5 岁牛多发，1~2 岁牛和 6~8 岁牛次之，犊牛和 9 岁以上牛少发。野生动物中，南非大羚羊可感染本病，并产生中和抗体，但无临诊症状。在自然条件下，绵羊、山羊、骆驼、鹿等均不感染。绵羊可人工感染并产生病毒血症，继则产生中和抗体。

病牛是本病的主要传染源。病毒主要存在于高热期病牛的血液中。吸血昆虫（蚊、蠓、蝇）叮咬病牛后再叮咬易感的健康牛传播，故疫情的存在与吸血昆虫的出没相一致。实验证明，病毒能在蚊子和库蠓体内繁殖。

本病的传染力强，呈流行性或大流行性。本病广泛流行于非洲、亚洲及大洋洲。

本病的发生具有明显的周期性和季节性，通常每 3~5 年流行一次，北方多于 8~10 月流行，南方可提前发生。

（三）症状

潜伏期 3~7 d。

发病突然，体温升高达 39.5~42.5℃，维持 2~3 d 后，降至正常。在体温升高的同时，病牛流泪、畏光、眼结膜充血、眼睑水肿；呼吸促迫，80 次/min以上，听诊肺泡呼吸音高亢，支气管呼吸音异常；食欲废绝，咽喉区疼痛，反刍停止；多数病牛鼻炎性分泌物呈线状，随后变为黏性鼻涕。口腔发炎、流涎，口角有泡沫。病牛呆立不动，强使行走，步态不稳，因四肢关节浮肿、僵硬、疼痛而出现跛行，最后因站立困难而倒卧。有的便秘或腹泻。尿少，暗褐色。妊娠母牛可发生流产、死胎，泌乳量下降或停止。多数病例为良性经过，病程 3~4 d；少数严重者于 1~3 d 死亡，病死率一般不超过 1%。

（四）病变

急性死亡的自然病例表现为上呼吸道黏膜充血、肿胀，有点状出血，可见有明显的肺间质气肿，还有一些牛可有肺充血与肺水肿。淋巴结充血、肿胀和出血。实质器官混浊、肿胀。皱胃、小肠和盲肠呈卡他性炎症和渗出性出血。

（五）诊断

根据大群发生，迅速传播，有明显的季节性，多发生于气候炎热、雨量较多的夏季，发病率高，病死率低，结合临床上高热、呼吸促迫、眼鼻口腔分泌增加、跛行等症状可做出初步诊断。

1. 鉴别诊断

应注意和以下疾病相区别。

（1）牛副流行性感冒　由副流感病毒Ⅲ型引起，分布广泛，传播迅速，以急性呼吸道症状为主，类似牛流行热。但是本病无明显的季节性，同群可感染，多在运输之后发生，故又称运输热；有乳腺炎症状，无跛行。

（2）牛传染性鼻气管炎　由牛疱疹病毒Ⅰ型引起的一种急性热性接触性传染病。临床上主要表现流鼻汁、呼吸困难、咳嗽，特别是鼻黏膜高度充血、鼻镜发炎，有红鼻子病之称。伴发结膜炎、阴道炎、包皮炎、皮肤炎、脑膜炎等症状；发病无明显的季节性，但多发于寒冷季节。

（3）茨城病　本病在发病季节、症状和经过等方面与牛流行热相似。但是本病在体温降至正常之后出现明显的咽喉、食管麻痹，在低头时瘤胃内容物可自口鼻返流出来，而且诱发咳嗽。

2. 实验室诊断

可采发热初期的病牛血液进行病毒的分离鉴定。血清学实验通常采用中和试验和补体结合试验检测病牛的血清抗体。

（六）防治

早发现、早隔离、早治疗，合理用药，护理得当，是防治本病的重要原则，本病尚无特效治疗药物，只能进行对症治疗：退热，抗菌消炎，抗病毒，清热解毒。如用10%水杨酸钠注射液100~200 ml、40%乌洛托品50 ml、5%氯化钙150~300 ml，加入葡萄糖液或糖盐水静脉注射（简称水乌钙疗法）和新促反刍液（见牛黏膜病）分两步静脉注射；肌内注射蛋清20~40 ml或安痛定注射液20 ml，或喂青葱500~1 500 g等均有疗效。

国外曾研制出弱毒疫苗和灭活疫苗。国内曾研制出鼠脑弱毒疫苗、结晶紫灭活疫苗、甲醛氢氧化铝灭活疫苗等；近年来研制出了病毒裂解疫苗，在部分省区使用，效果良好。

四、绵羊痘

绵羊痘是各种家畜痘病中危害最为严重的一种热性接触性传染病，其特征是在皮肤和黏膜上发生特殊的痘疹，可见到典型的斑疹、丘疹、水疱、脓疱和结痂等病理过程。被世界动物卫生组织列为A类重大传染病，我国将其列为二类动物疾病。据不同毒株的毒力差异，易感羊群的病死率为10%~58%或

75%~100%，羔羊病死率高达100%，妊娠母羊极易流产，受感染的羊群生产力大大降低，皮毛品质也极大下降，造成巨大经济损失，严重影响国际贸易和养羊业的发展。

（一）病原

属痘病毒科、山羊痘病毒属的绵羊痘病毒。痘病毒为单一分子的双股DNA。各种动物痘病毒之间不能交叉感染或交叉免疫。

痘病毒对热抵抗力不强，55℃20min或37℃24h均可使病毒灭活。对寒冷和干燥抵抗力较强，在干燥的痂块中可以存活6~8个月。0.5%福尔马林、0.01%碘溶液等可在数分内使其死亡。

（二）流行病学

本病主要经呼吸道感染，也可通过损伤的皮肤或黏膜感染。饲养管理人员、护理用具、皮毛、饲料、垫草和外寄生虫等都可成为传播的媒介。不同品种、性别、年龄的绵羊都有易感性，以细毛羊最为易感，羔羊比成年羊易感。妊娠母羊易引起流产。本病多发生于冬末春初。

（三）症状

本病的潜伏期平均为6~8d，病羊体温升高达41~42℃，食欲减少，精神不振，结膜潮红，有浆液、黏液或脓性分泌物从鼻孔流出。呼吸和脉搏增速，经1~4d发痘。

痘疹多发生于皮肤无毛或少毛部分，如眼周围、唇、鼻、乳房、外生殖器、四肢和尾内侧。开始为红斑，1~2d后形成丘疹，突出皮肤表面，随后丘疹逐渐扩大，变成灰白色或淡红色，半球状的隆起结节。结节在几天内变成水疱，水疱内容物初期像淋巴液，后变成脓性，如无继发感染则在几天内干燥成棕色痂块，痂块脱落遗留一个红斑，后颜色逐渐变淡。

非典型病例仅出现体温升高和黏膜卡他性炎症，不出现或出现少量痘疹，或痘疹出现硬结状，在几天内干燥后脱落，不形成水疱和脓疱，称为"石痘"。有的病例痘疱发生化脓和坏疽，形成相当深的溃疡，发出恶臭，多呈恶性经过，病死率25%~50%。

（四）病变

除皮肤病变外，在前胃或皱胃黏膜上，往往有大小不等的圆形或半球形坚实的结节，单个或融合存在，有的病例还形成糜烂或溃疡。咽、食管和支气管黏膜亦常有痘疹。在肺见有干酪样结节和卡他性肺炎区。

（五）诊断

典型病例根据症状、病变和流行特征不难诊断。非典型病例可取丘疹组织涂片，用莫洛左夫镀银染色法染色，在胞质内可见有深褐色的球样圆形小颗粒（原生小体）。吉姆萨染色，可见胞质内包涵体为红紫色或淡青色。亦可以根据血清学诊断和聚合酶链式反应确诊。

（六）防治

1. 防治措施

平时加强饲养管理，冬季注意防寒补饲。在绵羊痘常发地区的羊群，每年定期用绵羊痘鸡胚化弱毒疫苗预防接种，不论大小羊，一律在尾部或股内侧皮内注射 0.5 ml，注射后 4~6 d 产生免疫力，免疫期可持续一年。

在已发病的羊群立即隔离病羊，划定疫区进行封锁，对尚未发病的羊或邻近已受威胁的羊群均可用羊痘鸡胚化弱毒疫苗进行紧急接种，病死羊的尸体应深埋。对圈舍及其用具可用 1% 福尔马林或 2% 氢氧化钠溶液等进行消毒。

2. 治疗措施

本病尚无特效药，可采取对症治疗等综合性措施。痘疹局部可用 0.1% 高锰酸钾溶液洗涤，晾干后涂抹甲紫或碘甘油。或肌内注射康复血清 10~20 ml，若进入脓疱期则要加大剂量。清瘟败毒针、复方银黄针均有疗效。或用地骨皮、栀子、黄柏、柴胡各 25 g，射干 50 g，黄连 100 g，混合加水 5 000 ml，文火煎至 1 500 ml，以四层纱布过滤 2 次，装瓶灭菌备用。皮下注射大羊 10 ml，小羊 5~7 ml，每日 2 次，连用 3 d，一般可治愈。

五、蓝舌病

蓝舌病是由蓝舌病病毒（BTV）引起，以昆虫为传播媒介的反刍动物的一种病毒性传染病。其特征是发热，消瘦，口、鼻和胃黏膜的溃疡性炎症。

蓝舌病早在 18 世纪便发现于南非，由于典型发病绵羊在 5~7 d 持续高热后，口腔出现溃疡，口腔黏膜及舌头发蓝，因此，Spreull（1905）提议命名为蓝舌病。1952 年美国从发病绵羊体内分离出 BTV，1978 年从库蠓体内分离出 BTV。

（一）病原

蓝舌病病毒属于呼肠孤病毒科、环状病毒属，为一种双股 RNA 病毒。已知病毒有 24 个血清型，各型之间无交互免疫力；今后还可能有新的血清型出现。

病毒抵抗力很强，50℃加热 1 h 不能灭活。在 50% 甘油生理盐水中于室温下可存活多年。对 3% 氢氧化钠溶液敏感。

（二）流行病学

绵羊易感，1 岁左右的绵羊最易感，吃奶的羔羊有一定的抵抗力。牛和山羊的易感性较低。野生动物中鹿和羚羊易感，其中以鹿的易感性较高。

病畜及带毒动物是本病的传染源。病毒存在于病畜血液和各器官中，病愈绵羊的血液能带毒达 4 个月之久，牛多为隐性感染，它们都可以传播本病。

本病主要通过库蠓传递，病毒可在虫体内增殖。绵羊虱蝇也能机械传播本病。公牛感染后，其精液内带有病毒，可通过交配和人工授精传染给母牛。病毒也可通过胎盘感染胎儿。

本病发生有严格的季节性，多发生于炎热的夏季和早秋，且多发于池塘、河流较多的低洼地区。

（三）症状

潜伏期为 3~8 d。病初体温升高达 40.5~41.5℃，稽留 5~6 d。表现为厌食，精神委顿，行走时落后于羊群。流涎，口唇水肿，面部、耳部皮肤充血。口腔黏膜充血，后发绀，呈青紫色。在发热几天后，口腔连同唇、齿龈、颊、舌黏膜糜烂，致使吞咽困难。随着病程的发展，在溃疡损伤部位渗出血液，唾液呈红色，口腔发臭。鼻流出炎性、黏性分泌物，鼻孔周围结痂，引起呼吸困难和鼾声。有时蹄冠、蹄叶发生炎症，触之敏感，呈不同程度的跛行，甚至膝行或卧地不动。病羊消瘦、衰弱，有的便秘或腹泻，有时下痢带血，有时可继发细菌感染。早期有白细胞减少症。孕羊流产。

急性型：病程一般为 6~14 d，发病率 30%~40%，病死率 2%~3%，有时高达 90%。

亚急性型：病死率在 10% 以下，怀孕 4~8 周母羊感染后所生的羔羊约有 20% 发育有缺陷，如脑积水、小脑发育不全等。

山羊的症状与绵羊相似，但一般比较轻微。

牛通常缺乏症状。约有 5% 的病例可显示轻微症状，其临诊表现与绵羊相同。

（四）病变

主要见于口腔、瘤胃、心、肌肉、皮肤和蹄部。口腔出现糜烂和深红色区，舌、齿龈、硬腭、颊黏膜和唇水肿。瘤胃有暗红色区，表面有空泡变性和坏死，食管及瓣胃黏膜坏死。真皮充血，出血和水肿。肌肉出血，肌纤维变性，有时肌间有浆液和胶冻样浸润。呼吸道、消化道和泌尿道黏膜及心肌、心内外膜均有小点出血。

（五）诊断

发热、白细胞减少，口和唇肿胀、糜烂，跛行，行动强直，蹄有炎症，夏季发病等是诊断本病的主要依据。为确诊，可采早期病畜的血液分别接种易感绵羊和免疫绵羊。血清学诊断可对疾病进行定性和区别病毒的血清型。DNA探针和聚合酶链式反应也已经应用于本病的诊断。

鉴于本病临床上出现体温升高、流涎、口舌黏膜糜烂，故应注意和以下疾病鉴别：

（1）口蹄疫　牛、羊、猪均易感，有接触传染性，流行猛烈；糜烂发生于水疱病变之后，边缘不整。

（2）茨城病　只发生于牛；除体温升高，口腔黏膜充血、坏死和溃疡形成外，病的后期常出现舌、咽和食管麻痹症状，有的还有关节肿痛等症状。

（3）羊传染性脓疱　主要是幼羊的一种病，以在口唇部发生脓疱和结成厚痂为特征，病变是增生性的，一般没有全身性热性病的病变。

（4）牛病毒性腹泻—黏膜病　主要引起犊牛发病，可经接触传播；除口腔糜烂之外，还有剧烈腹泻。

（5）恶性卡他热　一般散发；通常在颌、硬腭和前胃发生广泛糜烂，眼球炎引起角膜浑浊至失明，持续高热。

（6）牛瘟　主要感染牛；以消化道黏膜出血糜烂、坏死，特别是痂膜性炎症为特征，病程短，病死率高。

此外还有牛传染性鼻气管炎、水疱性口炎。

（六）防治

尚无特效疗法。牛可用0.1%高锰酸钾或1%硫酸铜溶液冲洗口腔，涂上青黛散；羊可用10%葡萄糖酸钙溶液10~30ml、硫酸庆大霉素10万~20万IU、地塞米松（孕羊禁用）5mg或氢化可的松10~50mg、30%安乃近5~10ml、10%葡萄糖溶液100~300ml，混合静脉注射，同时，肌内注射黄芪多糖。

病畜或分离出病毒的阳性畜应予以扑杀；血清学阳性畜，要定期复检，限制其流动，就地饲养使用，不能留作种用。严禁从有本病的国家和地区引进牛、羊。切实做好冷冻精液的管理工作。定期对牛、羊进行药浴、驱虫，控制和消灭本病的媒介昆虫（库蠓）。

在流行地区可在每年发病季节前1个月接种疫苗。本病病原有多型性，且型与型之间无交叉免疫力，故免疫应使用与流行血清型相一致的疫苗：羔羊获得的母原抗体能保持 3~6 个月，因此羔羊应在 6 个月龄以上接种为宜；母羊应在配种前或怀孕 3 个月后接种。目前有弱毒苗、灭活苗和亚单位苗，以弱毒苗常用。在新发病地区可用疫苗进行紧急接种。

六、疯牛病

疯牛病又称牛海绵状脑病（BSE），是牛的一种进行性、高致死性神经系统疾病，其临床和病理学特征为精神状态失常、共济失调、感觉过敏和死后大脑呈海绵状病理变化。

（一）病原

病原是一类被称为亚病毒的致病因子，它是一种无核酸的具有侵染性的蛋白颗粒，简称朊病毒或朊粒。它是由宿主神经细胞表面正常的一种糖蛋白在翻译后发生某些修饰而形成的异常蛋白。

异常蛋白对于理化因子也有较强的抵抗力。病畜脑组织匀浆经 134~138℃高温 1 h，对实验动物仍具有感染力。动物组织中的病原，经油脂提炼后仍有部分存活，病原在土壤中可存活 3 年。可在较宽的 pH 范围内保持稳定（pH 2.1~10.5）。紫外线、放射线、乙醇、福尔马林、过氧化氢水溶液、酚等均不能使病原体灭活。

异常蛋白在感染动物体中以脑组织含量最高，其次是脊髓。

（二）流行病学

BSE 的易感动物主要为牛科动物，包括家牛、野牛、大羚羊等。易感性与品种、性别、遗传等因素无关。发病动物主要是 3~5 岁的成年牛，其中成年奶牛发病率最高，在英国成年奶牛的发病率占 BSE 病例的 89%。人也可感染。

患痒病的绵羊、种牛及带毒牛是本病的传染源。

BSE 主要通过消化道传染，现已清楚 BSE 的发病原因是牛吃了被痒病污染的肉骨粉引起发病。没有证据表明 BSE 可以水平传播或垂直传播。BSE 有很强的感染性，1 g BSE 病牛的脑组织经口服就可引起发病。

（三）症状

BSE 的潜伏期一般为 4~5 年。BSE 牛病程多为 1~4 个月，少数长达 1 年，最终死亡。

病牛的临床症状主要表现为行为异常，感觉或反应过敏，行动异常等。病牛出现不安、恐惧、异常震惊或沉郁；不自主运动，如磨牙、肌肉抽搐、震颤和痉挛；不愿穿过水泥地面，拐弯等。用手触摸或用钝器触压牛的颈部肋部，病牛会异常紧张、颤抖，用扫帚轻碰后蹄，也会出现紧张踢腿反应；病牛听到敲击金属的声音会出现震惊和颤抖反应，在黑暗环境下病牛对突然打开的灯光会出现惊吓和颤抖反应。病牛步态呈"鹅步"状，共济失调，四肢伸展过度，有时倒地难以站起。有时出现痒病样瘙痒，但不是主要症状。病牛食欲正常，粪便坚硬，体温偏高，心动缓慢，呼吸频率增加。最后极度衰竭死亡。

（四）病变

肉眼变化不明显。组织学检查主要的病例变化是脑组织呈海绵样外观（脑组织的空泡化）。脑干灰质发生双侧对称性海绵状变性，在神经纤维网和神经细胞中含有数量不等的空泡。无任何炎症变化。

（五）诊断

根据临床症状和流行病学特征可做出初步诊断。大脑组织病理学检查结果是定性诊断的主要依据。另外，还可以进行免疫组织化学方法、细胞膜糖蛋白检测、酶检测法诊断。

（六）防治

需密切关注世界各国疯牛病的流行现状，采取措施，积极应对，严加防范。

1. 要加强对动物和动物源性产品的进口审批和检疫监管

禁止从病源国家进口动物性饲料产品，包括牛血清、血清蛋白、动物饲料、内脏、脂肪、骨及激素类等。

2. 要加强对饲料生产和使用的管理

对反刍动物饲料的生产、贮藏、运输、包装等环节进行严格的规定，并明令禁止给反刍动物饲喂动物源性饲料，彻底切断疯牛病的传播途径。

3. 加大对疯牛病的监测力度、建立全国性的监测系统

实施主动监测与被动检测，同时与世界卫生组织和有关国家建立情报交换网，防止疯牛病在中国的出现。

4. 在从事研究和诊断工作时，要注意安全防护

实验用具要严格清洗和消毒。带有致病蛋白的溶液、血液要采用特殊程序进行处理。

5. 加强对疯牛病防治技术的研究

与各国疯牛病国际参考实验室合作，共同开展疯牛病的防治研究工作。全

国畜牧兽医系统广泛开展疯牛病知识宣传普及活动。

第二节
细菌性传染病

一、布鲁氏菌病

布鲁氏菌病是由布鲁氏菌引起的一种人畜共患传染病。临床特征为胎膜发炎、流产、睾丸炎、腱鞘炎和关节炎，多呈慢性经过。病理学特征为全身弥漫性网状内皮细胞增生和肉芽肿结节形成。

（一）病原

布鲁氏菌为细小的短杆状或球杆状菌，不产生芽孢，多数情况下不形成荚膜，革兰氏染色阴性。以沙黄—亚甲蓝染色时，本菌染成红色，其他菌染成蓝色（或绿色）。

布鲁氏菌属分为6个种，19个生物型。6个种分别是马耳他布鲁氏菌、流产布鲁氏菌、猪布鲁氏菌、沙林鼠布鲁氏菌、绵羊布鲁氏菌和犬布鲁氏菌。习惯上将马耳他布鲁氏菌称为羊布鲁氏菌，流产布鲁氏菌称为牛布鲁氏菌。各生物种及其生物型的毒力有差异，致病力也不相同。

布鲁氏菌在污染的土壤、水、粪尿及羊毛上可生存一至数月。对热敏感，70℃ 10 min 即可死亡；阳光直射 0.5~4 h 死亡；在腐败病料中迅速失去活力；常用消毒药如 1% 煤酚皂液、2% 福尔马林、1% 生石灰乳 15 min 可将其杀死。

（二）流行病学

本病的易感动物范围很广，普通牛、羊、猪最易感，其他动物如水牛、牦牛、羚羊、鹿、骆驼、马、犬、猫、野猪、狐、狼、野兔、猴、鸡、鸭以及一些啮齿类动物都可自然感染。实验动物中豚鼠、小鼠、鸽和幼猫最易感，家兔次之。人类的易感性很高。

牛布鲁氏菌主要感染普通牛、马、犬，也能感染水牛、羊和鹿；羊布鲁氏菌主要感染绵羊、山羊，也能感染牛、猪、鹿、骆驼等；人的感染以羊布鲁氏菌最多见，猪布鲁氏菌次之，牛布鲁氏菌最少。母畜较公畜易感，成年家畜较幼畜易感。

病畜和带菌动物是本病的传染源，特别是受感染的妊娠母畜，在其流产或分娩时随胎儿、胎水和胎衣排出大量的布鲁氏菌，流产母畜的阴道分泌物、乳汁、粪、尿及感染公畜的精液内都有布鲁氏菌存在。

主要经消化道感染，其次可经皮肤、黏膜、交配感染。吸血昆虫可传播本病。

本病呈地方性流行。新疫区大批妊娠母牛流产；老疫区流产减少，但关节炎、子宫内膜炎、胎衣不下、屡配不孕、睾丸炎等逐渐增多。

（三）症状

1. 牛

潜伏期短则两周，长则可达半年。母牛流产是本病的主要症状，流产多发生于怀孕 5~7 个月，产出死胎或软弱胎儿。流产前阴道黏膜潮红肿胀，有粟粒大的红色结节，阴唇及乳房肿胀，不久即发生流产。母牛流产后常伴有胎衣不下或子宫内膜炎，阴道内继续排出红褐色恶臭液体，可持续 2~3 周，或者子宫蓄脓长期不愈，甚至因慢性子宫内膜炎而造成不孕。患病公牛常发生睾丸炎或附睾炎，关节炎及局部肿胀，配种能力降低。同群家畜发生关节炎及腱鞘炎。

2. 羊

主要症状是流产，多发生妊娠后 3~4 个月，流产前症状一般不明显；部分羊流产前 2~3 d 食欲减退，沉郁，口渴，体温升高，阴道流出黄色液体。还可能出现乳腺炎、关节炎、滑膜炎及支气管炎。病公羊常见睾丸炎、附睾炎及多发性关节炎。绵羊布鲁氏菌可引起绵羊附睾炎。

（四）病变

牛布鲁氏菌病的主要病变为胎衣水肿增厚，呈黄色胶样浸润，表面有纤维素或脓汁覆盖。胎儿淋巴结、脾和肝有不同程度的肿胀，有的散布有炎性坏死灶。脐带呈浆液性浸润、肥厚。胎儿胃内有淡黄色或白色黏液絮状物，胃肠和膀胱浆膜下见有点状出血。流产牛的子宫黏膜或绒毛膜间隙中，有污灰色或黄色无气味的胶样渗出物，绒毛可见有坏死病灶，表面覆以黄色坏死物或污灰色脓液。公牛主要是化脓坏死性睾丸炎或附睾炎。睾丸显著肿大，其被膜与外浆膜层粘连，切面可见到坏死灶或化脓灶。阴茎可以出现红肿，其黏膜上有时可见到小而硬的结节。

（五）诊断

根据流产及流产后的子宫、胎儿和胎膜病变，公畜睾丸炎及附睾炎，同群家畜发生关节炎及腱鞘炎，可怀疑为本病。确诊本病可通过细菌学、血清学、变态反应等实验室手段。血清凝集试验是牛、羊布鲁氏菌病检疫的标准方法，补体结合试验的敏感性和特异性均高于凝集实验，可检出急性或慢性病畜，广泛用于牛、羊布鲁氏菌病的诊断。皮内变态反应适应于绵羊和山羊布鲁氏菌病的检疫。

牛应注意与牛地方性流产、牛黏膜病、化脓放线菌病、弯曲杆菌病、毛滴虫病区别。羊应注意与绵羊地方性流产（衣原体）、弓形虫病、弯杆菌病、沙门菌性流产等区别。

（六）防治

1. **未感染畜群**

定期检疫，至少每年检疫一次，一经发现，即应淘汰。防止本病传入的最好办法是自繁自养，必须引进种畜或补充畜群时，需经过隔离饲养两个月，并进行两次检疫，结果均为阴性，方可混群。还应注意做好养殖场的平时消毒工作。

2. **发病畜群**

要贯彻以畜间免疫、检疫、淘汰病畜和培育健康畜群为主导的综合性预防方针。只有控制和消灭动物之间的布鲁氏菌病，才能防止人与人之间本病的发生，最终控制和消灭本病。

（1）定期检疫 疫区内各种家畜均为被检对象，羊在5月龄以上、牛在8月龄以上检疫为宜。每年至少检疫两次，凡在疫区内接种过菌苗的动物应在免疫后12~36个月时检疫。

（2）隔离和淘汰病畜 隔离可采取集中圈养或固定草场放牧的方式。

（3）严格消毒 对病牛污染的圈舍、运动场、饲槽等用5%克辽林、5%煤酚皂液、10%~20%石灰乳或2%氢氧化钠溶液等消毒；病牛皮用3%~5%煤酚皂液浸泡24h后利用；乳汁煮沸消毒；粪便发酵处理。

（4）培育健康幼畜 隔离饲养的患病母牛，可用健康公牛的精液人工授精，犊牛出生后食母乳3~7d，用3%煤酚皂液消毒全身，送到犊牛隔离舍，喂以消毒乳和健康乳；牛8个月、羊5个月使用血清学方法检疫2次，两次间隔2~3周，阳性者按病畜处理，阴性者单独组群饲养。以后每隔3个月检疫1次，第一次产仔1个月后血清学检疫，阴性者每隔6个月检查1次，直至第二次产仔1个月后血清检查阴性，才能认为培育成功。

（5）定期预防注射 我国主要使用布鲁氏菌猪2号弱毒菌苗（简称S2苗）和马耳他布鲁氏菌5号弱毒菌苗（简称Ms苗）。S2苗适应于牛、山羊、绵羊和猪，断乳后任何年龄的动物，不管怀孕与否均可应用。气雾、肌内注射、皮下、口服均可，最适宜口服，免疫期牛2年、羊3年。Ms苗适应于山羊、绵羊、牛和鹿。气雾、肌内注射、皮下、口服均可，免疫期2~3年，特别适应于羊的气雾免疫，在配种前1~2个月免疫，2年后可再免疫1次。使用上述菌苗时，均应做好工作人员的自身防护。

（6）流产后子宫内膜炎　可用0.1%高锰酸钾冲洗子宫和阴道，每天1~2次，经2~3d变为隔天1次，直至阴道无分泌物流出为止。全身可用抗生素或磺胺类药物，如肌内注射链霉素4~5g，静脉注射土霉素3~4g（加入1000ml葡萄糖液内），每天1次，连用10d，链霉素可连用20d。

二、牛结核病

结核病是由分枝杆菌引起的人畜共患的慢性传染病。其病理特征是多种组织器官形成肉芽肿、干酪样和钙化结节；临床特征表现为贫血、渐进性消瘦、体虚乏力、精神萎靡不振和生产力下降。

（一）病原

病原主要是分枝杆菌属的牛分枝杆菌。结核分枝杆菌和禽分枝杆菌对牛毒力较弱。此三者有交叉感染现象。结核杆菌为专性需氧菌，不产生芽孢和荚膜，也不能运动，为革兰氏染色阳性菌，用一般染色法较难着色。显微镜下呈直或微弯的细长杆菌，呈单独或平行相聚排列，多为棍棒状，间有分枝状。

牛结核杆菌对干燥和湿冷的抵抗力很强。在痰中能存活10个月，在病变组织中和尘埃中能存活2~7个月或更久，在水中能存活5个月，在粪便和土壤中可存活6~7个月，在冷藏的奶油中可存活10个月。该菌不耐湿热，60℃30min、70℃10min死亡，100℃立即死亡，阳光直射2h死亡，常用消毒药即可将其杀死，在70%乙醇、10%漂白粉溶液中很快死亡。

结核杆菌对磺胺类药物、青霉素等及其他广谱抗生素不敏感，对链霉素、异烟肼、对氨基水杨酸和环丝氨酸敏感。

（二）流行病学

结核病世界各国普遍流行，特别是在气候温和、地势低洼、潮湿的地区发病较多。易感动物：奶牛最易感，其次是黄牛、牦牛、水牛，猪和家禽易感性也较强，羊极少患此病。

牛型（牛分枝杆菌）主要侵害牛，其次是猪、鹿和人，再次是马、狗、猫、绵羊和山羊；人型（结核分枝杆菌）主要侵害人，其次是猴、狗、牛、猪；禽型（禽分枝杆菌）主要侵害家禽和鸟类，其次是猪、绵羊，人、狗、猫、牛极少见。牛型对牛的致病力最强，但不影响牛健康，人型和禽型都感染牛。

患病的畜禽和人，特别是开放型结核病病畜禽和人是本病的主要传染源。病菌通过其粪尿、乳汁、痰液以及生殖道分泌物等向外排出，通过污染饲料、饮水、空气和环境而散播。

主要通过呼吸道感染和消化道感染。也可以通过损伤的皮肤、黏膜或胎盘而感染。

本病无明显的季节性和地区性，多为散发。不良的环境条件，以及饲养管理不当，可促使结核病的发生。如饲料营养不足，矿物质、维生素的不足；厩舍阴暗潮湿、牛群密度过大；阳光不足，运动缺乏，环境卫生差，不消毒，不定期检疫等。

（三）症状

潜伏期2周到数月，甚至长达数年。因牛患病器官的不同而症状各异。大多数呈慢性经过，初期症状不明显，体温正常或微热，日渐消瘦。牛最常见的是肺结核、乳腺结核和淋巴结核，有时可见肠结核、生殖器官结核、脑结核、浆膜结核及全身结核。各组织器官结核可单独发生，也可以同时存在。

1. 肺结核

最常见，其他器官结核往往也来源于此。病初易疲劳，有短而干的咳嗽，尤其是起立、运动、吸入冷空气时易发咳嗽；渐变为脓性湿咳，有时从鼻孔流出淡黄色黏稠液，有腐臭味；呼吸急促，深而快，极度困难时，见伸颈仰头，呼吸声似"拉风箱"，听诊肺区常有啰音或摩擦音，叩诊呈浊音。病牛日渐消瘦，奶量大减。体表淋巴结肿大，有硬结而无热痛。体温一般正常或略升高。弥漫型肺结核体温升高至40℃，弛张热和稽留热。

2. 肠结核

多见于犊牛，病牛迅速消瘦，常有腹痛和顽固性腹泻，粪混有黏液和脓液。直肠检查可摸到肠黏膜上的小结节和边缘凹凸不平的坚硬肿块。

3. 淋巴结核

淋巴结肿大，随部位不同症状各异。

4. 乳腺结核

乳腺上淋巴结肿大，在乳房内可摸到局限性或弥漫性硬结，无热无痛。乳量渐减，乳汁稀薄，甚至含有凝乳絮片或脓汁，严重者泌乳停止。

5. 生殖器官结核

性欲亢进，不断发情但屡配不孕，孕后也常流产。公牛睾丸及附睾肿大，硬而痛。

6. 脑结核

表现多种神经症状，如癫痫样发作、运动障碍等，乃至失明。

（四）病变

病理特征是各组织器官发生增生性结核结节（结核性肉芽肿）或渗出性炎症，或二者混合存在。

剖检在肺脏常见有很多突起的白色结节，切开为干酪样坏死，切开时有沙砾感。有的坏死组织溶解和软化，排出后形成空洞。发生粟粒性结核时，胸膜和腹膜发生密集结核结节，呈粟粒大至豌豆大的半透明灰白色坚硬的结节，形似珍珠状，即所谓的"珍珠病"。

乳腺结核可见乳腺淋巴结肿大，剖开有大小不等的病灶，内含有干酪样物质。

肠道结核可见肠系膜淋巴结有大小不等的结核结节。中枢神经系统主要是脑与脑膜发生结核病变。

（五）诊断

根据不明原因的渐进性消瘦、咳嗽、肺部异常、慢性乳腺炎、顽固性下痢、体表淋巴结慢性肿胀等可初步确诊。对有症状者，可采取分泌物或排泄物进行细菌学检验；有条件者可采用荧光抗体技术和酶联免疫吸附剂测定试验检查病料中的结核杆菌，具有快速、准确、检出率高等优点。对无明显症状的病牛或牛群可用结核菌素做变态反应检查。死后根据特征性病变易确诊。

（六）防治

牛结核病一般不予治疗。通常采取加强检疫、防止疾病传入、扑杀病牛、净化污染群、培育健康牛群、同时加强消毒等综合性防疫措施。

1. 健康牛群（无结核病牛群）

平时加强防疫、检疫和消毒，防止疾病传入。每年春秋各进行一次变态反应方法检查。引进牛时，应首先就地检疫，确认为阴性方可购买；运回后隔离观察1月以上，再进行1次检疫，确认健康方可混群饲养。禁止结核病患者饲养牛群。若检出阳性牛，则该牛群应按污染牛群对待。

2. 污染牛群

每年应进行 4 次检疫。对结核菌素阳性牛立即隔离，一般不予保留饲养，以根绝传染源；对临床检查为开放性结核的病牛应立即扑杀。凡判定为疑似反应牛，25~30 d 时再进行复检，其结果仍为疑似反应时，可酌情处理。在健康牛群中检出阳性反应牛时，应在 30~45 d 后复检，连续 3 次检疫不再发现阳性反应牛时，方可认为是健康牛群。

3. 培育健康犊牛

当牛群中病牛多于健康牛时，可通过培育健康犊牛的方法更新牛群。方法：设置分娩室，病牛分娩前，消毒乳房及后躯，犊牛出生后立即与母牛分开，用 2%~5% 煤酚皂液消毒全身，擦干，送往犊牛预防室，喂初乳 5 d，然后饲喂健康牛乳或消毒乳。犊牛在隔离饲养的 6 个月中要连续检疫 3 次，在生后 20~30 d 进行第一次检疫，100~120 d 进行第二次检疫，6 月龄时进行第三次检疫。根据检疫结果分群隔离饲养，阳性反应者淘汰。

4. 消毒措施

每年定期大消毒 3~4 次。饲养用具每月消毒 1 次。养殖场以及牛舍入口设置消毒池。粪便生物热处理方可利用。检出病牛后进行临时消毒。常用消毒药有 10% 漂白粉、3% 福尔马林、3% 氢氧化钠溶液、5% 煤酚皂液。

三、牛巴氏杆菌病

巴氏杆菌病是主要由多杀性巴氏杆菌引起的一种败血性传染病。牛巴氏杆菌病又称牛出血性败血症（牛出败），是由特定血清型多杀性巴氏杆菌所引起，是牛的一种急性热性传染病，以高热、肺炎、间或呈急性胃肠炎以及内脏广泛出血为主要特征。

（一）病原

多杀性巴氏杆菌是一种细小、两端钝圆的球状短杆菌，多散在、不能运动、不形成芽孢。革兰氏染色阴性；用碱性美兰着染血片或脏器涂片，呈两极浓染。

本菌按菌株间抗原成分的差异，可分为若干血清型。利用荚膜抗原（K）将其分为 A、B、D、E、F 5 个血清群，利用菌体抗原（O）做凝集反应将其分为 12 个血清型。一般将 K 抗原用英文大写字母表示，将 O 抗原和耐热抗原用阿拉伯数字表示。根据菌落表面有无荧光及荧光的色彩分为：蓝色荧光型、橘红色荧光型和无荧光型。根据菌落形态分为：黏液型（M）、平滑型（S）和粗糙型（R）。M 型和 S 型含有荚膜物质。

该菌抵抗力弱，在干燥和直射阳光下很快死亡，高温立即死亡，一般消毒液均能迅速将其杀死，对磺胺、土霉素类敏感。

溶血性巴氏杆菌对牛、绵羊有致病力，尤其是绵羊羔。

（二）流行病学

多杀性巴氏杆菌对多种动物和人均有致病性。家畜中以牛、猪发病较多，绵羊、家禽、兔也易感。

病畜和带菌畜为传染源，主要经消化道感染，其次通过飞沫经呼吸道感染，亦有经皮肤伤口或蚊蝇叮咬而感染的。

本菌为条件病原菌，常存在于健康畜禽的上呼吸道和扁桃体，与宿主呈共栖状态。当牛饲养在不卫生的环境中，由于感受风寒、过度疲劳、饥饿等因素使机体抵抗力降低时，该菌乘虚侵入体内，经淋巴液进入血液引起败血症。

该病常年可发生，在气温变化大、阴湿寒冷时更易发病，常呈散发性或地方流行性发生。

（三）症状

潜伏期 2~5 d。据症状可分为败血型、水肿型和肺炎型。

1. 败血型

有的呈最急性经过，没有看到明显症状就突然倒地死亡。大部分病牛初期体温升高，达 41~42℃。精神沉郁，反应迟钝，肌肉震颤，呼吸、脉搏加快，眼结膜潮红，鼻镜干燥，食欲废绝，反刍停止。腹痛、下痢，粪中混杂有黏液或血液，具有恶臭味。有时鼻孔和尿中有血。腹泻开始后，体温随之下降，迅速死亡。一般病程为 12~24 h。

2. 水肿型

浮肿型除呈现上述全身症状外，病牛咽喉部、颈部及胸前皮下出现炎性水肿，初有热痛，后逐渐变凉，疼痛减轻。病牛高度呼吸困难，流涎，流泪，并出现急性结膜炎，往往窒息而死，病程 12~36 h。

3. 肺炎型

肺炎型主要表现为纤维素性胸膜肺炎症状。病牛呼吸困难，痛苦干咳，有泡沫状鼻汁，后呈脓性。胸部叩诊有浊音区，有疼痛反应。肺部听诊有支气管呼吸音及水泡音，波及胸膜时有胸膜摩擦音。有的病牛，尤其是犊牛会出现严重腹泻，粪便带有黏液和血块。病程一般为 3~7 d。

本病的病死率可达 80%，病愈牛可产生较强的免疫力。

（四）病变

败血型主要表现为内脏器官充血，黏膜、浆膜、肺脏、舌及皮下组织和肌肉有出血点，淋巴结水肿，肝脏、肾脏实质变性，胸腔有大量渗出液。

浮肿型可见咽喉部、下颌间、颈部与胸前皮下有黄色胶冻样浸润，颌下、咽部与纵隔淋巴结肿大，呈急性浆液出血性炎症，上呼吸道黏膜呈急性卡他性炎症。

肺炎型主要表现为纤维素性肺炎和浆液纤维素性胸膜炎的症状。肺组织颜色从暗红、炭红到灰白，切面呈大理石样景象。随病变发展，在肝变区内可见到干燥、坚实、易碎的灰黄色坏死灶，个别坏死灶周围还可见到结缔组织形成的包囊。胸腔积聚大量有絮状纤维素的浆液。此外，还常伴有纤维素性心包炎和腹膜炎。

（五）诊断

根据流行病学、症状和病变可对牛做出初步诊断。确诊有赖于病原学检查，可采心血、肝、脾、淋巴结、乳汁、渗出液等涂片染色，还可进行分离培养。

鉴别诊断：败血型和水肿型主要应与炭疽、气肿疽和恶性水肿相区别，肺炎型则应注意与牛肺疫相区别。

（六）防治

1. 防治措施

主要是加强饲养管理，消除发病诱因，增强抵抗力。加强牛场清洁卫生和定期消毒。每年春秋两季定期注射牛出败氢氧化铝甲醛灭活苗，体重在 100 kg 以下的牛，皮下或肌内注射 4 ml，100 kg 以上者 6 ml，免疫力可维持 9 个月。发现病牛应立即隔离治疗，并消毒。

2. 治疗措施

早期应用血清、抗生素或抗菌药治疗效果好。血清和抗生素或抗菌药同时应用效果更佳。血清可用猪、牛出败二价或牛、猪、绵羊三价血清，做皮下、肌内或静脉注射，小牛 20~40 ml，大牛 60~100 ml，必要时重复 2~3 次；病愈牛全血 500 ml 静脉注射也可以。抗生素常用土霉素 8~15 g，溶解在 5% 葡萄糖 1 000~2 000 ml，静脉注射，每日 2 次；10% 磺胺嘧啶钠注射液 200~300 ml，40% 乌洛托品注射液 50 ml，加入 10% 葡萄糖溶液内静脉注射，每日 2 次；普鲁卡因青霉素 300 万~600 万 IU、链霉素 300 万~400 万 IU，肌内注射，每日

1~2次；环丙沙星每千克体重2mg，加入葡萄糖内静脉注射，每日2次。对症治疗对疾病恢复很重要，强心用10%樟脑磺酸钠注射液20~30ml或安钠咖注射液20ml，每日肌内注射2次；如喉部狭窄，呼吸高度困难时，应迅速进行气管切开术。

四、牛羊链球菌病

链球菌病是主要由β溶血性链球菌引起的多种人畜共患病的总称，动物中以猪、牛、羊、马、鸡常见，水貂、兔和鱼类也有发生链球菌病的报道。临床症状表现多样，可以引起多种化脓疮和败血症，也可表现各种局限性感染。

羊链球菌病是由C群马链球菌兽疫亚种引起的一种急性热性传染病。病理学特征是全身性出血性败血症及浆液性肺炎与纤维素性胸膜肺炎，胆囊肿大，又称"大胆病"。临床特征是咽喉肿大，颌下淋巴结肿大，大叶性肺炎。

牛肺炎链球菌病是由肺炎链球菌引起的一种急性败血性传染病。以脾脏充血肿大，形成所谓"橡皮脾"为特征。

牛链球菌乳腺炎主要由无乳链球菌引起。主要表现为浆液性乳管炎和乳腺炎。

（一）病原

链球菌种类很多，一部分对人畜有致病性，另一部分无致病性。本菌呈圆形或卵圆形，常排列成链，短则成对，长则4~8个至数十个，甚至上百个菌排列成链。大多数在幼龄培养基上有荚膜，无芽孢，多数无鞭毛，革兰氏阳性。

在加有血液或血清的培养基中生长良好，在菌落周围形成α型（草绿色溶血）或β型（完全溶血）溶血环，前者称之为草绿色链球菌，致病性低，后者称之为溶血型链球菌，致病力强。主要致病因子有溶血毒素、红斑毒素、肽聚糖多糖复合物内毒素、透明质酸酶、DNA酶（有扩散感染作用）和NAD酶（有白细胞毒性）。

根据兰氏血清学分类法，将链球菌分为20个群。

链球菌对热和普通消毒药抵抗力不强，煮沸立即死亡，日光直射2h死亡。2%石炭酸、0.1%煤酚皂液等3~5min杀死。对低温耐受力较强，0~4℃可存活150d，冷冻6个月特性不变。

（二）流行病学

链球菌的易感动物较多，猪、马属动物、牛、绵羊、山羊、鸡、兔、水貂及鱼均有易感性。3周龄以内的犊牛易感染牛肺炎链球菌病。绵羊较山羊易感。

病畜和带菌畜是本病的主要传染源。

主要经呼吸道和损伤的皮肤及黏膜感染。幼畜可因断脐时处理不当引起脐带感染。

本病的流行带有明显的季节性。羊链球菌病多发生在每年的10月到翌年4月的冬春季节。饲养管理不当，环境卫生差，夏季气候炎热，冬季寒冷潮湿，乍暖乍寒以及遗传因素都是本病的诱发因素。

（三）症状

1. 羊链球菌病

新发病地区呈地方性流行。常发地区为散发。发病率15%~24%，病死率80%以上。潜伏期2~7 d，少数可达10 d。

（1）最急性型 病羊初发症状不明显，常于24 h内死亡，或在清晨检查圈舍时发现死于圈舍内。

（2）急性型 体温41℃以上，精神沉郁，垂头、弓背、呆立、懒动。食欲减退或绝食，反刍停止。结膜充血，流泪，随后流出浆液性分泌物。鼻腔流出浆液性或脓性鼻汁。咽喉肿胀，咽背和颌下淋巴结肿大，呼吸困难，流涎、咳嗽。粪便带黏液或血液。孕羊阴门红肿，多发生流产。有的头和乳房肿胀。病程2~3 d。

（3）亚急性型 体温升高，食欲减退。流黏液性透明鼻汁，咳嗽，呼吸困难。粪软稀带黏液或血液，喜卧懒动，步态不稳。病程1~2周。

（4）慢性型 轻度发热，消瘦，食欲不振，腹围缩小，步态僵硬。有的咳嗽，有的出现关节炎。病程1个月左右，最后死亡。

2. 牛肺炎链球菌病

（1）最急性型 仅持续几小时。衰弱，发热，停止哺乳，呼吸困难，结膜发绀，心衰，抽搐、痉挛，死亡。

（2）急性型 病程1~2 d，鼻镜潮红，流脓性鼻汁。结膜发炎。消化不良，伴有腹泻。支气管肺炎，咳嗽，呼吸困难，共济失调，肺部听诊有啰音。

3. 牛链球菌乳腺炎

主要呈现亚临床型乳腺炎，无明显症状，急性型少见。

急性型表现乳房肿胀、变硬、发热、有痛感。食欲降低，体温稍高，泌乳减少或停止，严重者可从乳房中挤出血清样分泌液，含有纤维蛋白病絮片和脓块，呈黄色、红黄色或微棕色。

（四）病变

1. 羊链球菌病

各个脏器广泛性出血，淋巴结肿大、出血。鼻、喉和气管膜出血。肺水肿、出血、有肝脏病变。胸、腹腔积液及心包液增量。心外膜出血，胆囊肿大2~4倍，胆汁外渗。肾脏变软，有贫血性梗死区。各个器官浆膜附有黏稠的纤维素性渗出物。

2. 牛肺炎链球菌病

剖检可见浆膜、黏膜、心包出血。胸腔渗出液增加并积有血液。特征性病变是脾脏充血增生性肿大，脾髓呈黑红色，质韧如硬橡皮，此即所谓的"橡皮脾"。肝脏、肾脏充血、出血，有脓肿。成年牛感染表现为子宫内膜炎和乳腺炎。

（五）诊断

根据症状、病变以及流行病学特点可做出初步诊断。病原检查可采发病或病死动物的脓汁、关节液、鼻咽内容物、乳汁、各脏器、心血及胸腹腔积液等，任选2~3种制成涂片，亚甲蓝染色，可见单个、成对、短链或偶见10个长链球菌，应注意与巴氏杆菌和双球菌区别。还可将病料于鲜血琼脂平板上划线培养，培养24~48h，可见β型溶血的细小菌落。动物接种可用兔，做皮下或腹腔接种，增殖细菌。

鉴别诊断应注意与炭疽、巴氏杆菌病、羊快疫区别。羊快疫由腐败梭菌引起，主要表现神经症状，有沉郁或兴奋；排黑色或蛋清样稀粪；剖检病变以皱胃和十二指肠出血性炎症为特征。

（六）防治

应建立和健全消毒隔离制度。保持圈舍清洁、干燥及通风，经常清除粪便。引进动物时必须经检疫和隔离观察，确证健康时方能混群饲养。加强饲管，注意气候变化，做好防风防冻，增强动物自身抗病力。预防接种可有效地控制羊链球菌病，在发病季节之前用羊链球菌氢氧化铝甲醛菌苗免疫，不分大小一律皮下注射3ml，3个月龄以下的羔羊，在第一次注射后2~3周再注射1次，用量3ml。免疫期半年以上。

一旦发病，应尽快做出诊断，上报疫情，划定疫点、疫区，隔离病畜，封锁疫区，紧急消毒，妥善处理病死畜。病畜淘汰或隔离治疗。治疗病畜可用磺胺嘧啶、青霉素或环丙沙星注射，早期治疗可有满意效果。如羊用青霉素100

万 IU、牛 600 万 IU，每 6 h 肌内注射 1 次，至体温下降停药；或肌内注射 10% 磺胺嘧啶钠 40 ml（牛用 100~300 ml 加入葡萄糖内，静脉注射）。也可静脉注射硫酸庆大霉素羊 20 万 IU，牛 100 万~150 万 IU 或四环素羊 50 万 IU，牛 300 万~500 万 IU，均加入葡萄糖内静脉注射。

五、炭疽

炭疽是由炭疽杆菌所引起的人和动物共患的一种急性、热性、败血性传染病，常呈散发或地方性流行。其病变特征是脾脏肿大，皮下和浆膜下出血性胶样浸润，血液凝固不良，呈煤焦油样。中国古代称之为"疔"。

（一）病原

炭疽杆菌是一种不运动的革兰氏阳性大杆菌。在动物体中单个或成对存在，少数呈 3~5 个菌体组成的短链，有荚膜；在培养物中菌体呈竹节状的长链，一般不形成荚膜；体内的菌体无芽孢，在体外接触空气后很快形成芽孢。

本菌繁殖型菌体抵抗力不强，在腐败的尸体内，加热 60℃以上，及常用消毒剂都可以在很短的时间内将其杀死。对青霉素敏感。该菌的芽孢抵抗力则特别强，在干燥状态下可存活 20 年以上，牧场一旦被污染，传染性可保持 20~30 年，煮沸 15~25 min，160℃干热 1 h，121℃高压蒸汽 5~10 min 可破坏芽孢。芽孢对碘制剂敏感。用 20% 漂白粉、5% 碘酊、10% 氢氧化钠溶液消毒作用显著。

（二）流行病学

各种家畜均可感染，其中牛、马、羊、鹿感染性最强；水牛、骆驼次之；猪感染性较低。试验动物与人亦具感染性。病畜的分泌物、排泄物和尸体等都可作为传染来源。该病主要经消化道感染，也可经呼吸道及吸血昆虫的叮咬感染。该病多为散发，常发生于炎热的夏季，在吸血昆虫多、雨水多、江河泛滥时易发生传播。

（三）症状

自然感染者潜伏期 1~3 d，也有长至 14 d 的。根据病程可分为最急性、急性和亚急性三型。

1. 最急性型

常见于绵羊和山羊，多发生于流行初期。突然发病，走路摇晃，迅速倒卧，昏迷，呼吸困难，可视黏膜呈蓝紫色，濒死期和死后可见口鼻流出血样泡沫，肛门及阴门流出不易凝固的血液。有时在放牧或使役过程中突然死亡。

2. 急性型

多见于牛、马，病牛体温 41~42℃，表现兴奋不安，吼叫或乱顶人畜；呼吸增速，心跳加快；食欲废绝，可视黏膜呈蓝紫色，有出血点；初便秘后腹泻带血，有时腹痛；尿暗红色，有时混有血液；泌乳停止；孕畜流产；濒死期体温下降，呼吸高度困难。

3. 亚急性型

病程稍长，一般为 2~5 d。病牛常在颈部、胸前、腹下及直肠、口腔黏膜等处形成炭疽痈。肿胀迅速肿大，初期硬固有热痛，后渐变为无痛，指压呈捏粉样，最后中央坏死，有时形成溃疡。肠黏膜有炭疽痈呈现腹痛症状。

（四）病变

尸僵不全，尸体极易腐败而致腹部膨大；从鼻孔和肛门等天然孔流出不凝固的暗红色血液；可视黏膜发绀，并散在出血点；血液黑红、浓稠、凝固不良，呈煤焦油样；剥开皮肤可见皮下、肌肉及浆膜下有出血性胶冻样浸润；脾脏明显肿大，较正常大 2~5 倍，脾体暗红色，软如泥状；全身淋巴结肿大、出血，切面黑红色。

炭疽痈常发部位为肠和皮肤，即出现肠痈和皮肤痈；肠痈多见于十二指肠和空肠，皮肤痈常见于颈、胸前、肩胛或腹下、阴囊与乳房等部位。

（五）诊断

对原因不明而死亡或临床上表现痈性肿胀、腹痛、高热，病情发展急剧，死后天然孔流血的病畜，应首先怀疑为炭疽。禁止解剖疑似炭疽病死动物。确诊可采用细菌学诊断、血清学诊断。Ascoli 反应适宜于腐败病料及动物皮张、风干腌浸过肉品的检验，先决条件是被检病料中必须有足够检出的抗原量。

鉴别诊断应注意与牛气肿疽和巴氏杆菌病相区别。

（1）牛气肿疽　多具气性肿胀，有捻发音；患部肌肉红黑色，切面呈海绵状；脾和血液无明显变化。

（2）巴氏杆菌病　颈部肿胀与炭疽相似，但脾不肿大；血液凝固良好。

（六）防治

炭疽病要抓好预防注射和尸体处理两个主要环节。

常发地区每年定期皮下注射无毒炭疽芽孢苗 1 ml（1 岁以内牛 0.5 ml）或Ⅱ号炭疽芽孢苗 1 ml（不分年龄）。

疑似炭疽尸体应严禁剖检、焚烧或深埋。一旦发病，应及时报告疫情，立即封锁隔离，加强消毒并紧急预防接种。封锁区内牛、羊舍用20%漂白粉乳剂或10%氢氧化钠溶液消毒，病牛粪便及垫草应焚烧。疫区封锁必须在最后一头病畜死亡或痊愈后14 d，经全面大消毒方能解除。

炭疽病早期应用抗炭疽血清可获得良好效果，成年牛静脉或皮下或腹腔注射100~300 ml；若注射后体温仍不下降，则可于12 h或24 h后再重复注射1次。青霉素按每千克体重1.5万IU肌内注射，每日2~3次，治疗效果良好；若将青霉素与抗炭疽血清或链霉素合并应用，则效果更好。土霉素4 g加入葡萄糖内静脉注射，疗效亦较理想。磺胺类药物对炭疽有效，以磺胺嘧啶为最好，首次剂量每千克体重0.2 g，以后减半，每日1~2次。

六、破伤风

破伤风又称强直症，是由破伤风梭菌经伤口感染引起的一种急性中毒性人畜共患病。临床诊断以骨骼肌持续性痉挛和神经反射兴奋性增高为特征。

（一）病原

破伤风梭菌为一种厌氧性革兰氏阳性大杆菌，在动物体内外均可形成抵抗力强大的芽孢，芽孢位于菌体一端，多数菌株有周鞭毛，能运动。不形成荚膜。在动物体内和培养基内均可产生破伤风外毒素，其中最主要的是能作用于神经系统的痉挛毒素。痉挛毒素不耐热，易被酸破坏，经甲醛处理后可脱毒变为类毒素。

本菌繁殖体抵抗力不强，一般消毒药均能在短时间内将其杀死，芽孢体抵抗力强大，可在土壤中存活几十年。

（二）流行病学

本病广泛分布于世界各地，无明显的季节性，多为散发。

各种家畜均有易感性，其中以单蹄兽最易感，猪、羊、牛次之，犬、猫偶发，人的易感性也很高。

破伤风梭菌广泛存在于自然界，人畜粪便都可带有，尤其是施肥的土壤、腐臭淤泥中。人畜感染主要来源是粪便和土壤。

本菌必须经创伤才能感染，动物之间或动物和人之间不能直接传播。感染常见于断脐、去势、手术、断尾、穿鼻、产后等。临床上有1/3~2/5的病例找不到伤口，这可能是创伤已愈合或经子宫、消化道黏膜损伤感染。

（三）症状

潜伏期 1~2 周。病牛初表现为头颈部肌肉强直性痉挛，采食、咀嚼和吞咽缓慢。随病情发展，病牛出现全身性强直痉挛症状。严重者牙关紧闭，无法采食和饮水，由于咽肌痉挛致使吞咽困难，唾液积于口腔而流涎。头颈伸直，两耳竖立，鼻孔张开，四肢腰背僵硬，腹部蜷缩，尾根高举，行走困难，形如木马，关节屈曲困难，易于跌倒。常发生角弓反张和瘤胃鼓胀。末期常因呼吸功能障碍或循环系统衰竭而死亡。

绵羊和山羊表现全身强直，角弓反张，四肢僵硬，伴发瘤胃轻度鼓胀和腹泻。多发生于死胎或胎衣停滞之后（产后强直症），羔羊多因脐带感染，病死率很高。

（四）诊断

根据本病的特殊临诊症状，如神志清楚，反射兴奋性增高，强直痉挛，体温正常，并有创伤史，即可确诊。还可从局部创伤采取病料进行细菌学诊断。鉴别诊断注意与以下疾病相区别。

1. 急性肌肉风湿症

无创伤病史，体温升高 1℃ 以上，患部肌肉肿胀，有疼痛感，缺乏兴奋性，牙关不紧闭，两耳不竖立，尾巴不高举。用水杨酸制剂治疗有效。

2. 脑炎

虽有兴奋性，牙关紧闭，腰发硬及角弓反张，局部肌肉痉挛等症状，但无创伤病史，各种反射机能都减退或消失，视力减退或消失，意识丧失或昏迷不醒，并有麻痹症状。

3. 马钱子中毒

有牙关紧闭、角弓反张、肌肉痉挛等症状，但有中毒史，反射兴奋性不高，肌肉痉挛发生较急，呈间歇性发作，经治疗缓解后，能迅速开口，或者死亡较快等。

（五）防治

1. 预防措施

在常发地区对易感家畜定期接种破伤风类毒素。成年牛、羊 1ml，幼畜 0.5ml，注射后 3 周产生免疫力，免疫期 1 年，第二年再注射 1 次，免疫期增加到 4 年。平时要注意饲养管理和环境卫生，防止家畜受伤，一旦发生创伤，要注意及时处理创伤；创伤或术后，尤其是牛、羊去势后应及时注射破伤风抗毒素。

2. 治疗措施

治疗原则是消除病原、中和毒素、镇静解痉及加强护理。初期病势凶猛，中和毒素为主要治疗手段，同时注意消除病原，应用解痉药物阻断毒素和神经肌肉结合；中期相对稳定，镇静解痉，强心补液，维护心脏机能，防止并发症；经 10 d 左右的治疗转入疾病恢复阶段，应加强护理，缓解局部肌肉痉挛，调整胃肠机能等对症治疗措施。

（1）中和毒素 静脉注射破伤风抗毒素，成年牛 50 万~90 万 IU，犊牛 20 万~40 万 IU，可一次注射，也可分 3 次注射。破伤风抗毒素可在体内保持 2 周左右。同时应用 40% 乌洛托品，成年牛 50 ml，加入葡萄糖内静脉注射，每日 1 次，连用 7~10 d，过长时间应用会导致尿路出血。

（2）镇静解痉 镇静常用氯丙嗪，犊牛 150~200 mg，成年牛 250~500 mg，上、下午各肌内注射 1 次，羔羊可肌内注射氯丙嗪 100 mg，每日 2~4 次。也可用水和氯醛 25~50 g 混合淀粉浆 500~1 000 ml 灌肠，每日 1~2 次。也可两法交替应用。或用 2% 静松灵 1~3 ml，每日上、下午各注射 1 次；解痉常用 25% 硫酸镁，犊牛 25 ml，成牛 100 ml，静脉注射或肌内注射；牙关紧闭时用 1% 普鲁卡因在开关、锁口穴注射，每穴注射 10 ml，每天 1 次直至开口；腰背强直者镇静解痉或 25% 硫酸镁在脊柱两侧各选 5 个点做点状注射，每点注射 10 ml，直至痊愈。

（3）消除病原 彻底清创，除去创伤内的脓汁异物、坏死组织以及痂皮，创伤口深而小的进行扩创，用 3% 过氧化氢或 2% 高锰酸钾溶液洗涤，再用 5%~10% 碘酊涂擦，最后撒布碘仿磺胺粉或高锰酸钾粉。

（4）对症治疗 主要是强心补液、补糖、补碱、整肠健胃。

（5）牛产后破伤风 可用高锰酸钾溶液冲洗产道，静脉注射甲硝唑 2.5~5 g（加入葡萄糖内），破伤风引起瘤胃鼓胀时，可进行瘤胃切开，将瘤胃壁切口与皮肤切口缝合在一起，便于长期排气，每天经切口灌入饮水、麸皮和药物，待病畜开始吃草、反刍后，再分别缝合瘤胃和皮肤切口（切除坏死部分）。

（6）加强护理 病牛放入光线暗的畜舍，避免响声，保持安静，对不能采食的可用胃管投入流食。

七、气肿疽

气肿疽俗称黑腿病或鸣疽，是由气肿疽梭菌引起的，主要是牛的一种急性热性传染病。其特征是突然在肌肉丰满部位发生气性炎性肿胀，患部皮肤发黑，按压有捻发音。

（一）病原

气肿疽梭菌为两端钝圆的粗大杆菌，周身有鞭毛，能运动，无荚膜，在体内外均可形成中立或近端芽孢，呈纺锤形或汤匙形。革兰氏染色阳性。专性厌氧菌。

繁殖体抵抗力不大，芽孢抵抗力强，可在泥土中保持5年以上，在液体或组织内的芽孢经煮沸20 min或用3%福尔马林15 min方能杀死。

（二）流行病学

本病多发于黄牛，2岁以内者多发。水牛、奶牛、绵羊易感性较弱。山羊、鹿、猪、骆驼和水貂亦可感染。

病畜是本病的传染源。病菌主要存在于病变部位的肌肉、皮下组织以及水肿液中，可随破溃后的渗出物排出体外。病菌也可以正常菌群的形式存在于牛的肠道内。病牛的排泄物、分泌物及处理不当的尸体，污染的饲料、水源及土壤会成为持久性传染来源。

病菌随污染的饲料饮水进入畜体，经消化道黏膜创伤侵入组织。健康带菌牛当肠黏膜有损伤时，也可发生内源性感染。

本病常呈地方性流行，多与气肿疽疫源地有关。无明显季节性，夏季放牧（尤其在炎热干旱时）容易发生。

（三）症状

潜伏期3~5 d，最短1~2 d，长的7~9 d。往往突然发病，体温41~42℃，食欲和反刍停止，常呈跛行。不久会在肩、股、颈、臂、胸、腰等肌肉丰满处发生炎性气性肿胀，初热而痛，后肿胀部位的中心变冷，失去知觉，产生大量气体，沿皮下和肌间向四周扩散，肿胀部分皮肤干硬而呈暗黑色，触诊有捻发音。穿刺或切面有黑红色液体流出，内含气泡，有特殊臭气，肉质黑红而疏松，周围组织水肿；局部淋巴结肿大。严重者呼吸增速，脉细弱而快。死前体温下降。一般病程1~3 d，有的可延长至10 d。病变可发生于舌和口腔等部位。

（四）病变

尸体迅速腐败，瘤胃鼓胀，天然孔常有带泡沫血样的液体流出。患部皮下及肌间组织有广泛性的气性、出血性胶冻样浸润；肌肉黑红色，肌间充满气体，呈疏松多孔的海绵状，有酸败气味。局部淋巴结充血、出血或水肿。

（五）诊断

根据流行病学、典型症状及病理变化可做出初步诊断。确诊需进行细菌学诊断、血清学诊断。值得注意的是，在剖检或采取病料时，都必须进行严格消毒，防止病原扩散或形成不易消灭的气肿疽疫源地。

本病有高热、局部肿胀和急性死亡等症状，与炭疽、巴氏杆菌病、恶性水肿病有相似之处，应注意鉴别。

炭疽：各种动物均易感；局部肿胀为水肿性，没有捻发音；脾脏高度肿大；镜检可发现有荚膜竹节状的炭疽杆菌；炭疽沉淀试验阳性。

巴氏杆菌病：肿胀主要见于咽喉部和颈部，为炎性水肿，硬而热痛，无捻发音；常伴有急性纤维素性胸膜肺炎的症状和病变；血液或实质脏器涂片染色镜检可见两极着色的巴氏杆菌。

恶性水肿：恶性水肿的发生与皮肤损伤病史有关。主要发生在皮下，且部位不定。无发病年龄与品种区别。气肿不显著，肌肉无海绵状病变。肝表面触片染色镜检，发现微弯曲长丝状的腐败梭菌。

（六）防治

1. 防治措施

在近三年内有本病发生的地区，每年春、秋两季进行气肿疽甲醛菌苗或明矾菌苗预防接种。不论大小，牛皮下注射5 ml，羊皮下注射1 ml；对6月龄以下的小牛，待满6月龄时应再注射1次。

从未发生过本病的地区，发生本病后应立即对整个牛群进行检疫。对假定健康牛，可先皮下注射抗气肿疽血清15~20 ml，1周后再注射气肿疽菌苗5 ml；对病牛和可疑牛就地隔离治疗。病牛尸体及其粪、尿、垫料等一起烧毁或深埋，牛舍及用具应严格消毒。

2. 治疗措施

（1）抗菌治疗 早期静脉注射抗气肿疽血清150~200 ml，重症患者8~12 h后再重复一次。同时应用青霉素肌内注射，每次400万~600万IU，每日2~3次；或10%磺胺嘧啶钠100~200 ml，10%葡萄糖500 ml，40%乌洛托品50 ml，混合静脉注射，每日2次。也可静滴庆大霉素120万IU或四环素4 g（加入糖内）。

（2）外科治疗 早期，可用0.25%~0.5%普鲁卡因溶液10~20 ml溶解青霉素80万~120万IU，在肿胀部位周围分点注射，可收到良好效果。后期，可切开肿胀部除去坏死组织，用 2% 高锰酸钾或 3% 过氧化氢水溶液充分冲洗。

（3）对症治疗　注意强心、解毒。

（4）中药治疗　可选用具有清热、凉血和解毒作用的药物。

方剂一：当归 31 g、赤芍 31 g、连翘 31 g、金银花 62 g、甘草 10 g、蒲公英 124 g、苦参 50 g、地丁草 30 g、重楼 30 g。共为末，开水冲，候温灌服。

方剂二：紫草 62 g、黄柏 31 g、黄连 19 g、黄芩 31 g、白芷 31 g、栀子 31 g、升麻 12 g、甘草 31 g、苦参 50 g。共为末，开水冲，候温灌服。

八、羊快疫及羊猝疽

羊快疫是由腐败梭菌引起的一种急性传染病，以皱胃出血性炎症为特征。羊猝疽是由 C 型魏氏梭菌引起的一种急性传染病，以溃疡性肠炎和腹膜炎为特征。两者可发生混合感染，特征是突然发病，病程极短，死亡迅速：胃肠道呈出血性、溃疡性炎症变化，肠内容物混有气泡；肝肿大、质脆、色多变淡，常伴有腹膜炎。

（一）流行病学

1. 羊快疫

绵羊最易感，山羊较少发病。以 6~18 月龄、营养膘度在中等以上的绵羊发病较多。

腐败梭菌广泛分布于低洼草地、熟耕地和沼泽地带，因此本病在这些地方常发生。病菌随污染的饲料、饮水进入消化道感染。一般呈地方性流行，多见于秋、冬和早春，此时气候变化大，当羊受寒感冒或采食冰冻带霜的草料及受体内寄生虫危害时，本病易发生。

2. 羊猝疽

本病发生于成年绵羊，以 1~2 岁绵羊发病较多。常见于低洼、沼泽地区，呈地方性流行。病菌随污染的饲料、饮水进入消化道感染。多发生于冬、春季节。

（二）症状及病变

1. 羊快疫

突然发病，短期死亡。由于病程常为闪电型经过，故称为"快疫"。死亡慢的病例，间有衰竭、磨牙、呼吸困难和昏迷症状；有的出现疝痛、鼓胀；有的食欲废绝，口流带血色的泡沫。排粪困难，粪团变大，色黑而软，杂有黏液或脱落的黏膜；也有的排黑色稀粪，间或带血丝；或排蛋清样恶臭稀粪。病羊头、喉及舌肿大，体温一般不高，通常数分至数小时内死亡，延至1d以上的很少见。

新鲜尸体的主要损害为皱胃出血性炎症。黏膜，尤其是胃底部及幽门附近的黏膜，常有大小不等的出血斑块，其表面发生坏死，出血坏死区低于周围的正常黏膜；黏膜下组织常水肿。胸腔、腹腔、心包有大量积液，暴露于空气易于凝固。心内膜下（特别是左心室）和心外膜下有多数点状出血。肠道和肺脏的浆膜下也可见到出血。胆囊多肿胀。如病羊死后未及时剖检，则尸体因迅速腐败而出现其他死后变化。

2. 羊猝疽

病程短促，常未及见到症状即突然死亡。有时发现病羊掉群，卧地，表现不安，衰弱，痉挛，眼球突出，在数小时内死亡。死亡是由于毒素侵害与生命活动有关的神经元发生休克所致。

病变主要见于消化道和循环系统。十二指肠和空肠黏膜严重充血、糜烂，有的区段可见大小不等的溃疡。胸腔、腹腔和心包大量积液，后者暴露于空气后，可形成纤维素絮块。浆膜上有小出血点。病羊刚死时骨骼肌表现正常，但在死后8h内，细菌在骨骼肌里增殖，使肌间积聚血样液体，肌肉出血，有气性裂孔，骨骼肌的这种变化与黑腿病的病变十分相似。

3. 羊快疫及羊猝疽混合感染

根据在我国观察所见，有最急性型和急性型两种临床表现。

（1）最急性型 一般见于流行初期。病羊突然停止采食，精神不振。四肢分开，弓腰，头向上。行走时后躯摇摆。喜伏卧，头颈向后弯曲。磨牙，不安，有腹痛表现。眼羞明流泪，结膜潮红，呼吸促迫。从口鼻流出泡沫，有时带有血色。随后呼吸愈加困难，痉挛倒地，四肢做游泳状，迅速死亡。从出现症状到死亡通常为2~6h。

（2）急性型 一般见于流行后期。病羊食欲减退，行走不稳，排粪困难，有里急后重的表现。喜卧地，牙关紧闭，易惊厥。粪团变大，色黑而软，其中杂有黏稠的炎症产物或脱落的黏膜；或排油黑色或深绿色的稀粪，有时带有血丝；有的排蛋清样稀粪，带有难闻的臭味。心跳加速。一般体温不升高，但临死前呼吸极度困难时，体温可上升至40℃以上，维持时间不久即死亡。从出现症状到死亡通常为1d左右，也有少数病例延长到数天。发病率6%~25%，个别羊群高达97%。山羊发病率一般比绵羊低。发病羊几乎100%死亡。

混合感染死亡的羊，营养水平多在中等以上。尸体迅速腐败，腹围迅速胀大，可视黏膜充血，血液凝固不良，口鼻等处常见有白色或血色泡沫。最急性的病例，胃黏膜皱襞水肿，增厚数倍，黏膜上有紫红斑，十二指肠充血、出血。急性病例前三胃的黏膜有自溶脱落现象，第四胃黏膜坏死脱落，黏膜水肿，有大小不一的紫红斑，甚至形成溃疡；小肠黏膜水肿、充血，尤以前段黏膜为甚，黏膜面常附有糠皮样坏死物，肠壁增厚，结肠和直肠有条状溃疡，并有条、点状出血斑点，小肠内容物呈糊状，其中混有许多气泡，并常混有血液，肝脏多呈水煮色，浑浊，肿大，质脆，被膜下常见有大小不一的出血斑，切开后流出含气泡的血液，肝小叶结构模糊，多呈土黄色，有出血，胆囊胀大，胆汁浓稠呈深绿色，少数病例肝面有绿豆至核桃大的淡黄色坏死灶，在黄色坏死灶之间，有出血斑块，因而呈大理石样外观。肾脏在病程短促或死后不久的病例，多无肉眼可见变化，病程稍长或死后时间较久的，可见有软化现象，肾盂常贮积白色尿液。大多数病例出现腹腔积液，带血色。脾多正常，少数淤血。膀胱积尿，量多少不等，呈乳白色。部分病例胸腔有淡红色浑浊液体，心包内充满透明或血染液体，心脏扩大，心外膜有出血斑点。肺呈深红色或紫红色，弹性较差，气管内常有血色泡沫。全身淋巴结水肿，颌下、肩前淋巴结充血、出血及浆液浸润。肌肉出血，肌肉结缔组织积聚血样液体和气泡。肩前、股前、尾底部等处皮下有红黄色胶冻样浸润，在淋巴结及其附近尤其明显。

（三）诊断

羊快疫和羊猝疽病程急速，生前诊断比较困难。如果羊突然发病死亡，死后又发现第四胃及十二指肠等处有急性炎症，肠内容物中有许多小气泡，肝肿胀而色淡，胸腔、腹腔、心包有积液等变化时，应怀疑可能是这一类疾病。确诊需进行微生物学和毒素检查。

羊快疫、羊猝疽与羊肠毒血症、黑疫、巴氏杆菌病、炭疽容易混淆，应注意区别。

（四）防治

本病的病程短促，往往来不及治疗，因此，必须加强平时的防疫措施。

在本病常发地区，每年可定期注射1~2次羊快疫、猝疽二联菌苗或快疫、猝疽、肠毒血症三联菌苗。近年来，我国又研制成功厌气菌七联干粉苗（羊快疫、羊猝疽、羔羊痢疾、肠毒血症、黑疫、肉毒中毒、破伤风七联菌苗），这种菌苗可以随需配合。由于吃奶羔羊产生主动免疫力较差，故在羔羊经常发病的羊场，应对怀孕母羊在产前进行两次免疫，第一次在产前1~1.5个月，第二次在产前 15~30 d，母羊获得的免疫抗体，可经由初乳传递给羔羊。但在发病季节，羔羊也应接种菌苗。

发生本病时，应将病羊隔离，对病程较长的病例试行对症治疗。可灌服 0.1% 高锰酸钾溶液 100 ml，每日 2 次或 10% 石灰水 100 ml；静脉注射甲硝唑葡萄糖液 250 ml（含甲硝唑 0.5 g），也可静脉滴注丁胺卡那 0.5~1 g 或吉他霉素 180 万 IU。当本病发生严重时，转移放牧地，可收到减少和停止发病的效果。因此，应将所有未发病羊转移到高燥地区放牧，加强饲养管理，防止受寒感冒，避免羊采食冰冻饲料，早晨出牧不要太早。同时用菌苗进行紧急接种。

九、羊肠毒血症

羊肠毒血症又名软肾病。主要是绵羊的一种急性毒血症，是由 D 型魏氏梭菌在羊肠道中大量繁殖产生毒素所引起的。其临床特征为腹泻、惊厥、麻痹和突然死亡。病变特征是肾脏软化如泥。

（一）病原

D 型魏氏梭菌。

（二）流行病学

绵羊和山羊均可感染，但绵羊更为敏感。以 4~12 周龄哺乳羔羊多发，2 岁以上的绵羊很少发病。实验动物以豚鼠、小鼠、鸽和幼猫最敏感。

本病呈地方流行或散发，具有明显的季节性和条件性，多在春末夏初或秋末冬初发生。一般发病与下列因素有关：在牧区由缺草或枯萎的草场转至青草丰盛的草场，羊采食过量；在农区，则常常发生在收菜季节，羊吃了大量的菜根菜叶，或收庄稼后羊群抢吃了大量谷类后发病；育肥羊和奶羊喂高蛋白精料过多；降低胃的酸度，导致病原体的生长繁殖增快，小肠的渗透性增高及吸收 D 型产气荚膜梭菌的毒素达到致死剂量等。多雨季节、气候骤变、地势低洼等，都易于诱发本病。

（三）症状

病程急速，发病突然，有时见到病羊向上跳跃，跌倒于地，发生痉挛于数分内死亡。

病程缓慢的可见兴奋不安，咬牙，嗜食泥土或其他异物，头向后倾或斜向一侧，做转圈运动；也有头下垂抵靠棚栏、树木、墙壁等物；有的病羊呈现步态蹒跚，侧身卧地，角弓反张，口吐白沫，腿蹄乱蹬，全身肌肉战栗等症状。

一般体温不高，但常有绿色糊状腹泻，在昏迷中死亡。

急性病例尿中含糖量增高达 2%~6%，具有一定诊断意义。

（四）病变

突然倒毙的病羊无可见特征性病变。通常尸体营养良好。死后迅速发生腐败。最特征性病变为肾表面充血，略肿，质脆软如泥。皱胃和十二指肠黏膜常呈急性出血性炎，故有"血肠子病"之称。腹膜和腹肌等有大的点状出血。心内外膜小点出血。肝肿大，质脆，胆囊肿大，胆汁黏稠。全身淋巴结肿大充血，胸、腹腔有大量渗出液，心包液增加，常凝固。

（五）诊断

根据病史、体况、病程短促和死后剖检的特征性病变，可做出初步诊断。确诊有赖于细菌的分离和毒素的鉴定。

（六）防治

针对病因加强饲养管理，防止过食，精、粗、青料搭配，合理运动等。

疫区应在每年发病季节前，注射羊肠毒血症菌苗或羊肠毒血症、快疫、猝疽三联菌苗（6 月龄以下的羊一次皮下注射 5~8ml，6 月龄以上一次皮下注射 8~10ml）或羊厌氧五联菌苗（羊肠毒血症、快疫、猝疽、羔羊痢疾、黑疫）一律 5ml。

对疫情中尚未发病的羊，可用三联菌苗做紧急预防注射。

当疫情发生时，应注意处理尸体，更换污染草场和用 5% 煤酚皂液消毒。

急性病例常无法医治，病程缓慢的（即病程延长到 12 h 以上），可试用免疫血清（D 型产气荚膜梭菌抗毒素），参考羊快疫及羊猝疽的疗法。

十、羔羊痢疾

羔羊痢疾是由 B 型魏氏梭菌引起的初生羔羊的一种急性传染病。以剧烈腹泻和小肠发生溃疡为特征。常引起羔羊大批死亡，给养羊业带来重大损失。

（一）流行病学

该病主要发生于 7 日龄内的羔羊，其中又以 2~3 日龄的发病最多。纯种羊和杂交羊均较土种羊易于患病；杂交代数越多，越接近纯种，则发病率与死亡率越高。一般在产羔初期零星散发，产羔盛期发病多。

孕羊营养不良、羔羊体弱、脐带消毒不严、羊舍潮湿、天气寒冷等，都是发病的诱因。病羊及带菌母羊为重要传染源。

经消化道、脐带或伤口感染，也有子宫内感染的可能。呈地方性流行。

（二）症状及病变

潜伏期1~2d，有的可缩短为几小时。

病初病羔精神沉郁，头垂背弓，停止吮乳，不久发生腹泻，粪便呈粥状或水样，色黄白、黄绿或灰白，恶臭。体温、心跳、呼吸无显著变化。后期大便带血，肛门失禁，眼窝下陷，卧地不起，最后衰竭而死。

剖检皱胃黏膜及黏膜下层出血和水肿，黏膜面有小的坏死灶。小肠出血性炎症比大肠严重，黏膜发红，集合淋巴滤泡肿胀或坏死及出血，病久可形成溃疡，突出于黏膜表面，豆大，形不规则，周围有出血炎性带。大肠病变与小肠相同，但轻微。结肠、直肠充血或出血。肠系膜淋巴结充血肿胀或出血。实质脏器肿大变性，有一般败血症病变。

（三）诊断

在本病常发地区，根据流行病学、症状及病理剖检，可做出初步诊断。必要时为确定病原，在病羔刚死后，即采取回肠内容物、肠系膜淋巴结、心血等，做病原体和毒素检验。

应注意与沙门菌、大肠杆菌和肠球菌引起的羔羊下痢相区别。

（四）防治

1. 对母羊（特别是孕羊）加强饲养管理

做好夏秋抓膘和冬春保膘工作，保证所产羔羊健壮，乳充足，以增强羔羊抗病力。

为避免产羔时过于寒冷，可将产羔季节提前或推迟，避开最寒冷的时间产羔。

产羔前后和接产过程中，应做好一切消毒和防护工作，保证母羊体躯、乳房、产地及用具的清洁卫生。对羔羊脐带严格消毒，保证羔羊吃足初乳。

2. 预防接种

每年秋季可给母羊单一或羊厌氧菌病五联菌苗（羊快疫、猝狙、肠毒血症、羔羊痢疾、黑疫），产前2~3周再接种一次。羊六联菌苗（羊快疫、猝狙、肠毒血症、羔羊痢疾、黑疫和大肠杆菌病），对由大肠杆菌引起的羔羊痢疾也有预防作用。

3. 常发本病地区的预防

在羔羊出生后12h内，可口服土霉素0.15~0.2g，每日1次，连续灌服3d，或用其他抗菌药物等有一定的预防效果。

4. 对病羔的处理

对病羔要做到早发现，立即隔离，认真护理，积极治疗。粪便、垫草应焚烧，污染的环境、土壤、用具等用 3%~5% 煤酚皂液喷雾消毒。

5. 病羔隔离治疗

药物治疗应与护理相结合。治疗时需按年龄、体质和临床症状进行。一般发病较慢、排稀粪的病羔，可灌服 6% 硫酸镁（内含 0.5% 福尔马林）30~60 ml，6~8 h 后再灌服 1% 高锰酸钾溶液 10~20 ml，必要时可再服高锰酸钾 2~3 次。此外。可用磺胺脒 0.5 g、鞣酸蛋白 0.2 g、次硝酸铋 0.2 g，水调灌服，每日 3 次。另用土霉素 0.2~0.3 g，或再加等量胃蛋白酶，水调灌服，每日 2 次；病初可用青霉素、链霉素各 20 万 IU 注射或口服，及其他对症治疗。或用异烟肼 3 片（0.3 g），每日灌 1 次，连用 1~3 d，有效率可达 85% 左右。脱水时，用 10% 葡萄糖酸钙 3 ml，庆大霉素 8 万 IU，地塞米松 2 mg，10% 葡萄糖 30 ml 混合一次静脉注射，如加维生素 B_6 或维生素 C 则疗效更好。有条件时，可用抗羔羊痢疾高免血清 0.5~1 ml 肌内注射，使羔羊对产气荚膜梭菌引起的羔痢疾获得免疫；以 3~10 ml 血清治疗已表现明显症状的病羊，除表现神经中毒症状的垂危病羔难以挽救外，治愈率可达 90% 以上。

第三节
其他病原微生物引起的传染病

一、牛传染性胸膜肺炎

牛传染性胸膜肺炎也称牛肺疫，是由丝状霉形体引起的牛的一种接触性传染病。主要特征为纤维素性肺炎和胸膜炎。

（一）病原

病原体为丝状支原体丝状亚种。其形态多样，有球状、球杆状、纤丝状、分支状、环状、星状等，但以球状和丝状多见。革兰氏染色阴性。不易着色，涂片在固定后用 5% 铬酸处理 3~5 min，再用吉姆萨染色或 1∶10 的石炭酸复红染色 1~3 h 后镜检。

支原体对外界环境因素抵抗力不强。日光直射、干燥和高温可使其迅速死亡。对新砷凡纳明、链霉素和硫柳汞较敏感，对青霉素具有抵抗力。但1%煤酚皂液、5%漂白粉、1%~2%氢氧化钠溶液均能迅速将其杀死。每毫升含2万~10万IU的链霉素，能抑制本菌。

（二）流行病学

在自然条件下主要侵害牛类，包括黄牛、牦牛、犏牛、奶牛等。各种牛的易感性依品种、年龄及饲养环境不同而有差别。奶牛、牦牛最易感。幼龄牛和老龄牛比壮年牛易感。山羊、绵羊和骆驼在自然情况下不易感染。其他动物和人无易感性。

病牛和带菌牛是本病的主要传染源。病原体多存在于病牛的肺组织、胸腔渗出液和气管分泌物中，从呼吸道排出体外，也可由尿和乳汁排出，在产犊时子宫渗出物也向外排毒。病愈牛15个月甚至2~3年还能感染健康牛。

本病主要经呼吸道和消化道感染。病牛咳出的飞沫以及尿所污染的饲料、垫草是主要传播媒介。

本病多呈散发性流行，常年可发生，但以冬春两季多发。非疫区常因引进带菌牛而呈暴发性流行；老疫区因牛对本病具有不同程度的抵抗力，发病缓慢，通常呈亚急性或慢性经过，往往呈散发性。

（三）症状

潜伏期2~4周，短者8d，长者可达4个月之久。

急性型：病初体温升高至40~42℃，稽留热；鼻孔扩张，有浆液或脓性鼻液流出。呼吸高度困难，呈腹式呼吸，有呻声或痛性短咳。前肢外展，喜站。反刍迟缓或消失，可视黏膜发绀，臀部或肩胛部肌肉震颤。脉细而快，每分80~120次。前胸下部及颈垂水肿。胸部叩诊呈浊音或水平浊音，有痛感，听诊肺泡音减弱，可听到啰音、支气管呼吸音、胸膜摩擦音。泌乳停止，便秘或腹泻交替发生。病牛迅速消瘦，常因窒息死亡。病程5~8d。

慢性型：多数由急性型转化而来。病牛消瘦，常伴发痛性咳嗽，叩诊胸部有浊音区且敏感。牛使役力下降，消化机能紊乱，食欲反复无常，有的无临床症状但长期带毒。病程2~4周，也有延续至半年以上者。

（四）病变

特征性病变在肺脏和胸腔。肺的损害常限于一侧，以右侧居多，多发生在膈叶。初期以小叶性肺炎为特征，肺炎灶充血、水肿呈鲜红色或紫红色。中期为该病典型病变，表现为纤维素性肺炎和浆液性纤维素性胸膜肺炎，肺实质往往同时见到不同时期的变化，红色和灰白色互相掺杂，切面呈大理石状外观。肺间质水肿增宽，灰白色，淋巴管扩张，也可见到病灶。病肺与胸膜粘连，胸膜显著增厚并有纤维素附着，胸腔有淡黄色并夹杂有纤维素之渗出物，多的可达 10 000~20 000 ml。支气管淋巴结和纵隔淋巴结肿大、出血。心包液混浊且增多。后期肺部病灶坏死并有结缔组织包囊包裹，有的形成脓腔或空洞，有的结缔组织增生使整个坏死灶瘢痕化。

（五）诊断

本病初期不易诊断。若引进种牛在数周内出现高热，持续不退，同时兼有浆液性纤维素胸膜肺炎症状，结合病理变化可做出初步诊断。确诊可进行病原体的分离鉴定以及血清学试验。补体结合试验是我国规定于牛群检疫的现行方法。对接种疫苗的牛群，有部分可出现阳性或疑似反应（一般维持 3 个月左右），故对接种疫苗的牛群无诊断意义。对无本病地区进行检疫时，也可能有 1%~2% 的非特异性反应。

临床诊断应注意与牛巴氏杆菌病及牛肺结核病相区别。

牛巴氏杆菌病：肺炎型病牛，虽然有呼吸困难，呈现急性纤维素型胸膜肺炎症状，有干性痛咳。但是发病急、病程短；常见有喉头水肿；有败血症表现，组织和内脏有出血点；肺病变部大理石样变及间质增宽不明显。病原体为巴氏杆菌。

牛肺结核病：牛肺结核易与急性牛肺疫的初期及慢性牛肺疫相混淆。牛肺结核的病程长，咳嗽时有气管分泌物咳出，体温正常或呈弛张热；剖检肺部有结核结节，无大理石样变化；结核菌素变态反应阳性；病原体为结核分枝杆菌。

（六）防治

1. 防治措施

非疫区勿从疫区引牛。老疫区宜定期注射牛肺疫兔化弱毒菌苗或绵羊化弱毒菌苗。氢氧化铝菌苗，臀部肌内注射，大牛 2 ml，小牛 1 ml；盐水菌苗，尾尖皮下注射（距离尾尖 2~3 cm 柔软处），大牛 1 ml，小牛 0.5 ml。这两种疫苗均可产生一年以上的免疫力。注射疫苗后如发生严重反应，应立即按牛肺疫病治疗。暴发牛肺疫的地区，要通过临床检查，同时采血送检，检出病牛应隔离病牛，封锁疫区，必要时宰杀淘汰；污染的牛舍、屠宰场应用 2% 煤酚皂液或 20% 石灰乳消毒。

2.治疗措施

本病早期治疗可达到临床治愈，但是病牛症状消失，肺部病灶被结缔组织包裹或钙化，可长期带菌，故从长远利益考虑应以淘汰病牛为宜。

（1）"九一四"疗法　黄牛、奶牛用"九一四"3~4g，溶于5%葡萄糖盐水或生理盐水500ml中，一次静脉注射，间隔4~7d，用同样剂量重复注射1~2次。注意勿漏于血管外，药液现用现配。

（2）抗生素治疗　丁胺卡那霉素或四环素、土霉素2~3g，加在葡萄糖内静脉注射，每日1次，连用5~7d；链霉素3~6g，肌内注射，每日1次，连用5~7d。除此之外辅以强心、健胃、利尿等药物对症治疗。

二、牛放线菌病

放线菌病是多种动物和人的一种多菌性的非接触性慢性化脓性肉芽肿性传染病。以牛最为多见，其特征是头、颈、下颌和舌发生放线菌肿。又称大颌病、木舌症。

（一）病原

本病的病原有牛放线菌、伊氏放线菌和林氏放线杆菌。牛放线菌、伊氏放线菌是牛骨骼和猪的乳腺炎放线菌病的主要病原，伊氏放线菌是人放线菌病的主要病原。

牛放线菌、伊氏放线菌为革兰氏阳性，不能运动，能形成孢子，菌体呈细丝样分支，兼性厌氧。在动物组织中呈现带有辐射状菌丝的颗粒性聚集物——菌芝，外观似硫黄颗粒，其大小如别针头，呈灰色、灰黄色或微棕色，质地柔软或坚硬。硫黄样颗粒在载玻片上压平后，镜检呈菊花状，菌丝末端膨大向周围呈放射状排列，革兰氏染色其中央部分染成紫色，周围的放射状菌丝染成红色。

林氏放线杆菌革兰氏阴性，不能运动。在动物组织中可形成菌块，无显著放射状菌丝。革兰氏染色中心与周围均呈红色。

放线菌对青霉素、红霉素、氯霉素、四环素、林可霉素比较敏感。林氏放线杆菌对链霉素、磺胺类（磺胺嘧啶、磺胺二甲嘧啶）比较敏感。一般消毒药都有效。

（二）流行病学

牛、猪、羊、马、鹿等均可感染发病，人也可感染。动物中以牛最易感染，尤其是 2~5 岁的牛。

放线菌和放线杆菌是动物口腔或消化道的真性寄生菌，也存在于污染的土壤、饲料和饮水中。当黏膜或皮肤上有破损，便可自行发生感染。牛、羊多因食入带刺饲草，刺破口腔黏膜而感染。

本病广泛分布于世界各地，散发性发生。

（三）症状

1. 牛放线菌病

病牛常见下颌骨肿大，肿胀部位呈蘑菇状的生成物，界线明显。肿胀进展缓慢，6~18 个月才出现一个小而坚实的硬块，初期压有痛，后期无痛感；若两侧下颌骨受侵害，牛的下颌部增大。病牛呼吸、吞咽和咀嚼均感困难，消瘦甚快，有时皮肤化脓破溃，脓汁流出，形成瘘管，长久不愈。剖检见放线菌肿中有乳黄色脓肿块，有的因广泛坏死和骨质增生引起蜂窝状病变。受害下颌骨变得粗大，肿胀进展缓慢。

2. 放线杆菌病

主要表现受害部位如头、颈、颌、舌等软组织发生硬结，不热不痛，舌和咽部组织变硬又称为"木舌病"，硬结破裂后可形成瘘管，不断排出脓汁。有的受害组织形成肉芽肿，如有化脓菌侵入，形成脓肿。侵害舌部时，早期在舌黏膜和肌层可出现蘑菇状生长物，粟粒大小至榛子大小，后期因结缔组织弥漫性增生，坚硬如木板状，故称木舌。乳房患病时，呈弥漫性肿大或局部性硬结。

绵羊和山羊主要发生在嘴唇、头部和身体前半部的皮肤，皮肤增厚，可发生多数小脓肿，病羊不能采食，消瘦，衰弱，常发生肺炎。

（四）诊断

本病的症状和病变比较特殊，不易与其他传染病混淆。确诊可采取少许脓汁用水稀释，找出硫黄样颗粒，在水中洗净，置载玻片上加一滴 15% 氢氧化钠溶液，覆以盖玻片用力挤压，镜检，见特异性菌种。革兰氏染色后可鉴别是什么菌。

（五）防治

1. 防治措施

防止本病的发生，应避免在低湿地放牧。舍饲牛最好于饲喂前将干草、谷糠等浸软，避免刺伤口腔黏膜。防止皮肤、黏膜发生损伤，有伤口时及时处理在本病的预防上十分重要。

2.治疗措施

（1）局部治疗　硬结采用外科手术切除，如有瘘管一同切除，创腔填塞细盐或10%碘酊纱布，1~2 d更换1次。伤口周围注射10%碘仿醚或2%鲁氏碘液。也可采用烧烙法治疗。

（2）全身疗法　内服碘化钾，成年牛每天4~8 g，犊牛每天2~4 g，连用2~4周。重者可静脉注射10%碘化钠，牛每次50~100 ml，隔日1次，连用3~5次。用药过程中，可能出现碘中毒现象（皮肤发疹、流泪、脱毛、消瘦和食欲不振等），应暂停用药5~6 d。同时全身应用抗生素或抗菌药物。

三、牛附红细胞体病

附红细胞体病是由附红细胞体引起的一种人畜共患的传染病。临床上以发热、贫血、黄疸、血红蛋白尿为特征。

（一）病原

附红细胞体简称附红体，现在一般将其列入立克次体目，无浆体科，附红细胞体属。在不同动物体中寄生的附红体各有其名，牛的是温氏附红体，绵羊的是绵羊附红体，猪的是猪附红体和小附红体。其中以猪附红体和绵羊附红体致病力较强，温氏附红体致病力较弱，小附红体基本上无致病性。

附红体形态多样，多数为环形、球形和卵圆形，少数顿号形和杆状。温氏附红体多呈圆盘形，直径0.3~0.5 μm；绵羊附红体呈点状、杆状和球状，直径0.3~0.6 μm；山羊附红体多为不规则形，较大者呈环形，直径0.2~1.5 μm；猪附红体一般呈环形，直径0.8~2.5 μm，也有球状、杆状等形态。附红体既可附着于红细胞表面，又可游离于血浆中。革兰氏染色阴性，吉姆萨染色呈紫红色，瑞氏染色为淡蓝色。

附红细胞体对干燥和化学药剂抵抗力弱，一般常用消毒药在几分内即可将其杀死，但对低温抵抗力强。在快速冷冻情况下，4℃下保存可存活30 d，-78℃保存可达100 d以上。

（二）流行病学

附红细胞体的流行范围很广，遍布世界五大洲，无地域性分布特征。在我国，附红体对人畜感染均有存在，而且地域分布也很广，从东到西，从南到北，无明显地区限制。

附红细胞体的宿主有绵羊、山羊、牛、猪、马、驴、骡、狗、猫、鸡、兔、鼠、鸟类和人等。有人认为，附红体有相对宿主特异性，感染牛的附红体不能感染山羊、鹿和去脾的绵羊；绵羊附红体只要感染一个红细胞就能使绵羊得病，而山羊很不敏感。

本病的传播途径尚不完全清楚。传播方式有接触传播、血源传播、垂直传播及昆虫媒介传播等。

本病多发于夏秋或雨水较多的季节，其他季节也有发生。

（三）症状

多数呈隐性经过，在受应激因素刺激下可出现临床症状。牛发病后，精神沉郁，食欲减退或废绝，体温41℃，可视黏膜苍白、黄染，呼吸急促，心跳加快，反刍和嗳气停止，流涎，有时粪便带暗红色血液，尿呈淡黄色。

（四）病变

黏膜浆膜黄染，肝脾肿大，肝脏有脂肪变性，胆汁浓稠，肺、心、肾有不同程度的炎性变化。

（五）诊断

依据临床症状、剖检变化可做出初步诊断。确诊需进行实验室诊断。病原体检查可取感染附红细胞体的末梢血或静脉血，按常规方法制片，吉姆萨染色或瑞氏染色法染色，镜检。

诊断牛附红细胞体病主要应注意与梨形虫病、钩端螺旋体病相区别。

（六）防治

1. 防治措施

加强饲养管理，保持畜舍适宜的温度、湿度，加强通风，保持空气清新，安静环境，减少应激因素。定期消毒驱虫，杀灭蚊、蝇、虱。做好针头、注射器的消毒，杜绝共用一个注射针头。

2. 治疗措施

可使用咪唑苯脲、血虫净（贝尼尔）、长效土霉素等药物进行杀虫，同时采取补液、强心等对症治疗措施。

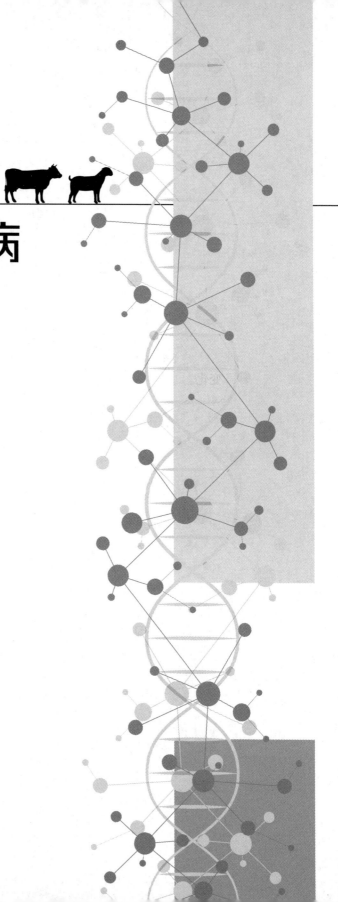

第二篇

寄生虫病

畜牧主客

第三章
寄生虫病防治基础知识

第一节
寄生虫与宿主的概念

一、寄生虫的定义及类型

寄生是自然界中某些生物一种生活方式，或者说是生物间相互关系的一种类型。两种生物（动物）长期或暂时结合在一起生活，其中一方通过这种生活方式获得了利益（生存空间和食物来源），同时给对方造成损害的生活方式就是寄生生活，简称寄生。获得利益的那种动物就叫寄生虫，或者说营寄生生活的动物就是寄生虫。受到损害的那种动物就叫宿主。

根据寄生虫之间相互关系的密切程度，可把寄生虫分成不同的阶元。界、门、纲、目、科、属、种是对寄生虫进行分类的七个主要阶元。

二、宿主的类型

（一）终末宿主和中间宿主

寄生虫的成虫或有性繁殖阶段所寄生的那个动物就是该种寄生虫的终末宿主。寄生虫的幼虫或无性繁殖阶段所寄生的那个动物就是该种寄生虫的中间宿主。

例如，血吸虫的成虫可在牛、羊、猪等多种家畜及人的门静脉系统的小血管中寄生，其幼虫是在钉螺的体内发育成长的。因此，牛、羊、猪等多种家畜及人都是血吸虫的终末宿主，钉螺是其中间宿主。

（二）贮藏宿主

有些寄生虫的虫卵或幼虫进入某种动物体内后，能在其体内保存生命力和对原宿主的感染力，但不能继续发育和繁殖，该动物被称为贮藏宿主。

（三）带虫者

带虫者指体内有一定数量的虫体存在而在临床上无任何症状的家畜。其产生的原因有二：一是感染初期的家畜，二是自愈或治愈后的家畜。

（四）保虫宿主

多宿主寄生虫可以寄生于家畜和野生动物，从兽医流行病学角度看，野生动物被称为家畜寄生虫的保虫宿主。如肝片吸虫主要感染牛、羊，也可感染某些野生动物，这些野生动物就是肝片吸虫的保虫宿主。在医学上，某些种寄生虫既寄生于人也寄生于动物时，通常把动物称为人的保虫宿主。如血吸虫，从防治人体血吸虫病角度出发，通常把耕牛看作是血吸虫的保虫宿主。

（五）媒介

媒介是指在脊椎动物宿主之间传播寄生虫病的一类低等动物。通常指传播血液原虫的吸血节肢动物。如蚊子在人与人之间传染疟原虫，硬蜱在牛与牛之间传播梨形虫。

三、寄生虫和宿主的相互关系

寄生虫和宿主之间的关系是一种既相互适应又相互斗争的关系，并且贯穿于寄生生活的全过程。

（一）寄生虫对宿主的危害（致病作用）

寄生虫对宿主的危害是多方面的，概括起来有以下几个方面。

1. 机械性损伤

寄生虫在宿主体内"开拓生存空间"，即在"进入""移行"和"定居"的过程中，对宿主所产生的损伤。如虫体以吸盘、吻突、口囊等特殊器官附着在胃肠等脏器的黏膜上，造成局部损伤；幼虫移行时，穿透各组织脏器，造成"虫道"，引起出血、炎症；虫体在肠管、胆管、淋巴管、血管以及支气管内聚集，引起阻塞和其他症状；某些寄生虫在宿主脏器内大量寄生或逐渐形成包囊，刺激压迫被寄生脏器和周围组织，引起各种病变和器官功能障碍；血液中的寄生虫破坏大量红细胞，引起贫血；体外寄生虫可破坏皮肤组织、刺激神经末梢，引起皮炎、剧痒。

2. 夺取营养

寄生虫到宿主体上生活的根本目的之一就是要获得食物来源。其获得营养的方式，因虫体种类的不同而不同。如寄生于胃肠内的寄生虫，以宿主胃肠内的食糜作为营养；血液中寄生的虫体破坏红细胞并以血红蛋白作为食物；组织内寄生的虫体以宿主的组织液以及它们所破坏的组织细胞为食物；大多数体外寄生虫以吸血或刺吸体液的方式获得营养，也有的以皮屑、羽毛为食。

3. 毒素作用

寄生虫在其寄生生活期间排出的代谢产物和分泌产物以及虫体死亡崩解产物都对宿主产生毒素作用。一方面可直接破坏宿主组织或影响其功能。如吸血的寄生虫分泌溶血物质和乙酰胆碱类物质，使宿主血凝缓慢，血液流出量增多；以宿主组织为营养或发育需要移行的寄生虫，分泌蛋白酶、蛋白水解酶和透明质酸酶来溶解组织，甚至可破坏肌腱和软骨等坚实组织的完整性；某些消化道寄生虫分泌抑制宿主消化酶活性的拮抗酶，使宿主消化机能下降。有少数寄生虫能像细菌那样产生致病力较强的毒素。如锥虫毒素可引起动物发热、损伤血管壁、溶解红细胞、抑制造血机能以及引起神经机能紊乱等。另一方面可引起局部或全身反应。虫体所到之处会发生局部组织细胞反应，初期是以嗜中性粒细胞、淋巴细胞、巨噬细胞等大量聚集为特征，后期以嗜酸性粒细胞增生为特征。这本是机体的一种防卫性反应，但可造成局部组织器官出现病变和功能障碍。毒素可导致变态反应。

4. 引入或激活其他病原体

可通过接种、带入、激活、降低机体抵抗力和与其他病原体产生协同作用等多种方式，对宿主产生危害。如蜱接种传递脑炎病毒、布鲁氏菌和炭疽杆菌；犊牛感染隐孢子虫与冠状病毒可协同引起腹泻。

（二）宿主对寄生虫的影响

寄生虫进入宿主体后，宿主无论在临床上是否表现症状，都以一种回答性反应影响寄生虫的生长、发育和繁殖。

这种回答性反应主要是局部的组织细胞反应和全身免疫反应。其对寄生虫产生的影响是：限制虫体的运动或将其包围于某一部位，阻止虫体的附着，抑制虫体的生长，降低其繁殖力，缩短其生活期限直至把虫体杀死，沉淀或中和毒素。

四、寄生虫感染的免疫特点

寄生虫感染宿主后，宿主能够产生免疫反应。产生免疫反应的机制与微生物所产生免疫反应的机制一样。但是寄生虫和微生物相比，不仅其组成成分复杂，而且发育过程也复杂得多。因此，寄生虫感染宿主体后所引起的免疫反应结果就有许多独特之处。

（一）不完全免疫

宿主尽管能够识别虫体并产生免疫反应，但不能将虫体全部杀死或排出体外，以致其在宿主体内能够确保世代延续和生存的机能。这种现象就是不完全免疫。

（二）带虫免疫

宿主与寄生虫之间处于某种平衡状态时，寄生虫在宿主体内保持一定的数量，宿主在临床上无任何症状并保持对相应虫体的再次感染有一定的免疫力；一旦宿主体内的虫体消失，宿主的这种免疫力也随着消失。这种现象就叫带虫免疫。

（三）自愈现象

在某些蠕虫的感染过程中，预先受到某种蠕虫感染的宿主再次受到同种虫体感染时，可将原先感染的这种虫体及其他一些无关的虫体一起排出去，这种现象就叫自愈现象。如给已经感染捻转血矛线虫的羊口服其感染性幼虫，可终止其感染；如果羊的皱胃中有其他虫体，它们也会随着排出。

第二节
寄生虫病的概念

一、寄生虫病的定义及特点

由动物性病原体所引起的疾病就是寄生虫病。其有三大特点。

（一）慢性病状态

绝大多数寄生虫病发病缓慢，死亡率较低。主要原因：一是寄生虫有较长的生活史，其对宿主的危害是逐渐累积的，只有达到一定的程度才能引起宿主发病。二是寄生虫感染以后所产生的免疫力是不完全免疫力，此免疫力的存在不能阻止寄生虫对宿主进一步的危害，但也不致使虫体发育过快而对宿主造成更快、更严重的危害。

由于绝大多数寄生虫病发病缓慢，死亡率较低，所以，家畜寄生虫病对畜牧业的危害主要表现在：使家畜生长发育缓慢，延长生产周期，增加生产成本；使畜产品的产量和质量降低。

（二）重复感染

绝大多数寄生虫病可以使已被感染的宿主发生再次感染。其一是因为寄生虫感染后所产生的免疫力是不完全免疫力，不能完全抵抗寄生虫的再次感染；其二是因为寄生虫感染后所产生的免疫力具有带虫免疫的特点。当先前感染的虫体从宿主体内消失后，宿主对此种寄生虫不再有任何免疫力，当再次遇到该虫体时就会发生二次感染。

（三）急性感染的特殊性

并不是所有的寄生虫病都呈慢性病经过，有些寄生虫病在被感染者是初次大量感染的情况下就会呈现急性发病。初次就是指被感染者有生以来第一次感染这种寄生虫；大量是相对被感染者的抵抗力而言，超过被感染者的抵抗力的量就是大量；同一种寄生虫对不同种家畜和同一种家畜的不同个体所引起急性发病的量是不同的。

二、寄生虫病发生和流行的必备条件

寄生虫病的发生和流行必须具备传染源、传播途径和易感动物三个条件。

（一）传染源

传染源通常是指寄生有某种寄生虫的病畜、中间宿主或终末宿主、贮藏宿主、保虫宿主、带虫者和媒介。病原体（虫体、虫卵或幼虫）通过这些宿主的粪、尿、血液以及其他排泄物、分泌物不断排出体外，污染环境。

（二）传播途径

传播途径指寄生虫从传染源传播给它的易感动物所经过的途径。包括两个过程：一是排到外环境中的虫体（卵）经适宜的土壤、温度、湿度、光照强度、中间宿主或终末宿主及媒介转变为感染性虫体形态的过程；二是感染性虫体经适当的途径进入易感动物体的过程。寄生虫的感染途径概括起来有以下几种：

1. 经口感染

经口感染即感染性虫体被宿主吞食，如羊采食被捻转血矛线虫的第三期幼虫污染的牧草、饮水即可感染捻转血矛线虫。

2. 经皮肤感染

感染性虫体从宿主健康皮肤钻入而感染，如血吸虫，当动物在有血吸虫的感染性虫体的水中游泳时，就会不知不觉被感染。

3. 接触感染

病畜和带虫者与健康的易感动物直接或间接接触就可发生感染，如虱和螨。

4. 经胎盘感染

经胎盘感染又称垂直感染。怀孕的母畜感染后，虫体可通过胎盘进入胎儿体内，如犊新蛔虫。

5. 经媒介感染

充当媒介的蜘蛛昆虫在侵袭畜体时，将其他寄生虫携带至或注入畜体，如残缘璃眼蜱传播牛环形泰勒虫，此类属生物性传播；再如虻、厩螫蝇传播伊氏锥虫，则属机械性传播。

（三）易感动物

每一种寄生虫都有其特定的宿主范围，这是长期进化所形成的。有的寄生虫只有一种易感动物，有的寄生虫可以感染多种动物。

三、影响寄生虫病发生和流行的因素

能够影响寄生虫病发生和流行的因素很多，很难一一枚举，概括起来有以下几方面：影响寄生虫由非感染性虫体形态转变为感染性虫体形态的因素；影响感染性虫体进入其易感动物体的因素；影响易感动物体身体状况的因素，如营养不良、过度使役、突然更饲、气候骤变、疾病、妊娠等；来自人类社会的因素，诸如社会制度、经济状况、风俗习惯等方面。

第三节
寄生虫病的诊断方法

诊断寄生虫病需要综合运用下列各类方法。

一、临床诊断法

充分利用视、触、叩、听、嗅等方法搜集症状，分析病因。

二、流行病学资料的分析

全面了解病畜的生活环境、使役状况、发病季节、流行状况、传播者的出没规律等，详细了解和分析有关资料，常能对确立诊断提供重要根据。

三、药物诊断法

在没有条件继续做出更确切的诊断时，可根据前两步做出的初步诊断进行用药治疗，根据疗效进行判断。

四、实验室诊断法

利用各种实验手段，查找到虫体、虫卵或抗体，从而为确诊提供证据。

五、剖检检查法

剖检对蠕虫病确诊意义特殊，通常是应用全身性蠕虫学剖检法以确定感染寄生虫的种类和数量作为确定诊断的根据。还可根据宿主的病理变化来判断感染寄生虫的种类和程度。

第四节
寄生虫病的防治措施

寄生虫病的防治同样必须贯彻"预防为主""防重于治"的方针，进行综合防治。具体落实应紧抓三个环节，即要控制和消灭传染源、切断传播途径、保护易感动物。

一、预防措施

（一）预防性驱虫

根据各地寄生虫病发生和流行的季节动态及气候环境变化，选择在发病高潮到来之前应用化学药物对家畜进行驱虫，以达到家畜受危害最小、病原扩散最小的目的。常用方法有：

1. 定期驱虫

一般每年两次，一次在秋末冬初，另一次在冬末春初或春末夏初。

2. 成熟期前驱虫

成熟期前驱虫指在家畜体内的虫体尚未发育成熟之前，使用药物将其驱除。

（二）消灭疾病传播所需的中间宿主或媒介

消火疾病要根据中间宿主或媒介的生物学特性采取相应的措施。

（三）粪便生物热处理

粪便生物热处理就是将粪便堆成一定的体积密封，通过其中产生的热量和氨气将虫体或虫卵杀死。无论是健康家畜的粪便还是患病家畜的粪便，都应进行生物热处理。

（四）保护易感动物

要对家畜采取一些保护性的措施：一是使用化学药物，如在皮下埋植或在反刍兽的瘤胃中投放药物慢性释放控制装置以防止寄生虫感染；二是使用寄生虫疫苗（虫苗）或抗体。

（五）加强检疫

加强寄生虫检疫，可防止病原扩散。

二、治疗措施

治疗患病家畜不仅是挽救患病家畜的措施，而且通过治好病畜可以减少病原体对环境的污染，有积极的预防意义。

（一）治疗原则

特效药物驱虫与对症治疗相结合。在运用这个原则时，要根据"急则治其标，缓则治其本"的原则来确定是先用特效药物驱虫还是先对症治疗。特效药物驱虫是治本，对症治疗是治标。

（二）特效药物的选择原则

高效、低毒、广谱、价廉、使用方便。

（三）驱虫注意事项

用药量要按规定剂量准确投放。应在专门场所内进行驱虫，并在其中停留3~5 d，使被驱除的虫体全部排在该场所内。

所有排泄物、分泌物都要进行生物热处理，并对驱虫场所进行消毒。

大规模驱虫之前，必须先进行小群试验，以取得药效和安全性等方面的经验。

第四章
牛羊寄生虫病及防治

第一节
蠕虫病

一、吸虫病

吸虫是指扁形动物门、吸虫纲的虫体。寄生于牛、羊的吸虫种类较多，在我国流行比较严重的有片形科片形属的肝片形吸虫、歧腔科歧腔属的矛形双腔吸虫和阔盘属的胰阔盘吸虫、分体科分体属的日本分体吸虫。本类疾病起病缓慢，以消化功能紊乱为特征。

（一）病原

1. 肝片形吸虫

虫体呈扁平叶状，活体为棕褐色，固定后为灰白色。长 21~41 mm，宽 9~14 mm。虫体前端有一个三角形的锥状突起，其底部较宽似"肩"，从肩往后逐渐变窄，口吸盘位于锥状突起前端，腹吸盘略大于口吸盘，位于肩水平线中央稍后方。生殖孔在口吸盘和腹吸盘之间。虫卵为长椭圆形，大小为（133~157）μm×（74~91）μm，黄褐色，窄端有不明显的卵盖，卵内充满卵黄细胞和一个卵胚细胞。

与肝片形吸虫同属的还有大片形吸虫，成虫长 25~75 mm，呈柳叶状，无明显的双"肩"，虫体两侧较平直。虫卵为黄褐色，长卵圆形，大小为（150~190）μm×（70~90）μm。

2. 矛形双腔吸虫

矛形双腔吸虫虫体扁平，狭长呈"矛形"，活体呈棕红色，固定后为灰白色。长 6.7~8.3 mm，宽 1.6~2.2 mm。口吸盘位于前端，腹吸盘位于体前 1/5 处。

消化系统有口、咽、食管和两条简单的肠管。2个圆形或边缘有缺刻的睾丸，前后或斜列于腹吸盘后方，雄茎囊位于肠分叉与腹吸盘之间。生殖孔开口于肠分叉处。卵巢圆形，位于睾丸之后。卵黄腺呈细小颗粒状，位于虫体中部两侧。子宫弯曲，充满虫体的后半部。虫卵呈卵圆形，黄褐色，一端有卵盖，左右不对称，内含毛蚴。虫卵大小为（34~44）μm×（29~33）μm。

中华双腔吸虫与矛形双腔吸虫同属，形态也相似，但虫体较宽，长3.5~9mm，宽2~3mm。主要区别为两个睾丸边缘不整齐或稍分叶，左右并列于腹吸盘后方。

3. 胰阔盘吸虫

虫体扁平，呈长卵圆形，活体呈棕红色，固定后为灰白色。长8~16mm，宽5~5.8mm。吸盘发达，口吸盘明显大于腹吸盘。咽小，食管短，两条肠简单。睾丸2个，圆形或略分叶，左右排列于腹吸盘稍后方。雄茎囊呈长管状，位于腹吸盘和肠支分叉之间。卵巢分3~6个叶瓣，位于睾丸之后。受精囊呈圆形，靠近卵巢。子宫有许多弯曲，位于虫体后半部，内充满棕色虫卵。卵黄腺呈颗粒状，位于虫体中部两侧。虫卵为黄棕色或棕褐色，椭圆形，两侧稍不对称，有卵盖，内含1个椭圆形的毛蚴。虫卵大小为（42~50）μm×（26~33）μm。与此虫体同属的还有腔阔盘吸虫和枝睾阔盘吸虫。

4. 日本分体吸虫

雌雄异体，呈线状。雄虫为乳白色，大小为（10~20）mm×（0.5~0.55）mm，口吸盘在体前端，腹吸盘在其后方，具有短而粗的柄与虫体相连。从腹吸盘后至尾部，体壁两侧向腹面卷起形成抱雌沟，雌虫常居其中，二者呈合抱状态。消化器官有口、食管，缺咽，2条肠管从腹吸盘之前起，在虫体后1/3处合并为一条。雄虫有睾丸7个，呈椭圆形，在腹吸盘后单行排列。生殖孔开口在腹吸盘后抱雌沟内。

雌虫呈暗褐色，大小为（15~26）mm×0.3mm，较雄虫细长。口、腹吸盘较雄虫小。卵巢呈椭圆形，位于虫体中部偏后两肠管之间。输卵管折向前方，在卵巢前与卵黄管合并形成卵模。子宫呈管状，位于卵模前，内含50~300个虫卵。卵黄腺呈规则分支状，位于虫体后1/4处。生殖孔开口于腹吸盘后方。

虫卵呈椭圆形，淡黄色，卵壳较薄，无盖，在其侧方有一个小刺，卵内含有毛蚴。虫卵大小为（70~100）μm×（50~65）μm。

（二）发育史

1.肝片形吸虫

成虫寄生在牛、羊肝脏胆管中，所产的卵随胆汁进入肠腔，再随粪便排出体外，在适宜的条件下经10~25 d孵出毛蚴并游动于水中，遇到适宜的中间宿主——椎实螺便钻入其中发育为尾蚴。尾蚴离开螺体在水生植物或水面下脱尾形成囊蚴。牛、羊在吃草或饮水时吞入囊蚴而遭感染。囊蚴在十二指肠逸出童虫，童虫穿过肠壁，经肝表面钻入肝内的胆管，经2~3个月发育成熟。

2.矛形双腔吸虫

成虫在牛、羊等反刍动物胆管及胆囊内产卵，虫卵随胆汁进入肠道，再随粪便排出体外。虫卵被第一中间宿主——陆地螺吞食后，在其体内发育为尾蚴。众多尾蚴聚集形成尾蚴群囊，外被黏性物质包裹成为黏性球，从螺的呼吸腔排出，黏附于植物叶及其他物体上，被第二中间宿主——蚂蚁吞食后，很快在其体内形成囊蚴。终末宿主——牛、羊等吞食了含有囊蚴的蚂蚁而感染。囊蚴在牛、羊肠内脱囊，由十二指肠经胆总管进入胆管及胆囊内，经72~85 d发育为成虫。

3.胰阔盘吸虫

成虫在牛、羊等反刍动物胰管内产卵，虫卵随胰液进入肠道，再随粪便排出体外，被第一中间宿主——陆地螺吞食后，在其体内发育为子胞蚴。成熟的子胞蚴体内含有许多尾蚴，子胞蚴黏团逸出螺体。第二中间宿主——草螽吞食尾蚴，在其体内发育为囊蚴。牛、羊等反刍动物吞食含有囊蚴的草螽而感染。囊蚴在牛、羊十二指肠内脱囊后，由胰管开口进入胰管内，约经3个月发育为成虫。

4.日本分体吸虫

本虫就是人们常说的血吸虫。成虫寄生于牛、羊的门静脉和肠系膜静脉内，雌、雄虫交配后，雌虫产出的虫卵，一部分顺血流到达肝脏，一部分堆积在肠壁形成结节。在肠壁上的虫卵发育成熟后，卵内毛蚴分泌的溶组织酶由卵壳微孔渗透到组织，破坏血管壁，并致周围肠黏膜组织炎症和坏死，同时借助肠壁肌肉收缩，使结节及坏死组织向肠腔内破溃，使虫卵进入肠腔，随粪便排出体外。虫卵落入水中，在适宜条件下很快孵出毛蚴。毛蚴游于水中，遇到中间宿主——钉螺即钻入其体内发育为尾蚴。尾蚴离开螺体游于水表面，遇到牛、羊后从皮肤侵入，经小血管或淋巴管进入血液循环，随血流经右心、肺进入体循环到达肠系膜静脉和门静脉内，经40~50 d发育为成虫。

（三）流行病学

1. 易感动物

肝片吸虫主要是以牛、羊、鹿、骆驼等反刍动物为终末宿主，绵羊最易感；猪、马属动物、兔及一些野生动物和人也可感染。大片形吸虫主要感染牛。中间宿主为椎实螺科的淡水螺，其中肝片形吸虫主要为小土窝螺，还有斯氏萝卜螺；大片形吸虫主要为耳萝卜螺，小土窝螺亦可。

矛形双腔吸虫的易感动物极其广泛，现已经记录的哺乳动物达70余种，除牛、羊、骆驼、马和兔等家畜外，许多的野生偶蹄类动物均可感染而成为其终末宿主。中间宿主为蜗牛和蚂蚁。

胰阔盘吸虫主要感染牛、羊等反刍动物，人也感染。中间宿主是蜗牛和中华草螽。

2. 流行特点

吸虫病多呈地区性流行。

肝片吸虫是我国分布最广泛、危害最严重的寄生虫之一，遍及全国31个省、市、自治区，大片吸虫则多见于南方，多发生在地势低洼、潮湿、多沼泽及水源丰富的放牧地区。春末、夏、秋季适宜幼虫及螺的生长发育，所以本病主要在同期流行。感染季节决定了发病季节，幼虫引起的急性发病多在夏、秋季，成虫引起的慢性发病多在冬、春季节。南方温暖季节较长，感染季节也较长。多雨年份能促进本病的流行。

予形双腔吸虫病在我国主要分布于东北、华北、西北和西南诸省区。在南方全年都可流行。在寒冷而干燥的北方地区，由于中间宿主冬眠，易感动物感染多在夏秋两季，而发病多在冬春两季。本虫也常和肝片吸虫混合感染。

阔盘吸虫以胰阔盘吸虫和腔阔盘吸虫流行最广，与陆地螺和草螽的分布广泛密切相关。主要发生于放牧牛、羊，舍饲少发。7~10月草螽最为活跃，但被感染后活动能力降低，故同期很容易被牛、羊随草一起吞食，多在冬春两季发病。

日本分体吸虫广泛分布于长江流域及以南地区。钉螺阳性率与人、畜的感染率呈正相关，病人、畜的分布与钉螺的分布相一致。钉螺的存在对本病的流行起着决定性作用。钉螺能适应水陆两种生活环境，多生活于雨量充沛、气候温和、土地肥沃地区，多见于江河边、沟渠旁、湖岸、稻田、沼泽地等。在流行区内，钉螺常于3月开始出现，4~5月和9~10月是繁殖旺季。

（四）症状

轻度感染后牛、羊往往无明显症状。严重感染时，表现食欲不振，前胃弛缓。渐进性消瘦，贫血，颌下、胸前水肿。下痢，粪便常含有黏液，有恶臭和里急后重现象，血吸虫可导致粪便带血。奶牛产奶量显著减少，孕畜流产。病情逐渐恶化，如不进行治疗，最后极度衰弱而死亡。

绵羊对肝片吸虫最敏感，约50条虫体就可引起发病，如果在短时间内吞食大量（2000个以上）囊蚴，则可在吞食囊蚴后2~6周导致急性发病。主要是由于肝片吸虫的童虫在肝脏内移行造成损伤和出血，引起急性出血性肝炎。临床主要表现食欲减退或废绝，精神沉郁，可视黏膜苍白和黄染，触诊肝区有疼痛感，体温升高。红细胞数和血红蛋白显著降低，嗜酸性粒细胞数显著增多。多在出现症状后3~5d死亡。

（五）诊断

如果是在本病的流行地区或该动物来自本病的流行地区，又在本病的发病季节，动物临床上表现长期消瘦、贫血、反复呈现消化不良，治疗效果不明显，即应考虑是否患有吸虫病。要确诊，可采取粪便用水洗沉淀法检查虫卵，必要时还可采用虫卵毛蚴孵化法。动物死后剖检时，若在肝胆管内、胰管内、肠系膜静脉血管内发现虫体，即可确诊。

环卵沉淀试验、间接凝集试验和酶联免疫试验等免疫学诊断方法在生产实践中已有应用。

（六）治疗

可根据实际情况选用以下药物：

1.吡喹酮

牛每千克体重35~45mg，羊每千克体重60~70mg，一次口服，或牛、羊均按每千克体重30~50mg，用液状石蜡或植物油配成灭菌油剂，腹腔注射。

2.六氯对二甲苯

牛每千克体重300mg，羊每千克体重400~600mg，口服，隔天1次，3次为1个疗程。

3.三氯苯唑（肝蛭净）

牛每千克体重10mg，羊每千克体重12mg，一次口服，该药对肝片吸虫成虫和童虫均有高效，休药期14d。

4. 三氯苯丙酰嗪（海涛林）

牛每千克体重30~40mg，羊每千克体重40~50mg，配成2%混悬液，经口灌服，该药对歧腔吸虫有特效。

5. 丙硫咪唑（抗蠕敏）

也常用于肝片吸虫和歧腔吸虫的治疗，牛每千克体重10~15mg，羊每千克体重30~40mg。

（七）预防

在本病流行地区，应尽量选择在高燥地带建立牧场和放牧。最好一年内进行秋末冬初和冬末春初时期的两次全群预防性驱虫。消灭中间宿主是防治本病的重要环节，可根据各种中间宿主的生物学特性采用化学、物理、生物等方法进行，但应充分考虑对环境的影响。对病畜和人应及时进行驱虫治疗。人畜粪便应尽量收集起来，进行生物热处理以消灭其中的虫卵。

二、绦虫病

绦虫病是由裸头科的多种绦虫寄生于绵羊、山羊、黄牛、水牛的小肠所引起的一种寄生虫病。临床上以渐进性消瘦、生长缓慢、腹泻为特征。

（一）病原

病原体有莫尼茨属、曲子宫属和无卵黄腺属的绦虫。

莫尼茨绦虫为乳白色，扁平带状，长1~6m。头节呈球形，有4个吸盘，体节短而宽，每个成熟的节片里，各有两组生殖器官，生殖孔开口于体节的两侧边缘。

曲子宫属绦虫长约2m，成熟节片内有一组生殖器官。子宫呈横行直管状，并有很多弯曲的侧支。

无卵黄腺属绦虫的节片较狭窄，成熟节片有一组生殖器官。子宫呈袋状，位于节片中央，没有卵黄腺。

（二）发育史

这三个属绦虫的发育规律相似。虫卵随粪散布并污染外界环境。虫卵被某些种类的地螨（无卵黄腺绦虫为长脚跳虫）吞食后，卵中的六钩蚴在中间宿主体内生长发育为似囊尾蚴。牛、羊等吞食了含有似囊尾蚴的中间宿主后，幼虫吸附在牛、羊的小肠黏膜上经40d左右发育为成虫。在牛、羊体内可寄生2~6个月。

（三）流行病学

莫尼茨绦虫为世界性分布。在我国的东北、西北和内蒙古的牧区流行广泛，在华北、华东、中南及西南各地也经常发生。农区不太严重。主要危害 1.5~8 月龄的羔羊和犊牛。

曲子宫绦虫在我国许多地区均有报道，动物具有年龄免疫性，4~5 月龄以前的羔羊不感染曲子宫绦虫，故多见于 6~8 月龄及成年绵羊。当年生的犊牛也很少感染，见于老龄牛。

无卵黄腺绦虫主要分布于西北及内蒙古牧区，西南及其他地区也有报道。常见于 6 月龄以上的绵羊和山羊，多发生于秋季与初冬。

（四）症状

轻度感染时无明显临床症状。

严重感染时，幼畜消化不良，便秘或腹泻。慢性鼓胀，贫血，消瘦。有的有神经症状，呈现抽搐、痉挛及回旋病样症状。有的由于大量虫体聚集成团，引起肠阻塞、肠套叠、肠扭转，甚至肠破裂。严重病例最后衰竭而死亡。

（五）诊断

根据流行地区资料，结合临床症状怀疑为本病时，应在打扫牛、羊圈时注意观察粪表面是否有黄白色孕卵节片，有者即可确诊。未发现者可取粪便用饱和盐水浮集法检查虫卵，虫卵呈不正圆形、四角形、三角形，直径 56~67 μm，卵内有梨形器。

（六）治疗

可选用丙硫苯咪唑，剂量为每千克体重 5~6 mg，驱虫前应禁食 12 h 以上，驱虫后留于圈内 24 h 以上，以免污染牧场。也可用吡喹酮每千克体重 12 mg。

（七）预防

对羔羊和犊牛在春季放牧后 4~5 周进行成虫期前驱虫，间隔 2~3 周后再驱虫 1 次。成年牛、羊每年可进行 2~3 次驱虫。科学放牧。消灭中间宿主。注意驱虫后粪便的处理。

三、绦虫蚴病

绦虫蚴病是由绦虫在中绦期所引起的疾病。对牛、羊危害严重的主要有脑多头蚴病和棘球蚴病。

（一）病原

1. 脑多头蚴

脑多头蚴，又称脑包虫，寄生于羊、牛的脑、脊髓内。为乳白色、半透明的囊泡，呈圆形或卵圆形，直径约5cm或更大，其大小取决于寄生的部位、发育程度及动物种类。囊壁由两层膜组成，外膜为角质层，内膜为生发层，其上有许多原头蚴，直径为2~3mm，数量有100~250个。囊内充满液体。脑多头蚴的成虫是多头带绦虫，呈扁平带状，虫体长40~100cm，由200~250个节片组成，最大宽度为5mm，头节上有4个吸盘，顶突上有22~32个小钩，排列成两行。孕节的子宫内充满虫卵。虫卵的直径为29~37μm，内含六钩蚴。

2. 棘球蚴

细粒棘球蚴，又称单房棘球蚴，是细粒棘球绦虫的幼虫。呈包囊状，大小也很不一致，小的只有豌豆粒大，大的如人头大，甚至更大，可达十几千克至数十千克。棘球蚴囊壁由二层构成，外层为乳白色的角质层，内层叫生发层，前者由后者分泌而成。棘球蚴囊包内含有液体，在生发层上可长出生发囊，在生发囊内壁上又可长出头节，有些生发囊脱离生发层，或有些头节脱离生发囊，游离在囊液中称"棘球砂"。细粒棘球绦虫是各种绦虫中最小的一种，长3~6mm，宽0.5~0.6mm，雌雄同体，包括头部、颈部、幼节、成节及孕节各一。头部略尖，呈梨形，顶突上有2圈小钩，28~50个，有4个吸盘。幼节最小，成节较幼节长1倍，孕节占整个虫体的一半还多，子宫内充满虫卵（500~800个），因而膨胀以致破裂，释出虫卵。虫卵大小为（32~36）μm×（25~30）μm，内含1个六钩蚴。

（二）发育史

1. 脑多头蚴

多头带绦虫寄生于犬、狼等终末宿主小肠内。脱落的孕节随粪便排出体外，虫卵逸出污染饲草、饲料或饮水。牛、羊等中间宿主吞食后，六钩蚴钻入肠壁血管，随血流到达脑和脊髓中。幼虫生长缓慢，感染后15d，长2~3mm，24~30d为1~1.5cm，85d为4~7cm。感染1个月后开始形成头节，进而出现小钩，大约经3个月可变为感染性的脑多头蚴。犬、猪吞食了含脑多头蚴的脑脊髓而受感染。原头蚴吸附于肠壁上发育为成熟的绦虫。

2. 棘球蚴

细粒棘球绦虫的孕卵节片随犬、狼、狐狸等动物粪便排出体外，孕节蠕动或破裂而污染牧草、牧地、水源、畜舍等环境物体，当中间宿主羊、牛、骆驼、猪、马等 40 多种动物随牧草、饲料或饮水吞食了这种虫卵时，即感染棘球蚴病。虫卵在中间宿主十二指肠内孵出六钩蚴，穿入肠壁黏膜的血管中，随血流带到肝、肺或其他组织器官中，但以肝和肺最易受棘球蚴的寄生，其他器官中较少见。棘球蚴发育缓慢，至感染后 3 个月才长到直径约 5 mm，5 个月可达 10 mm，其生长可持续数年之久。犬等终末宿主吃了病畜的肝、肺，棘球蚴进入肠道后，其头节固定在肠壁上，约经 3 个月发育为成虫。成虫可在宿主肠道内生活 6 个月左右。人若误食虫卵，也可感染棘球蚴病。棘球蚴可在人体内生长发育 10~30 年。

（三）流行病学

脑多头蚴和棘球蚴的分布很广，全国各地均有报道。在西北、东北及内蒙古等牧区多呈地方性流行。

患病或带虫犬、狼、狐狸等肉食动物是感染源，孕卵节片存在于粪便中。牧羊犬和狼在疾病传播中起重要作用。

虫卵对外界的抵抗力很强，在自然界中可长时间保持生命力，但在烈日暴晒的高温下很快死亡。

（四）症状

脑多头蚴的感染初期，由于六钩蚴的移行，机械地刺激和损伤宿主的脑膜和脑实质组织，引起脑炎和脑膜炎。可能表现体温升高，呼吸、脉搏加快，兴奋或沉郁，有前冲、后退和躺卧等神经症状，可于数日内死亡。若能耐过而转为慢性，则病畜精神沉郁，逐渐消瘦，食欲不振，反刍减弱。数月后，随着脑多头蚴包囊的增大，压迫脑而出现典型的症状，若压迫一侧的大脑半球，则常向健侧做转圈运动，所以又叫回旋病；若虫体寄生于脑前部，则可能头下垂，直向前奔或呆立不动，常把头抵在物体上；寄生于枕骨区时，头高举，后腿可能倒地不起，对侧眼失明；寄生于小脑时，病畜易敏感，四肢痉挛。

棘球蚴轻度或初期感染动物都无症状。绵羊对本病最易感，严重感染时育肥不良，被毛逆立，易脱毛。肺部受累则连续咳嗽，卧地不能起立，病死率较高。牛肝脏受累时，营养失调，反刍无力，胃常鼓胀，体瘦衰弱，叩诊浊音区扩大，触诊表现疼痛；肺受累则咳嗽；如棘球蚴破裂者全身症状迅速恶化，通常会窒息死亡。

（五）诊断

在流行地区，可根据其特殊的临床症状结合流行病学做出初步判断。脑多头蚴寄生在大脑表层时，头部触诊可以判定虫体所在部位，有些病例在剖检时才能确诊。

对感染棘球蚴动物的生前诊断比较困难，往往尸体剖检时才能发现。动物和人均可采用皮内变态反应检查法进行诊断，其操作方法是：取新鲜棘球蚴囊液，无菌过滤（使其不含原头蚴），在动物颈部注射 0.1~0.2 ml，注射 5~10 min 观察皮肤变化，如出现直径 0.5~2 cm 的红斑，并有肿胀或水肿，为阳性。应在距注射部位相当距离处，用等量生理盐水同法注射以做对照。间接血凝试验和酶联免疫吸附试验对动物和人感染棘球蚴有较高的检出率。

（六）治疗

对头部前方脑髓表层寄生的脑多头蚴，可施行外科手术摘除。在脑深部和后部寄生者则难以摘除。可试用吡喹酮每千克体重 100~150 g，口服，每天 1 次，连用 3 d 为一疗程。

对棘球蚴手术摘除是最可靠有效的治疗方法。注意包囊绝对不可破裂。也可选用丙硫咪唑，绵羊每千克体重 60 mg，连服 2 次。

（七）预防

对牧羊犬和散养犬定期进行驱虫，排出的粪便发酵处理；对犬提倡拴养，以免粪便污染饲料和饮水；牛、羊宰后发现含有脑多头蚴、棘球蚴的脏器组织，要及时销毁或高温处理，防止犬吃入。养成良好的卫生习惯，不让犬、猫与人同室，不与犬亲昵亲吻，饭前洗手，不饮生水。

四、线虫病

寄生于牛、羊等反刍动物的皱胃及肠道内的线虫种类繁多，主要有毛圆科、钩口科和毛尾科等的一些线虫，以引起牛、羊发生不同程度的胃肠炎、消化功能障碍为特征，严重者可造成畜群的大批死亡。寄生于牛、羊呼吸器官（气管、支气管、细支气管和肺泡）内的网尾科和原圆科线虫，则以引起牛、羊渐进性消瘦、贫血、咳嗽为特征。

（一）病原

1. 捻转血矛线虫

寄生于牛、羊的皱胃。呈细线状，小口囊内的背侧有一矛形小齿。雄虫长

10~20 mm，尾端有发达的交合伞。雌虫长 18~30 mm，虫体吸血后，易见红色肠管被白色的生殖器官所缠绕的外观。

2. 仰口属线虫（又称钩虫）

常见的有羊仰口线虫和牛仰口线虫，分别寄生在羊和牛的小肠。两种虫体形态相似，虫体前部向背面弯曲，头端口囊较大，口缘有角质切板。羊仰口线虫的雄虫长 12~17 mm，体末端有发达的交合伞，两根交合刺等长。雌虫长 19~26 mm。虫卵两端钝圆，胚细胞大而数少，内含暗黑色颗粒。

3. 食管口线虫（又称结节虫）

寄生于羊和牛的食管口属的线虫主要有哥伦比亚食管口线虫、微管食管口线虫、粗纹食管口线虫及辐射食管口线虫。本属线虫的口囊呈小而浅的圆筒形，其外周有一显著的口孔，口缘有叶冠，有颈沟，其前部的表皮常膨大形成头囊，颈乳突位于颈沟后方的两侧，有或无侧翼。雄虫长 12~15 mm，交合伞发达，有一对等长的交合刺。雌虫长 16~20 mm，阴门位于肛门前方附近，排卵器发达，呈肾形。

4. 毛首属线虫（又称鞭虫）

较常见的有羊毛首线虫，寄生于羊的大肠（盲肠）内。虫体长 35~80 mm，体前部占全长的 2/3~4/5，呈细长毛发状；体后部短粗（雄虫的后端变卷，雌虫的后端较直）。虫卵呈长椭圆形，长 70~80 μm，宽 30~40 μm，两端各有卵塞，呈腰鼓状。

5. 大型肺线虫

寄生在羊气管、支气管内的是丝状网尾线虫，为白丝线状。雄虫长 30~80 mm，雌虫长 50~100 mm。虫卵椭圆形，长 120~130 μm，宽 70~90 μm，卵内含有已发育的幼虫。寄生在牛气管、支气管内的是胎生网尾线虫，外形与前者相似，但虫体较小，雄虫长 40~50 mm，雌虫长 60~80 mm。

6. 小型肺线虫

寄生在羊细支气管和肺泡内。小型肺线虫是属于原圆科各属的一些线虫，多达 50 种以上，虫体纤细，长 20~40 mm，肉眼刚能看见，呈灰色或褐色。

（二）发育史

1. 捻转血矛线虫

随宿主粪便排出的虫卵污染土壤和草场，在适宜的温度、湿度下，经数日发育成感染性幼虫（第三期幼虫）。牛、羊吞食了感染性幼虫后，幼虫在皱胃里经半个多月直接发育为成虫。

2. 仰口属线虫

虫卵在潮湿的环境和适宜温度下，可在 4~8 d 内形成幼虫，幼虫从壳内逸出，经两次蜕皮，变为感染性幼虫。牛、羊吞食后或幼虫钻进牛、羊皮肤而感染。经口感染时，幼虫直接在小肠内发育为成虫。经皮肤感染时，幼虫随血流到肺，在肺中进行一次蜕皮后上行到咽，到达小肠发育为成虫。

3. 食管口线虫

食管口线虫的发育规律似捻转血矛线虫，但感染性幼虫侵入宿主肠道以后，先钻进肠壁，引起发炎，形成结节。虫体在结节里生长，发育 1 周或更长的时间以后，再返回大肠腔，发育为成虫。

4. 毛首属线虫

雌虫所产的虫卵随粪便排出，在适宜的条件下，经 2~3 周，卵内的胚胎可发育成感染性幼虫。被宿主吞食后，卵内的幼虫在盲肠里经 1 个月左右发育为成虫。

5. 大型肺线虫

网尾线虫的雌虫产出含有幼虫的虫卵，当宿主咳嗽时，被咳到口中，再咽入胃肠道里。虫卵在排出的过程中，孵出第一期幼虫，并随宿主粪便排出。幼虫在适宜的条件下，经 1 周左右发育成具有感染能力的第三期幼虫。第三期幼虫被牛、羊吞食后，沿血液循环经心脏到达肺，从肺的毛细血管中逸出，进入肺泡，再移行到支气管内发育为成虫。

6. 小型肺线虫

寄生在宿主细支气管和肺泡内的雌虫产卵并孵出幼虫，幼虫移行到口腔，再被吞咽到胃肠道，终随粪便排出。幼虫钻入旱螺和淡水螺体内，经 1~3 个月发育为感染性幼虫。当终末宿主吞食了感染性幼虫或被感染性幼虫所寄生的螺蛳后，幼虫经血液循环到肺脏发育为成虫。

（三）流行病学

毛圆线虫病在我国西北、东北广大牧区普遍流行，给养羊业带来严重损失，其中以捻转血矛线虫的致病性最强。仰口线虫病在我国各地普遍流行，对牛、羊危害很大，可引起贫血，并可引起死亡。食管口线虫病在我国各地牛、羊中普遍存在，其中哥伦比亚食管口线虫病危害最大，主要是引起肠的结节病变。毛首线虫病在我国各地的羊多有寄生，牛较少见，主要危害幼畜，严重时可引起死亡。

大型肺线虫病发生于我国各地，多见于潮湿地区，呈地方性流行，主要危害羔羊，常可引起大批死亡，对犊牛危害较小。小型肺线虫种类繁多，多系混合寄生，但分布最广、危害最大的为缪勒属和原圆属的线虫，主要危害羊，可造成严重损失。

（四）症状

牛、羊消化道内寄生的线虫种类甚多，数量不一，一般呈现慢性、消耗性疾病的症状。病畜被毛粗乱，消瘦，贫血，精神委顿，放牧时离群。严重感染时出现下痢，粪便多黏液，有时混有血液，但毛圆线虫病下痢少见。最后多因极度衰弱而死亡。

肺部寄生线虫引起的共同症状是咳嗽，消瘦，贫血，被毛粗乱无光，严重者喘气，呼吸困难，甚至窒息死亡。羊大型肺线虫病还可见到病羊流鼻涕，常干涸于鼻孔周围，形成痂皮，常打喷嚏。

（五）诊断

本病无特征性症状，如果根据流行病学和慢性消耗性症状怀疑为寄生虫病时，应采取新鲜粪便检查虫卵或用幼虫分离法检查有无幼虫。丝状网尾线虫的幼虫长 0.55~0.58 mm，头端有一扣状小结。胎生网尾线虫的幼虫长 0.31~0.36 mm，头端无扣状结节，尾部较短而尖。原圆科线虫的幼虫较小，长 0.30~0.40 mm，头端无扣状结节，有的尾端有背刺，有的分节，有的呈波浪形。

（六）治疗

可选用左旋咪唑每千克体重 6~10 mg，1 次口服；丙硫苯咪唑每千克体重 10~15 mg，1 次口服；甲苯咪唑每千克体重 10~15 mg，1 次口服；伊维菌素每千克体重 0.2 mg，1 次口服或皮下注射。酚嘧啶（羟嘧啶）为驱除毛首线虫的特效药，剂量为每千克体重 2~4 mg。对小型肺线虫，可选用盐酸吐根素治疗，剂量为每千克体重 2~3 mg，间隔 2~3 d 1 次，2~3 次为一疗程。

（七）预防

加强饲养管理。建立清洁的饮水点。合理地补充精料和矿物质，增强牛、羊的抵抗力，并有计划地进行分区轮牧。在严重流行地区，每年进行牧后和出牧前的全群驱虫。

第二节
蜘蛛昆虫病

一、硬蜱

硬蜱俗称壁虱、草爬子、狗豆子，属节肢动物门、蛛形纲、蜱螨目、硬蜱科的虫体。种类很多，与家畜疾病关系密切的有6个属：硬蜱属、牛蜱属、血蜱属、革蜱属、扇头蜱属、璃眼蜱属。它们全部营寄生生活，是牛、羊等家畜体表的一类吸血性的外寄生虫。

（一）病原

虫体呈红褐色，背腹扁平，头胸腹融合在一起，两侧对称，呈长卵圆形，一般大小为（5~6）mm×（3~5）mm。根据外部器官的功能和位置区分为假头和躯体。假头位于躯体前端，从背面可见到，由颚基、螯肢、口下板及须肢组成。躯体分背面和腹面，雄蜱背面的盾板几乎覆盖着整个背面，雌蜱的盾板仅占虫体的1/3，靠近颚基。腹面最显著的构造是附肢，成虫4对，幼虫3对。此外有肛门、生殖孔等。

（二）发育史

硬蜱的发育属不完全变态，要依次经过卵、幼虫、若虫、成虫4个阶段，雌蜱饱血后落地，在阴暗处产卵，产卵后死亡。根据硬蜱的发育过程及采食方式可把硬蜱分为3类。

1.一宿主蜱

幼蜱、若蜱、成蜱均在一个宿主身上吸血并蜕变，成蜱吸饱血落地，如微小牛蜱。

2.二宿主蜱

幼蜱、若蜱在一个宿主身上吸血并蜕变，若虫吸饱后落地蜕变为成虫，成虫再爬到另一宿主身上吸血（同种或不同种宿主均可），饱血后落地产卵，如残缘璃眼蜱。

3.三宿主蜱

幼蜱、若蜱、成蜱依次更换宿主吸血，所有蜕变过程都在地面上进行。大多数蜱属此类型，如全沟硬蜱、草原革蜱等。

（三）危害

1. 直接危害

吸血导致宿主贫血、皮肤炎症，干扰宿主正常采食和休息。唾液中的神经毒素可导致宿主运动神经传导障碍，引起上行性肌肉麻痹现象，称为蜱瘫痪，临床常见牛面神经麻痹。

2. 间接危害

可传播多种疾病。既有机械性传播，如鼠疫、布鲁氏菌、野兔热，又有生物性传播，如泰勒虫。

（四）防治

1. 畜体灭蜱

主要采用药物灭蜱，在冬季和初春，选用粉剂，用纱布袋撒布，药物选择有 3% 马拉硫磷、5% 西维因，牛每头 50~80 g，羊每头 20~30 g，每隔 10 d 处理 1 次；在温暖季节选用 2% 敌百虫、0.2% 辛硫磷、0.25% 倍硫磷乳剂向动物体表喷洒，牛每头 400~500 ml，羊每只 150~200 ml，每隔 2~3 周 1 次。伊维菌素每千克体重 0.2 mg，皮下注射，每隔 14 d 注射 1 次。

2. 畜舍灭蜱

把畜舍内墙抹平，向槽、墙、地面等裂缝撒杀蜱剂，用新鲜石灰、黄泥或水泥堵塞畜舍墙壁的缝隙和小洞。舍内经常喷洒药物，如 0.05%~0.1% 溴氰菊酯、石灰粉、2% 敌百虫水等，同时清除杂草和石块。

3. 草场灭蜱

草原地区可以采取牧地轮换制灭蜱，轮换的时间以一年以上为限，通过隔离可将其饿死。同时注意啮齿类的控制，因其是蜱的主要宿主。

二、螨病

螨病又称疥癣，疥虫病、疥疮，俗称癞，是由疥螨科和痒螨科的虫体寄生于牛、羊的皮内或皮表引起的一种慢性皮肤病。临诊上以剧痒，患部皮肤渗出、脱毛、老化、形成痂皮以及逐渐向外周蔓延为特征。

（一）病原

1. 疥螨

近似圆形，0.3~0.5 mm。口器粗短，附肢粗短，第三、第四对附肢不伸出体缘之外。躯体背面表皮长有毛、鳞片、小刺，腹面有 4 对肢，肢末端有演化的结构。一种为足吸盘，靠柄连于肢末端；另一种为长而硬的毛称为刚毛。幼虫有肢 3 对，无呼吸孔、生殖孔，若虫有肢 4 对但无生殖孔。

2. 痒螨

近似椭圆形，直径 0.5~0.9 mm。口器圆锥形，为刺吸式。附肢细长而突出虫体边缘。

（二）发育史

全部发育过程分为虫卵、幼虫、若虫、成虫 4 个阶段。15~21 d 完成一个发育周期。螨虫一生都在宿主体内度过，而且是在同一个宿主体上连续繁殖。疥螨在宿主体外一般仅能存活 3 周左右，痒螨在牧场上能活 25 d。

疥螨寄生于皮肤的深层挖掘隧道，嚼食细胞液、淋巴液及上皮细胞；痒螨寄生于皮肤的表面（多为毛稠密之处），刺吸组织液、淋巴液及炎性渗出液。

（三）流行病学

1. 各种动物都可患螨病

疥螨主寄生于马、牛、山羊、骆驼、猪，绵羊较少见；痒螨主寄生于绵羊、马、牛、水牛、山羊、兔。幼畜皮嫩，最易感染。

2. 感染方式

病畜与健畜的互相接触感染是主要的感染方式，也可通过带有螨虫或螨卵的饲槽、饮水器、鞍具等进行传播。

3. 流行季节

主要为冬季，秋末和春初也可发生。

4. 诱因

饲养管理不当是螨病流行的重要诱因，当畜舍阴暗潮湿，畜群过于拥挤，牛、羊皮肤卫生状况不良，营养缺乏，体质瘦弱等都能诱发螨病（动物体表常有螨虫潜伏），且使病情更加严重。

（四）症状

剧痒，患部皮肤渗出、脱毛、老化、形成痂皮以及逐渐向外周蔓延，迅速消瘦是其共同症状。

1. 绵羊痒螨病

多发于被毛稠密之处，如背、臀，然后波及全身，脱毛明显。

2. 绵羊疥螨病

病变主要局限于头部，如嘴唇周围、口角、耳根、鼻孔等处，病变有如干涸的石灰，故有"石灰头"之称。

3. 山羊痒螨病

常见于耳壳内面，易在耳内生成黄色痂皮，将耳道阻塞。

4. 山羊疥螨病

多见于嘴唇四周、眼圈、耳根等处，严重者见到皮肤皲裂，影响采食。

5. 牛痒螨病

初期见于颈、肩和垂肉，严重时波及全身，病牛常舔患处，其痂垢较硬并有皮肤增厚现象。

6. 牛疥螨病

多始于牛的面部、尾根、颈、背等被毛较短处，逐渐蔓延至全身。

（五）诊断

根据临床症状、流行病学资料进行综合分析，确诊需进行病原检查。注意和以下疾病进行鉴别。

1. 湿疹

痒觉不及螨病强烈，在温暖厩舍中痒觉也不加剧，无传染性，皮屑检查无螨。

2. 过敏性皮炎

主要发生于夏季，南方多见，无传染性。大多数病变先从丘疹开始，然后形成散在的干痂和圆形规整的秃毛斑，镜检病料无虫体。

3. 秃毛癣

痒觉不明显或无，主要发生在头、肩、颈部，病变为圆形、椭圆形，镜检有明显的干痂，结痂易脱落。镜检病料可找到癣菌的芽孢或菌丝。

4. 虱和毛虱

症状与螨病相似，但无皮肤增厚，起皱襞和变硬等病变。在患部可找到虱和毛虱，皮肤正常，柔软有弹性。

（六）治疗

局部涂擦常用 2% 敌百虫溶液、0.1%～0.2% 杀虫脒溶液、0.1% 溴氰菊酯水溶液。全身用药可用伊维菌素每千克体重 0.2 mg 颈部皮下注射，碘硝酚每千克体重 10 mg。

（七）预防

每年定期药浴（淋）。要经常检查畜群有无发痒、掉毛现象，及时发现，隔离饲养并治疗。引入家畜应严格检查，事先了解有无螨病的发生和存在，并隔离，确实无螨再并入群中。畜舍应宽敞、干燥、透光、通风良好；畜群数量适中，密度适宜；注意消毒和清洁卫生。

三、牛皮蝇蛆病

牛皮蝇蛆病是由皮蝇科、皮蝇属昆虫的幼虫寄生于牛的皮下而引起的一类蝇蛆病。临床上以皮肤痛痒、局部结缔组织增生和皮下蜂窝组织炎为特征。

（一）病原

病原有两种，即牛皮蝇和纹皮蝇。牛皮蝇成虫较大，体长 13~15 mm，有足 3 对和翅 1 对，体表被有密绒毛，翅呈淡灰色，外观似蜜蜂。口器退化，不能采食，也不叮咬牛。虫卵黄白色。第三期幼虫呈深褐色，长 25~28 mm，外形较粗壮，体分 11 节，无口前钩，体表有很多节和小刺，最后两节腹面无刺，有 2 个后气孔，气门板为漏斗状，色泽随虫体渐趋成熟由淡黄、黄褐色变为棕褐色。

（二）发育史

两种皮蝇的发育规律大致相同。属完全变态。成虫野居，营自由生活，不采食，也不叮咬动物，只是飞翔、交配、产卵，成蝇仅生活 5~6 d，在牛的被毛上产完卵后即死亡。牛皮蝇的虫卵单个黏附在牛毛上，而纹皮蝇的虫卵则成串黏在牛毛上。虫卵经 4~7 d 孵出第一期幼虫，幼虫由毛囊钻入皮下。第二期幼虫沿外围神经的外膜组织移行 2 个月后到椎管硬膜的脂肪组织中，在此停留约 5 个月，然后从椎间孔爬出，到腰背部皮下（少数到臀部或肩部皮下）成为第三期幼虫，在皮下形成指头大瘤状突起，上有直径 0.1~0.2 mm 的小孔。第三期幼虫长大成熟后从牛皮中钻出，落地入土化蛹，蛹期 1~2 个月，最后蛹可化为成虫，整个发育期为 1 年。

（三）流行病学

成蝇的出现时间随季节气候不同而略有差异，一般牛皮蝇成虫出现于 6~8 月，纹皮蝇成虫则出现于 4~6 月。成蝇一般在晴朗无风的白天侵袭牛，在牛毛上产卵。

（四）症状

成虫虽不叮咬牛，但雌蝇飞翔产卵时可引起牛恐惧不安而使正常的生活和采食受到影响，日久牛变得消瘦，有时牛出现"发狂"症状，偶尔跌伤或孕畜流产。

幼虫钻入皮肤，引起皮肤痛痒，精神不安，幼虫在体内移行，造成移行部组织损伤，特别是第三期幼虫在背部皮下时，引起局部结缔组织增生和皮下蜂窝组织炎，有时继发感染可化脓形成瘘管，直到幼虫钻出，才开始愈合。皮蝇幼虫的毒素，可引起贫血，使病畜消瘦，肉质降低，乳畜产乳量下降，背部幼虫寄生处留有瘢痕，影响皮革价值。个别病畜幼虫误入延脑或大脑寄生，可引起神经症状，甚至造成死亡。偶尔可见幼虫引起的变态反应。

（五）诊断

幼虫出现于背部皮下时，易于诊断。最初在牛背部皮肤上可触诊到隆起，上有小孔，隆起内含幼虫，用力挤压出虫体，即可确诊。

（六）治疗

消灭幼虫可用药物或机械方法，采用手指挤压或向肿胀部及小孔内涂擦或注入2%敌百虫、4%蝇毒磷、皮蝇磷等药物，以杀灭幼虫，防止幼虫落地化蛹。皮下注射伊维菌素每千克体重0.2 mg，有良好的治疗效果。

（七）预防

在牛皮蝇等产卵季节经常擦刷牛体，可减少感染。

四、羊狂蝇蛆病

羊狂蝇又称羊鼻蝇，它的幼虫寄生于羊的鼻腔或其附近的腔窦中，引起慢性鼻炎。临床上以流鼻涕为特征。

（一）病原

羊狂蝇属狂蝇科、狂蝇属。成虫体长10~12 mm，淡灰色，略带金属光泽，形状似蜜蜂，头大呈黄色，体表密生短细毛，有黑斑纹，翅透明，口器退化。幼虫体长由1 mm逐步生长，发育成第三期幼虫时，长28~30 mm，背面隆起，腹面扁平，前端尖，有2个黑色口前钩，虫体背面无刺，成熟后各节上具有深褐色带斑，腹面各节前缘具有小刺数列，虫体后端平齐，凹入处有2个"D"形气门板。

（二）发育史

成虫野居，不采食，交配后雄蝇死亡。雌蝇生活至体内幼虫形成后，冲向羊鼻产出幼虫（一次产幼虫20~40只），每只雌虫数天内可产幼虫500~600只。

幼虫迅即爬入鼻腔，在其中蜕化2次，变为第三期幼虫，再逐渐移向鼻孔，随羊打喷嚏时，幼虫被喷出，落地入土化蛹，蛹期1~2个月，最后从蛹羽化为成虫。

（三）流行病学

羊狂蝇蛆主要寄生于绵羊，间或寄生于山羊。在较冷地区，第一期幼虫生活期约9个月，蛹期可长达49~66 d；温暖地区，第一期幼虫需25~35 d，蛹期为27~28 d。因此，本虫在我国北方每年仅繁殖1代，而在温暖地区，则每年繁殖2代。

（四）症状

成虫在侵袭羊群产幼虫时，羊不安，拥挤，频频摇头，喷鼻，或以鼻孔抵于地面，或以头部埋于另一羊的腹下或腿间，严重扰乱羊的正常生活，使羊生长发育不良，消瘦。

当幼虫在羊鼻腔内固着或移动时，以口前钩和体表小刺机械地刺激和损伤鼻黏膜，引起黏膜发炎和肿胀，鼻腔流出浆液性或脓性鼻液，干涸后形成鼻痂，并使鼻孔堵塞，呼吸困难。病羊表现为打喷嚏，摇头，甩鼻子，磨牙，磨鼻，眼睛浮肿，流泪，食欲减退，日益消瘦，数日后症状逐渐减轻。但发育到第三期幼虫时，虫体增大，变硬，并逐步向鼻孔移动，症状又有所加剧。少数第一期幼虫可移行入鼻窦，致鼻窦发炎，甚或累及脑膜，病羊表现运动失调，做旋转运动。

（五）诊断

根据症状和流行病学，可初诊为本病。为了早期确诊，可用药液喷入羊鼻腔，收集用药后的鼻腔喷出物，发现死亡的幼虫即可确诊。

（六）治疗

伊维菌素按每千克体重0.2 mg皮下注射。氯氰柳胺按每千克体重5 mg口服，或每千克体重25 mg皮下注射，可杀死各期幼虫。

（七）预防

在本病流行严重的地区，应重点消灭幼虫，每年夏、秋季，应定期用1%敌百虫喷、擦羊的鼻孔。

第三节
原虫病

一、牛、羊巴贝斯虫病

牛、羊巴贝斯虫病是由巴贝斯科巴贝斯属的原虫寄生于牛、羊红细胞内引起的疾病，旧名称为"焦虫病"。由于经蜱传播，故又称为"蜱热"。临诊特征为高热、贫血、黄疸、血红蛋白尿。

（一）病原

巴贝斯虫种类很多，我国已报道牛有3种，羊有1种。均具有多形性的特点，有梨籽形、圆形、卵圆形及不规则形等多种形态。虫体大小也存在很大差异，长度大于红细胞半径的称为大型虫体，长度小于红细胞半径的称为小型虫体。

1. 双芽巴贝斯虫

寄生于牛。虫体长 $2.8 \sim 6\,\mu m$，为大型虫体，有两团染色质块。每个红细胞内多为1~2个虫体，多位于红细胞中央。吉姆萨染色后，胞质呈淡蓝色，染色质呈紫红色。红细胞染虫率为2%~15%。虫体形态随病程的发展而变化，初期以单个虫体为主，随后双梨籽形虫体所占比例逐渐增多。典型虫体为成双的梨籽形以尖端相连成锐角。

2. 牛巴贝斯虫

寄生于牛。虫体长 $1 \sim 2.4\,\mu m$，为小型虫体，有一团染色质块。每个红细胞内多为1~3个虫体，多位于红细胞边缘。红细胞染虫率一般不超过1%。典型虫体为成双的梨籽形以尖端相连成钝角。

3. 卵形巴贝斯虫

寄生于牛。为大型虫体。虫体多为卵形，中央往往不着色，形成空泡。虫体多数位于红细胞中央。典型虫体为双梨籽形，较宽大，两尖端成锐角相连或不相连。

4. 莫氏巴贝斯虫

寄生于羊。为大型虫体。有两团染色质。虫体多数位于红细胞中央，大多为双梨籽形（占60%以上）。典型虫体为双梨籽形，以锐角相连。

（二）生活史

牛、羊巴贝斯虫的发育过程基本相似，需要转换两个宿主才能完成其发育，一个是牛或羊，另一个是硬蜱。现以牛双芽巴贝斯虫为例。

带有子孢子的蜱吸食牛血液时，子孢子进入红细胞中，以裂殖生殖的方式进行繁殖，产生裂殖子。当红细胞破裂后，释放出的虫体再侵入新的红细胞，重复上述发育，最后形成配子体。蜱吸食带虫牛或病牛血液后，虫体在硬蜱的肠内进行配子生殖，然后在蜱的唾液腺等处进行孢子生殖，产生许多子孢子。

（三）流行病学

本病主要经媒介感染。双芽巴贝斯虫可经胎盘传播给胎儿。

双芽巴贝斯虫的传播者为牛蜱属、扇头蜱属和血蜱属的蜱，我国证实为微小牛蜱。牛巴贝斯虫的传播者为硬蜱属、扇头蜱属的蜱等，我国为微小牛蜱。卵形巴贝斯虫的传播者为长角血蜱。传播莫氏巴贝斯虫的蜱尚未定种。双芽巴贝斯虫经卵传递，由次代若蜱和成蜱阶段传播，幼蜱阶段无传播能力。牛巴贝斯虫经卵传递，由次代幼蜱传播，而次代若蜱和成蜱阶段无传播能力。卵形巴贝斯虫经卵传递，次代幼蜱、若蜱及成蜱阶段均可传播。莫氏巴贝斯虫的蜱传播阶段尚无定论。

本病的流行有一定的地区性和季节性。我国南方多在 7~9 月发生和流行。放牧牛群易发生，舍饲牛发病较少。在一般情况下，2 岁以内的犊牛发病率高，但症状轻，死亡率低；成年牛发病率低，但症状较重，死亡率高。当地牛对本病有抵抗力，良种牛和外地引入牛易感性较高，症状严重，死亡率高。

（四）症状

潜伏期为 8~15 d。病初表现高热稽留，体温为 40~42℃，脉搏和呼吸加快，精神沉郁，食欲减退甚至废绝，反刍迟缓或停止，便秘或腹泻，乳牛泌乳减少或停止，妊娠母牛常发生流产。病牛迅速消瘦，贫血，黏膜苍白或黄染。由于红细胞被大量破坏而出现血红蛋白尿。治疗不及时的重症病牛可在 4~8 d 死亡，死亡率为 50%~80%。慢性病例，体温在 40℃上下持续数周，食欲减退，渐进性贫血和消瘦，需经数周或数月才能健康。幼龄病牛中度发热仅数日，轻度贫血或黄染，退热后可康复。

在出现血红蛋白尿时进行实验室检查，可见血液稀薄，血沉加快显著，红细胞着色淡，大小不均，血红蛋白减少到 25% 左右。白细胞在病初变化不明显，随后数量可增加 3~4 倍，淋巴细胞增加，中性粒细胞减少，嗜酸性细胞降至 1%

以下或消失。

（五）病变

死畜血液稀薄如水，凝固不良。皮下组织、肌间结缔组织及脂肪均有不同程度的黄染和水肿。脾脏肿大 2~3 倍，脾髓软化呈暗红色。肝脏肿大呈黄褐色，胆囊肿大，胆汁脓稠。肾脏肿大。肺淤血、水肿。心肌松软，心脏内膜及外膜、心冠脂肪、肝、脾、肾、肺等表面有不同程度的出血。膀胱膨大，黏膜有出血点，内有多量红色尿液。皱胃黏膜和肠黏膜水肿、出血。

（六）诊断

根据流行病学特点、临诊症状、病理变化和实验室常规检查初步诊断，确诊须做血液寄生虫学检查。还可用特效抗巴贝斯虫药物进行治疗性诊断，亦可用酶联免疫吸附试验、间接血凝试验、补体结合试验、间接荧光抗体试验等免疫学诊断方法。其中酶联免疫吸附试验和间接血凝试验主要用于带虫率较低的牛、羊的检疫和疫区流行病学调查。

临诊上应注意和以下疾病进行鉴别。

1. 泰勒虫病

以高热稽留、贫血、出血、淋巴结肿大为特征；剖检第四胃黏膜肿胀，有许多针头至黄豆大暗红色或黄白色结节，有的结节坏死、糜烂后形成边缘不整且稍微隆起的溃病灶，胃黏膜易脱落；血液检查红细胞染虫率高、虫体呈环形或椭圆形。

2. 附红细胞体病

以高热、贫血、黄疸为特征；无明显季节性，多发生于应激状态下；血液检查附红细胞体附着于红细胞膜表面。

3. 钩端螺旋体病

以高热、贫血、黄疸、血红蛋白尿为特征；可在病畜之间横向传播；常见皮肤干裂、坏死，肝脏、脾脏有出血点和坏死灶；血液、尿液检查可发现钩端螺旋体。

（七）治疗

可选用以下杀虫药物。

1. 咪唑苯脲

每千克体重 1~3 mg，配成 10% 的水溶液肌内注射。该药在体内残留期较长，休药期不少于 28 d。对各种巴贝斯虫均有较好效果。

2. 三氮脒

每千克体重 3.5~3.8 mg，配成 5%~7% 溶液深部肌内注射。有时病畜会出现毒性反应，表现起卧不安、肌肉震颤、频频排尿等。骆驼敏感，不宜应用。水牛较敏感，一般 1 次用药较安全，连续用药应谨慎。妊娠牛、羊慎用。

3. 硫酸喹啉脲

每千克体重 0.6~1 mg，配成 5% 水溶液皮下注射。本药毒性较大，用药后病畜可出现起卧不安、肌肉震颤、流涎、出汗、呼吸困难等不良反应，一般于 1~4 h 自行消失。有时导致妊娠牛、羊流产，毒性反应严重者可注射阿托品缓解。

4. 锥黄素

每千克体重 3~4 mg，配成 0.5%~1% 水溶液，静脉注射，症状未减轻时，24 h 后再注射 1 次。病牛在治疗后数日内避免烈日照射。

及时辅以退热、强心、补液、健胃等对症疗法对于病畜的康复十分重要。

（八）预防

搞好灭蜱工作，实行科学轮牧。在蜱流行季节，牛、羊尽量不到蜱大量滋生的草场放牧，必要时可改为舍饲。加强检疫，对外地调进的牛、羊，特别是从疫区调进时，一定要检疫后隔离观察，患病或带虫者应进行隔离治疗。在发病季节，可用咪唑苯脲进行预防，预防期一般为 3~8 周。

二、牛羊泰勒虫病

牛羊泰勒虫病是由泰勒科泰勒属的原虫寄生于牛、羊的巨噬细胞、淋巴细胞和红细胞内引起的疾病。临诊特征为高热稽留、贫血、出血、消瘦和体表淋巴结肿大。

（一）病原

病原主要有以下 3 种。

1. 环形泰勒虫

寄生于红细胞内的虫体有环形、杆形、圆形、卵圆形、梨籽形、逗点形、十字形和三叶形等多种形态，其中以环形和卵圆形为主，占总数的 70%~80%。小型虫体直径为 0.5~2.1 μm，有一团染色质，多数位于虫体一侧边缘，经吉姆萨染色，原生质呈淡蓝色，染色质呈红色。裂殖体出现于单核巨噬系统的细胞内，如巨噬细胞、淋巴细胞等，或游离于细胞外，称为柯赫氏蓝体或石榴体，虫体圆形，平均直径 8 μm，内含许多小的裂殖子或染色质颗粒。

2. 瑟氏泰勒虫

寄生于红细胞内的虫体以杆形和梨籽形为主，占总数的67%~90%，但在疾病的上升期，二者的比例有所变化，杆形为60%~70%，梨籽形为15%~20%。其他与环形泰勒虫相似。

3. 山羊泰勒虫

寄生于红细胞内的虫体以圆形多见，直径为0.6~1.6μm，1个红细胞内一般只有1个虫体，有时可见2~3个。红细胞染虫率0.5%~30%，最高可达90%以上。裂殖体可见于淋巴结、脾、肝等涂片中。其他与环形泰勒虫相似。

（二）生活史

寄生于牛、羊体内各种泰勒虫的发育过程基本相似。

带有子孢子的蜱吸食牛、羊血液时，子孢子随蜱唾液进入其体内，首先侵入局部单核巨噬系统的细胞内进行裂殖生殖，形成大裂殖体。大裂殖体发育成熟后破裂，释放出许多大裂殖子，大裂殖子又侵入其他巨噬细胞和淋巴细胞内重复上述裂殖生殖过程。与此同时，部分大裂殖子随淋巴和血液循环扩散到全身，侵入其他脏器的巨噬细胞和淋巴细胞再进行裂殖生殖。经若干世代后，形成小裂殖体，小裂殖体发育成熟后，释放出小裂殖子，进入红细胞中发育为配子体。幼蜱或若蜱吸食病牛或带虫牛血液时，把含有配子体的红细胞吸入体内，配子体由红细胞逸出，变为大配子和小配子，二者结合形成合子，继续发育为动合子。当蜱完成蜕化时，动合子进入蜱的唾腺变为合孢体开始孢子生殖，分裂产生许多子孢子。蜱吸食牛、羊血液时，子孢子进入其体内，重复上述发育过程。

（三）流行病学

环形泰勒虫的传播蜱在我国主要为残缘璃眼蜱；瑟氏泰勒虫的传播蜱为血蜱属的长角血蜱、青海血蜱；羊泰勒虫的传播蜱为青海血蜱。一种泰勒虫可以由多种蜱传播。硬蜱对病原体的传播方式为期间传播。

环形泰勒虫和瑟氏泰勒虫主要流行于西北、华北、东北等地区。羊泰勒虫在四川、甘肃、青海均有发现。随着牛、羊流动频繁，本病的流行区域也在不断扩大。

本病随着传播蜱的季节性消长而呈明显的季节性变化。环形泰勒虫病主要流行于5~8月，6~7月为发病高峰期，因其传播蜱（璃眼蜱）为圈舍蜱，故多发生于舍饲牛。瑟氏泰勒虫病主要流行于5~10月，6~7月为发病高峰期，传播蜱（血蜱）为野外蜱，故本病多发生于放牧牛。羊泰勒虫病主要流行于4~6月，5月为发病高峰期，放牧羊多发。

在流行区，1~3岁牛多发，且病情较重。病愈牛可获得2.5~6年的免疫力。从非疫区引入的牛易于发病且病情严重。纯种牛、羊及杂交改良牛、羊易发病。1~6月龄羔羊多发且病死率高，1~2岁羊次之，3~4岁羊发病较少。

（四）症状

潜伏期14~20 d，多呈现急性经过。病初表现高热稽留，体温高达40~42℃，体表淋巴结（肩前、腹股沟浅淋巴结）肿大，有痛感。眼结膜初充血、肿胀，后贫血黄染。心跳加快，呼吸增数。食欲大减或废绝，有的出现啃土等异嗜现象，个别出现磨牙（尤其是羊）。亦可在颌下、胸腹下发生水肿。中后期在可视黏膜、肛门、阴门、尾根及阴囊等处出现出血点或出血斑。病畜迅速消瘦，严重贫血，血红蛋白降至20%~30%，血沉加快，肌肉震颤，卧地不起，多在发病后1~2周死亡。濒死前体温降至常温以下。耐过病畜成为带虫者。

（五）病变

全身皮下、肌间、黏膜和浆膜上均有大量出血点或出血斑。全身淋巴结肿大；切面多汁，有暗红色和灰白色大小不一的结节。皱胃黏膜肿胀，有许多针头至黄豆大暗红色或黄白色结节，有的结节坏死、糜烂后形成边缘不整且稍微隆起的溃病灶，胃黏膜易脱落。小肠和膀胱黏膜有时也可见到结节和溃疡。脾脏肿大明显，被膜有出血点，脾髓质软呈紫黑色泥糊状。肾脏肿大、质软，表面有粟粒大暗红色病灶，外膜易剥离。肝脏肿大、质脆，呈棕黄色，表面有出血点，并有灰白或暗红色病灶。胆囊扩张，胆汁浓稠。肺脏有水肿或气肿，表面有多量出血点。

（六）诊断

根据流行病学、临诊症状、剖检变化及实验室检查进行综合诊断。流行病学方面主要考虑发病季节、传播媒介及是否为外地引进牛、羊等。临诊症状和病理变化主要注意高热稽留、贫血、全身性出血、全身淋巴结肿大等。

环形泰勒虫病，皱胃黏膜有溃疡斑和脱落具有诊断意义。早期进行淋巴结穿刺涂片，发现石榴体，中后期采耳静脉血涂片，在红细胞内发现虫体后确诊。

瑟氏泰勒虫病，虽然体表淋巴结肿胀，但穿刺检查不易见到石榴体，淋巴细胞内更少，往往游离于细胞外。

羊泰勒虫病，在血片、淋巴结或脾脏涂片上可发现虫体。

（七）治疗

对本虫无特效药物。可选用：磷酸伯氨喹啉，每千克体重按 0.75~1.5 mg，口服或肌内注射，3~5 d 为一疗程。三氮脒，每千克体重 7 mg，配成 7% 水溶液，肌内注射，每日 1 次，3~5 d 为一疗程。羊泰勒焦虫病用青蒿酯（10 mg/kg），首次倍量，隔 12 min 1 次，加常水灌服，3 d 内治愈。

早期诊断、早期治疗，同时还要采取抗菌消炎、退热、输血、止血、利胆、强心、补液等对症疗法，才能提高治疗效果。

（八）预防

我国已成功研制出环形泰勒虫裂殖体胶冻样细胞苗，接种 20 d 后产生免疫力，免疫期在 1 年以上。此种疫苗对瑟氏泰勒虫和羊泰勒虫无交叉免疫保护作用。在流行区内，根据发病季节，在发病前使用磷酸伯氨喹啉或三氮脒，预防期约 1 个月，亦有较好的效果。灭蜱以及在发病季节应尽量避开山地、次生林地等蜱滋生地放牧。在引进牛、羊时，应进行体表蜱及血液寄生虫学检查，防止将蜱和虫体带入。

第三篇

普通病

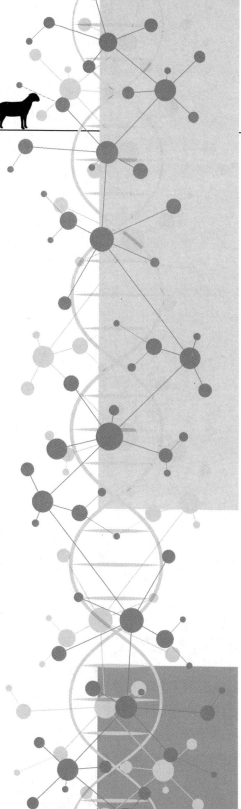

第五章
营养代谢病

第一节
营养代谢病概述

营养代谢是生物体内部和外部之间营养物质通过一系列同化和异化、合成与分解代谢、实现生命活动的物质交换和能量转化的过程。营养物质则是新陈代谢的物质基础。由于营养物质的绝对和相对缺乏或过多，营养物吸收不良、营养物质需求增加、参与物质代谢的酶缺乏和内分泌功能障碍，致使机体生长发育迟滞，生产力、生殖能力和抗病能力降低，甚至危及生命。此类性质疾病，统称营养代谢病。

一、营养代谢病的病因

随着养殖业的发展，奶牛数量不断增多，高产、稳产、健康已是奶牛饲养的生产目标。奶牛产量的提高，除了有赖于选种选配、提高牛群质量，还有赖于限定性饲养、集约化生产管理，而限定性饲养、集约化生产管理又增加了营养代谢病发生的可能性，即高产、高质量必将带来母牛营养代谢障碍问题的发生。目前，在我国北京、上海等地的一些高产牛场，母牛围产期营养代谢疾病的发病率增高，这不仅直接影响奶产量，而且还影响产后母牛的发情、配种，表现出发情延迟、久配不孕。有的病牛对药物反应不明显，治疗无效，最后只能淘汰，给生产造成重大损失。

引起牛营养代谢病的原因很多，归纳起来，主要有以下几个方面。

（一）营养物质供给和摄入不足

日粮不足，或日粮中缺乏某种必需的营养物质，其中以蛋白质（特别是必需氨基酸）、维生素、常量元素和微量元素的缺乏更为常见。此外，食欲降低或废绝，也可引起营养物质摄入不足。

（二）日粮结构不合理

精料饲喂过多、优质粗料不足是我国牛场特别是南方地区牛场的普遍问题，也违反了反刍动物的消化特点。其结果必然会引起瘤胃酸中毒、蹄叶炎、酮病、妊娠毒血症、乳热、皱胃移位等疾病的发生。

（三）动物对营养物质消化、吸收不良

胃肠道、肝脏及胰腺等功能障碍时，不仅可以影响营养物质的消化吸收，而且能影响营养物质在动物体内的合成代谢。

（四）动物机体对营养物质的需要量增多

1. 生理性增多

如公牛配种期、母牛妊娠期和泌乳期、犊牛生长期其所需的营养物质大量增加。

2. 疾病时消耗增多

如结核、寄生虫病等，其体内营养消耗增多。

3. 饲料中的抗营养物质过多

如蛋白质抑制剂、皂苷等，能降低蛋白质的消化和代谢利用；植酸、草酸、硫葡糖苷等，能降低矿物质元素的溶解利用；脂氧合酶抗维生素 A、维生素 E 及维生素 K、硫胺素酶抗硫胺素、烟酸、吡哆醇等，均能使某些维生素灭能或增加其需要量。

（五）营养物质的平衡失调

动物体内营养物质间的关系是复杂的，除各营养物质的特殊作用外，还可通过转化、依赖和拮抗作用，以维持营养物质间的平衡。

1. 转化

如糖能转变成脂肪及部分氨基酸，脂肪可转化为糖和部分非必需氨基酸，蛋白质能转化为糖及脂肪。

2. 依赖

如钙、磷、镁的吸收，需有维生素 D；脂肪是脂溶性维生素的载体；合成半胱氨酸和胱氨酸时，需有足量的甲硫氨酸；磷过少，则钙难以沉积；缺钴则维生素 B_{12} 不能合成；维生素 E 和硒需协同作用等。

3. 拮抗

如钾与钠对神经—肌肉的应激性，起着对钙的拮抗作用；充足的锌和铁，

可以防止铜中毒，维生素 E 的补给，可以防止铁中毒。

（六）牛体机能衰退

牛年老和久病，使其器官功能衰退，从而降低其对营养物质的吸收与利用能力，导致营养缺乏。

（七）遗传因素

牛的先天性卟啉症（单隐性因子遗传）、安格斯牛的甘露糖苷过多症（特殊的溶酶体水解酶的遗传性缺乏）等。

二、营养代谢病的诊断

营养代谢病多呈慢性，涉及的脏器与组织比较广泛，且其典型症状出现较晚。因此，对于此类疾病的诊断，必须从调查饲养管理水平着手，结合临床症状、化验资料等，进行详细而全面的综合分析，才能做出正确的判断。下述几点值得注意。

（一）饲养管理水平调查

由于营养代谢性疾病，大都影响动物的生长发育、生理功能和生产性能，故其症状有许多相似之处，所以对饲养管理水平的调查有着重要的意义。通过对牛群不同饲养阶段的了解，可以分析牛群在不同的生产阶段的营养供给是否合理；通过对日粮的数量、结构的了解，可以估计热量及所含营养成分的多寡。通过对饲料加工调制的了解，能帮助分析饲料中营养成分的破坏程度。

（二）生理状况及生产性能的了解

牛的种类、年龄、用途以及生理的不同阶段，对营养的需要量和成分是不同的。役用牛对糖和脂肪的需要量较多；乳用牛在配种期、妊娠期、生长期、泌乳期，不仅所需营养量大，而且对蛋白质的需要较多。靠粗饲料生活的反刍动物，缺磷比缺钙多见。

（三）症状识别

通过调查和现场观察，以了解牛群的异常表现，常能提示重要的诊断指征。如皮肤干燥肥厚，眼结膜干燥发炎，夜盲，以及种公牛高比例的无头精子，是维生素 A 缺乏症的特征。牛犊长骨骨端粗大，肋骨与肋软骨连接处明显肿大并形成圆形结节，甲状腺肿大是碘缺乏症的特征。牛的汗液、尿液、乳汁或呼出气有酮味（近似氯仿气味），是牛酮血症的特征。异食，多是矿物质、维生素和微量元素缺乏的先期症状。

（四）实验室诊断

动物生理生化指标检测和饲料营养分析对营养代谢病的诊断和与某些疾病的鉴别有重要意义。测定血、尿中的钙、磷的浓度，能帮助分析骨软症的病因。血浆维生素 A 的测定，对确诊维生素 A 缺乏症有帮助。肝及血液中的铜水平，可作为缺铜症的指标。必要时，进行细菌和寄生虫卵检验，可与传染病和寄生虫病鉴别。

（五）治疗试验

通过补给患病牛群可能缺少的营养成分（饲料或营养制剂），观其效果，也是一种重要的诊断方法。如补给维生素 A 后，症状明显减轻，则为维生素 A 缺乏症。有出血性倾向时，补给维生素 K 不见效，而补给维生素 C 有效，则是维生素 C 缺乏症。牛腹泻时，用多种抗菌药治疗无效，而用亚硒酸钠和维生素 E 能迅速治愈，则为硒—维生素 E 缺乏症。

（六）病理剖检

对病死牛和抽选发病牛，在严格控制的条件下剖检，多能给群发病提供重要根据。如犊牛肌肉变性，外观灰黄，骨骼肌有白色条纹，横断面有灰色、白色斑点是"白肌病"的特征。

三、营养代谢病的监控

营养代谢疾病的发生主要是营养物质的"输入"和"输出"失调，机体不能代偿所致。通常情况下，营养代谢疾病的发生多属慢性经过，即为长期营养失调而突然于临床发作的过程，营养代谢疾病临床症状的表现，反映机体营养代谢已处于严重紊乱的程度。因此，早期监测、提早预报是对奶牛营养代谢疾病监控的有效途径。为此，在生产中应从以下几个方面考虑。

（一）随时掌握饲料的种类及日粮的组成

为能使日粮的营养物质及其营养价值满足奶牛的营养需要，应定期对饲料中的干物质、奶牛能量单位、粗蛋白质、可消化粗蛋白质、钙、磷及维生素等进行计算，并与奶牛的饲养标准进行比较，看其是否符合要求，依此标准进行必要的调整。

（二）对饲料的要求

充分利用现有饲料资源，保证饲料供给。奶牛饲料有青干草、玉米青贮、块根、豆粕类和精饲料。矿物质饲料中，应有一定比例的常量元素和微量元素。

每年应对所喂奶牛的各种饲料进行一次常规成分测定，并鉴定其饲用及经济价值。

配合饲料应根据本地区的饲料资源、各种饲料的营养成分，结合奶牛的营养需要，因地制宜地选用饲料，并进行加工调制。

从粮食加工厂购来的混合饲料，必须了解其营养价值。

应用化学、生物活性等添加剂时，应了解其生理作用与安全性。

严禁饲喂发霉变质饲料、冰冻饲料、农药残毒污染严重的饲料，以及被病菌或黄曲霉污染的饲料。

（三）合理供应日粮，满足营养需要

1. 干乳期

日粮干物质占体重 2%~2.5%，粗蛋白质 8%~10%，钙 0.6%，磷 0.6%，粗纤维 16%~19%。

2. 围产期

分围产前期和后期：围产前期，日粮干物质占体重的 2%~2.5%，奶牛能量单位为 21~26 个，粗蛋白质 9%~11%，钙 0.3%，磷 0.3%，粗纤维为 15%~18%；围产后期，日粮干物质占体重 2%~5%，粗蛋白质 12%~14%，钙 0.6%~0.8%，磷 0.4%~0.5%，粗纤维 12%~15%。

3. 泌乳盛期

日产奶 20kg，日粮干物质占体重 2.5%~3.5%，粗蛋白质 12%~14%，钙 0.7%~0.75%，磷 0.46%~0.50%；日产奶 30kg，日粮干物质占体重 3.5% 以上，粗蛋白质 14%~16%，钙 0.8%~0.9%，磷 0.54%~0.60%，粗纤维 18%~20%。

4. 泌乳中期

日产奶量 15~20kg，日粮干物质占体重 2.5%~3.5%，粗蛋白质 10%~14%，钙 0.7%~0.8%，磷 0.55%~0.60%，粗纤维 17%~20%。

5. 泌乳末期

日粮干物质占体重 2.5%~3.0%，粗蛋白质 13%~14%，钙 0.7%~0.8%，磷 0.5%~0.6%，粗纤维 18%~20%。

（四）加强管理，提供良好生存环境

牛舍坚固耐用，符合卫生标准，宽敞明亮，冬暖夏凉。运动场地面平坦，四周有排水沟，场内有遮阴棚、饮水槽、食盐池；粪便及时清扫，垫平坑洼，排除污泥积水，保持干燥。冬天要防寒保暖，夏季要有防暑降温措施。根据奶

牛不同生理阶段来分群管理、固定饲喂，挤奶休息工作日程、已固定的生产程序不应轻易改动。严格执行防疫消毒制度，建立奶牛病历档案。

（五）定期进行血液检验

定期监测血液中的生化成分，可以预报一个畜群或一个泌乳牛群的代谢性疾病的发生。通过血检发现，如果某一成分或某一生化指标下降到正常水平以下时，即可预示其某些物质的紊乱，为此，应采取必要的措施，以防止其负平衡的继续出现。由于奶牛年龄、妊娠期、干乳期、饲养条件、饲料种类、性质以及环境条件等诸多因素的影响，血液成分有所不同。因此，每年应定期对干奶牛、高产牛进行 2~4 次血检，及时了解其血液中各种成分的含量及变化。检验项目主要包括血细胞数、血细胞压积值、血红蛋白、谷草转氨酶、血钾、血钠、血镁、血钙、血糖、血尿素氮、血清无机磷、总蛋白、白蛋白、碱贮、血酮体、血游离脂肪酸等。根据所测结果，与奶牛正常血液生理值进行比较，为早期预防提供依据。目前，国外不少国家已确立了这种措施，并制定出关于奶牛营养状态的判断标准用于生产。

（六）建立产房定期酮体监测制度

临产和产后母牛的健康程度，在整个泌乳期内是一个关键的阶段，所以应对其进行定期的健康检查。由于围产期母牛食欲降低，特别是母牛产后营养负平衡的出现，体脂的动员，酮体的监测是最重要的指标，根据对黑白花奶牛乳酮变化规律的研究得出，乳酮浓度与泌乳月呈负相关，与产乳量呈正相关，因此在高产奶牛群中应建立酮体监测制度。具体程序是：产前一周隔日测尿pH、酮体一次；产后 1 d，可测尿的 pH 和乳中酮体，隔日 1 次，直到出产房（产后 14~20 d）。凡测定尿液 pH 呈酸度、尿（乳）酮体含量升高者，立即进行治疗。

四、对营养代谢病兽医临床上常用的预防措施

临产前 1 周，对高产、年老、体弱和食欲不振的牛，加强看护，经检查体温正常者，可静脉注射 50% 葡萄糖液、10% 葡萄糖酸钙液。钙、磷不能同注，至少隔 6 h，否则会引起呼吸高度困难，呻吟，窒息死亡。对产后食欲不振的牛也应用此方法加以保健。

产前 1 周用维生素 D_3 10 000 IU，每日 1 次，肌内注射，直到分娩为止。

第二节
糖、脂肪、蛋白质代谢障碍病

一、酮病

酮病是碳水化合物和脂肪代谢紊乱所引起的一种全身功能失调的代谢性疾病，临床特征是酮血、酮尿、酮乳，出现低血糖、消化机能紊乱、乳产量下降，间有神经症状。

（一）病因

主要的因素是母牛高产、营养、分娩及泌乳，其中最为重要的一个因素就是营养供应不足，致使母牛能量负平衡。病因学的突出特点是碳水化合物饲料不足、糖类缺乏，导致体蛋白分解和脂肪动员，结果引起了酮体生成增加。

1. 原发性营养性酮病

原发性营养性酮病即饲料供应过少，饲料品质低劣、饲料单纯，日粮处于低蛋白、低能量的水平下，致使母畜不能摄取必需的营养物质。所以也称为消耗性、饥饿性酮病。

2. 自发性酮病

指按正常饲养方式饲喂，日粮处于高能量、高蛋白的条件下，这种在饲料充足而又高产的奶牛中发生的酮病，称之为"有生产者的醋酮血病"。这类酮病的发生在生产中常见，它常发生于分娩后1~8周的高产母牛，开始呈亚临床酮病，或随后痊愈，或发展为临床酮病。其发生可能与机体消化代谢功能障碍有关，即不能使摄入的充足的碳水化合物转变为葡萄糖所致。

3. 继发性酮病

奶牛由于患前胃弛缓、瘤胃鼓胀、创伤性网胃炎、皱胃移位、子宫炎、乳腺炎及其他产后疾病，往往引起母牛食欲减退或废绝，由于不能摄取足够的食物，机体得不到必需的营养所致。

4. 食物性或生酮性酮病

饲料性质能引起酮病的发生。当供给含丁酸多的饲料，所含丁酸经瘤胃壁或瓣胃壁吸收后引起发病。青贮饲料比干草含生酮物质要多，而由多汁饲料制成的青贮料含生酮物质高于其他青贮饲料。

（二）发病机制

健康的反刍动物，脂肪酸的氧化和合成都在同时正常进行着，中间产物的积聚不显著，血液中酮体含量甚微，不会发病。

高产奶牛，由于泌乳，对营养需要量显著增高，这就必须要从饲料中获得能量以满足自身需要。奶牛机体基本能量代谢不是葡萄糖，而是靠前胃中碳水化合物发酵形成的挥发性脂肪酸的糖原异生作用来提供。经研究证明，母牛产犊后4~6周已出现泌乳高峰，但其食欲恢复和采食量的高峰在产犊后8~10周才出现，即说明分娩后食欲恢复与产乳量的上升不能同步进行；另外，在干乳期供应能量水平过高，分娩前母牛过肥等因素的作用，都可影响产后母牛对饲料的采食量。由于不能摄取足够的饲料，必将导致能量负平衡，引起肝内含糖量的不足，则血糖降低。由肝糖水平下降的低血糖所引起的糖代谢紊乱，必将引起体脂动员，其结果是血液游离脂肪酸（FFA）浓度上升、肝脏FFA增加。FFA在肝内代谢有3个转归，即合成三酰甘油、氧化供能和生成酮体。所以碳水化合物的缺乏所引起的低血糖是酮病发生的主要因素。

酮体（β-羟丁酸、乙酰乙酸、丙酮）为脂肪代谢的中间产物，它们在肝内产生，然后由血液运送至其他组织如肌肉、心脏、脑和肾脏被氧化利用，生成 CO_2 和 H_2O，血中含量极少。血糖下降、大量脂肪酸进入肝脏，脂肪酸经氧化所产生的乙酰辅酶A，因血糖低、草酰乙酸含量减少，故不能在肝中进入三羧酸循环被氧化，致使血中酮体过高。当血中酮体含量超过正常范围和肝外组织氧化酮体的能力降低时，此时血酮含量在体内积存而引起酮病。

酮体中的β-羟丁酸、乙酰乙酸都是较强的有机酸，若体内聚积过多，可引起代谢性酸中毒，并使细胞外液的晶体渗透压升高，故可引起水和电解质的平衡失调。乙酰乙酸为有毒的有机酸，脱羧变为丙酮，还原为β-羟丁酸。丙酮的还原或β-羟丁酸的脱羧，都生成异丙醇，可引起奶牛的神经症状，病畜表现沉郁或兴奋。

（三）症状

1.临床型酮病

根据症状表现不同可分为消化型和神经型两种。通常消化症状和神经症状同时存在。

（1）消化型　主见食欲降低或废绝。病初，食欲减退，乳产量下降。通常先拒食精料，尚能采食少量干草，继而食欲废绝。异食，病畜喜喝污水、尿汤、舔食污物或泥土。反刍无力，口数不定，或少于30次，或多于70次，前胃弛缓、蠕动微弱；粪便干而硬、量少；有的伴发瘤胃鼓胀；体重明显减轻，消瘦，皮下脂肪消失，皮肤弹性减退；精神沉郁，对外反应微弱，不愿走动。体温、脉搏、呼吸正常；随病时延长，体温稍有上升（37.5℃），心跳增加（100次/min），心音模糊，第一、第二心音不清，脉细而微弱，重症病畜全身出汗，似水洒身，尿量减少，呈淡黄色水样，易形成泡沫，有特异的丙酮气味。轻症者乳量下降呈持续性；重症者，乳量骤减或无乳，并具有特异的丙酮气味。一旦乳量下降后，虽能治愈，但乳产量多不能完全恢复到病前水平。

（2）神经型 主见有神经症状。病状突然发作，特征症状是病畜不认其槽，于棚内乱转；目光怒视，横冲直撞，四肢叉开或相互交叉，站立不稳，全身紧张，颈部肌肉强直，兴奋不安，也有举尾于运动场内乱跑，阻挡不住，饲养员称之为"疯牛"；空嚼磨牙，流涎，感觉过敏，乱舔食皮肤，吼叫，震颤，神经症状发作持续时间较短，为1~2h，但8~12h后仍有复发现象；有的牛不愿走动，呆立于槽前，低头耷耳，眼睑闭合，如睡样，对外反应淡漠，呈沉郁状。

2. 亚临床型酮病

仅见酮体升高和低血糖，也有部分血糖在正常范围内的，缺乏明显的临床症状；或者仅见乳产量有所下降，食欲降低，进行性消瘦是其重要特征，一直到体质很弱、相当消瘦时，产乳量才有明显的下降，呈慢性经过，病程可持续1~2个月，尿检酮体定性反应为阳性或弱阳性。

（四）诊断

由于奶牛酮病临床症状很不典型，所以单纯根据临床症状很难做出确切诊断。因此，在确诊时应对病畜做全面了解，要询问病史，查母牛产犊时间、产乳量变化及日粮组成和饲喂量，同时对血酮、血糖、尿酮及乳酮做定量和定性测定，要全面分析，综合判断。

乳酮和尿酮有诊断意义。酮体定性试验阴性可排除酮病。试验阳性最好再做定量试验；奶牛患创伤性网胃炎、皱胃变位、消化不良等疾病时，常导致继发性酮病；产后瘫痪也可并发酮尿症；乳牛正常临产时，血酮可能有短暂的升高，随着分娩后食欲的恢复，血酮迅速下降不发生酮病。见表5-1。

表 5-1　酮病与产后瘫痪、瘤胃酸中毒、妊娠毒血症临床鉴别

病别	酮病	产后瘫痪	瘤胃酸中毒	妊娠毒血症
发病	产后 1~3 周	产后 1~3 d	随分娩出现	产后 5~35 d
发病胎次	4~7 胎	5 胎以上	1~6 胎	不限
发病季节	冬春	无季节性	冬春	无季节性
病程	1~10 d 痊愈	1~2 d 痊愈	于 24 h 内死亡	0.5~10 个月，死亡
心脏	100 次/min	100 次/min	90~150 次/min	90~150 次/min
呼吸	微弱	微弱	加快	正常
姿势	不典型	颈部呈"S"状	背头、平躺	后期躺卧、爬行
知觉	正常	减退或消失	正常	正常
精神	兴奋、不安	正常或沉郁	兴奋、休克	正常
脱水	不明显	不明显	轻度或中度	不明显
尿酮体	+++	+	—	+++
浓糖	特效	有效	无效	有效
浓钙	不明显	特效	无效	无效
等渗液	不明显	不明显	有效	不明显
苏打水	有效	不明显	特效	不明显
肝肿大	++	—	±	+++
肾肿大	++	—	±	+++
脂肪肝	++	—	+	+++
体温	37.5℃	37.5℃	38~39℃	39.5℃

注："—"为无，"+"为明显，"++"~"+++"为极明显。

　　亚临床型酮病诊断较为困难。由于本病在高产牛群已普遍存在，所以对产后 10~30 d 的母牛应特别注意食欲的好坏和奶产量的变化。确诊需对血、乳和尿中酮体进行检测，综合判定主要考虑以下三点：多发于高产母牛；在产后 10~30 d 内，40 d 后少见；日粮能量水平不足，进食量不足。

　　（五）防治

　　对酮病病牛，通过适当针对性治疗即能获得较好的治疗效果而痊愈。已经

痊愈的奶牛，如果饲养管理不当，有复发的可能。也有极少数病牛，对药物治疗无反应，最后被迫淘汰或死亡。对于继发性酮病，应尽早做出确切诊断并对原发病采取有效的治疗措施。

1. 药物治疗原则

提高血糖浓度，减少脂肪动员，促进酮体的利用，增进瘤胃的消化机能，提高采食量。

2. 治疗方法

常用的方法有以下几种。

（1）替代疗法　即葡萄糖疗法，静脉注射50%葡萄糖500~1 000 ml，对大多数病畜有效。因一次注射造成的高血糖是暂时性的，其浓度维持仅2 h左右，所以应反复注射，如加5%氯化钙200~300 ml可加速治愈。

（2）激素疗法　应用促肾上腺皮质激素200~600 IU，一次肌内注射。肾上腺糖皮质激素类可的松1 000 mg肌内注射对本病效果较好，注射后40 h内，病牛食欲恢复，2~3 d后泌乳量显著增加，血糖浓度增高，血酮浓度降低。

（3）其他疗法　对神经性酮病可用水合氯醛内服，首次剂量为30 g，随后用7 g，每日2次，连服数日。提高碱贮，解除酸中毒，可用5%碳酸氢钠液500~1 000 ml，一次静脉注射。为了促进皮质激素的分泌，可以使用维生素A每千克体重500 IU，内服；维生素C 2~3 g内服。防止不饱和脂肪酸生成过氧物，以增加肝糖量，可用维生素E 1 000~2 000 mg，一次肌内注射，或7 000 mg口服，连服2~3 d。为加强前胃消化功能，促进食欲，可灌服人工盐200~250 g和酵母粉500 g；维生素B 120 ml，一次肌内注射。中药处方：当归、川芎、砂仁、赤芍、熟地黄、神曲、麦芽、益母草、广木香各35 g，研末，开水冲调灌服，每日或隔日1次，连服3~5次，对增进食欲、加速病愈效果较好。

3. 预防措施

（1）加强饲养管理　供应平衡日粮，保证母牛在产犊时的健康。

（2）加强干奶牛的饲养　应防止干奶牛过肥，限制或降低高能浓厚饲料的进食量，增加干草饲喂量。

（3）分群管理　根据奶牛不同生理阶段进行分群管理，同时应随时调整营养比例。饲料要稳定，防止突然变更；饲料品质要好，严禁饲喂发霉变质饲料。

（4）加强运动，增加全身抵抗力　舍饲母牛每日必须有一定的运动时间，减少产后子宫弛缓、胎衣不下的发生，增进食欲。

（5）加强临产和产后牛的健康检查　建立酮体监测制度。对乳酮、尿酮应定期检查。产前10 d，隔1~2 d测尿酮pH一次；产后1 d可测尿pH、乳酮。隔1~2 d一次，凡阳性反应，除加强饲养外，立即对症治疗。

（6）定期补糖、补钙　对年老、高产、食欲不振及有酮病病史的牛，于产前1周开始补50%葡萄糖液和20%葡萄糖酸钙液各500 ml，一次静脉注射，每日或隔日1次，共补2~4次。

（7）调整日、精粮结构，增加生糖先质物质　在高产而又有酮病发生的牛群中，应加强日粮的供应。保证有足够的能量水平；减少生酮饲料的饲喂量，考虑应用生糖先质物质的补饲。

二、奶牛妊娠毒血症

奶牛妊娠毒血症也称为母牛肥胖综合征、牛的脂肪肝和肥胖牛的酮病。临床上以食欲废绝、胃肠蠕动停止，间有黄疸为特征。

（一）病因

干乳期母牛日粮中精料喂量过大、能量和蛋白质水平过高、母牛实际进食量超过实际营养需要量，是母牛肥胖综合征的主要原因。

造成日粮营养水平过高，精料喂量增大的原因有二：一是日粮不平衡，粗精比例不当；二是管理不细，不分群饲养。

（二）发病机制

本病的发生主要是干乳期精料喂量大，牛肥胖，产后进食量下降，致使母牛能量负平衡，导致体脂肪分解，游离脂肪酸升高和酮体增加。

脂肪动员过程中形成大量的游离脂肪酸浸润于肌细胞间隙和子宫肌层，引起骨骼肌和平滑肌运动障碍，诱发母牛卧地不起、皱胃移位、胎衣停滞、子宫炎等综合征，血中游离脂肪酸含量增多，促使Ca^{2+}向脂肪细胞转移，加上游离脂肪酸与Mg^{2+}形成整合物，不仅可诱发低镁血症的出现，还能影响钙的动员，致使低血钙症发生；由于脂肪肝影响雌激素和孕酮的代谢，临床上表现出不孕症、产犊间隙延长等繁殖障碍。

（三）症状

1.急性型

随母牛分娩而表现出症状，病牛精神沉郁，食欲废绝，瘤胃蠕动减弱；少奶或无奶。可视黏膜发绀、黄染。体温初期升高（39.5~40℃）。步态强拘，目光呆滞，对外反应微弱。对药物无反应，于2~3d死亡或后期卧地不起而淘汰。

2. 亚急性型

多于分娩3d后发病，病牛主要呈现为产后酮病。表现为食欲降低或废绝，乳产量减少，粪便量少且干，尿液偏酸，pH6.0，具酮味。酮体检验呈阳性。病程延绵，呈渐进性消瘦，有的病牛尚伴发乳腺炎、胎衣不下。有乳腺炎时，见乳房肿胀，乳汁呈脓性或极度稀薄，呈黄水样，乳汁酮体检验呈阳性。产道内蓄积大量褐色具臭味恶露。药物治疗无效，后期卧地不起，呻吟，磨牙，衰竭死亡。

（四）诊断

根据流行病学、临床症状、酮体检验可确诊。鉴别诊断详见酮病部分。

（五）防治

1. 治疗原则

药物治疗的目的是抑制脂肪分解，减少脂肪酸在肝脏中的积存，加速脂类的利用。其原则是解毒保肝、补充葡萄糖以缓解血糖下降。

2. 治疗方法

（1）提高血糖浓度　50%葡萄糖液500~1 000 ml，静脉注射；50%右旋糖酐，第一次量为1 500 ml，后改为500 ml，每日2次或3次，静脉注射；木糖醇500~1 000 ml，一次静脉注射，每日2次，有升糖和降酮作用；丙酸钠114~228 g或丙二醇117~342 g，每日2次内服，服药前，可静脉注射50%右旋糖酐，其效果更好。

（2）促进脂肪氧化，用解脂制剂　50%氯化胆碱粉50~60 g，一次内服；也可用10%氯化胆碱溶液250 ml，一次皮下注射；泛酸钙200~300 mg，配成10%溶液，一次静脉注射，连续注射3d。

（3）增进食欲，改善瘤胃功能　复合维生素B液200~250 ml，一次灌服，每日2次。

（4）抗脂肪分解和抗酮体的生成　烟酸12~15 g，一次内服，连服3~5d。

（5）防止继发感染　可使用抗生素如四环素、金霉素，静脉注射。

（6）防止氮血症　可用5%碳酸氢钠液500~1 000 ml，一次静脉注射。

3. 预防措施

应采取综合性预防措施。

（1）防止干奶牛过肥　日粮中控制精料喂量，增加干草喂量。

（2）控制脂肪　应对临产母牛加强看护，对肥胖牛、高产奶牛和食欲减退牛，在预产前5~7d，可用50%葡萄糖液500~1 000 ml，一次静脉注射，每日1次，直至产犊。为保持瘤胃内环境的稳定、维护瘤胃正常生理功能，促进糖异生和减少体脂肪的动员，日粮中可加入如下物质：50%粗制氯化胆碱粉50~60 g，产前20d加入精料中饲喂，每日1次，直至产犊；烟酸4~6 g，产前7d加喂，每日1次；丙酸钠125 g，丙二醇200 ml，产前6d加喂，每日1次，连续加喂10~20d。

（3）加强配种工作，提高受胎率　加强母牛发情鉴定，不错过发情期，不漏掉发情牛，适时配种，防止空怀牛发生，避免干乳期过长而使母牛过肥。

（4）日粮中添加保护性蛋氨酸　泌乳初期，奶牛对蛋氨酸的需求增加，仅通过瘤胃中未降解的饲料蛋白质和微生物蛋白合成是不够的，所以必须额外补充。

（5）饲料中保证有充足的维生素E　维生素E不仅有预防本病的作用，还对已发病牛能减少肝脂肪浸润，恢复正常代谢，能减轻症状，起到治疗之功效。

第三节
矿物质代谢障碍病

一、牛血红蛋白尿病

母牛产后血红蛋白尿病是一种发生于高产奶牛的营养性代谢病。临床上以低磷酸盐血症、急性溶血性贫血和血红蛋白尿为特征。

（一）病因

低磷酸盐血症是本病的一个重要因素，但与产后泌乳增高而磷脂排出有重要关系。不论在产后发病的奶牛或是产前发病的奶牛，这一点都不例外。另外，并非所有低磷酸盐血症的母牛都会发生临床血红蛋白尿，但发生临床血红蛋白尿的母牛一般都伴有低磷酸盐血症。也有人发现饲喂十字花科植物或铜缺乏是发病的原因。

（二）症状

红尿是本病最突出的，甚至是早期唯一的症状。最初 1~3 d 尿液逐渐由淡红向红色、暗红色直至紫红色和棕褐色转变，以后又逐渐消退。这种尿液做潜血试验，呈强阳性反应，而尿沉渣中很少或不见红细胞。病牛乳产量下降，而体温、呼吸、食欲均无明显变化。

随着病程的延长，贫血加重，可视黏膜及皮肤变为淡红色或苍白色，并黄染。血液稀薄，凝固性降低，血清呈樱桃红色。循环和呼吸也出现相应的贫血体征。

（三）病变

身体消瘦，全身黄疸，黏膜苍白。肝肿大，脂肪浸润，中央小叶灶性坏死；胆囊肿大，内积满浓稠带颗粒的胆汁。脾肿大，网状内皮细胞增生，红髓管状分布减少，淋巴生发中心减少。肾色淡似胶冻样，肾小管上皮退性变化，肾曲细管中有管型及含铁血黄素沉着。膀胱内积有褐色血红蛋白尿。淋巴结肿大，切面多汁外翻，呈褐色。

临床病理学的特征性改变包括：红细胞比容、红细胞数、血红蛋白等红细胞参数值降低，黄疸指数升高、血红蛋白血症、血红蛋白尿症等急性血管内溶血和溶血性黄疸的各项检验指征以及低磷酸盐血症。

（四）诊断

本病多发于寒冷冬季，呈地区性。本病的发生常与分娩有关，临床上有红尿、贫血、低磷酸盐血症等，饲料中磷缺乏或不足，磷制剂疗效显著，不难诊断。

应注意和以下疾病鉴别。

1. 肾盂肾炎

由肾棒状杆菌、大肠杆菌感染所致。尿中有血块、脓块，尿液检查有蛋白质、上皮细胞、红细胞、白细胞及大量病原菌。

2. 钩端螺旋体病

由致病性钩端螺旋体引起，病牛体温升高，乳汁浓稠呈淡红色或含血块。鼻镜干裂，齿龈、唇内和舌面发生溃疡、坏死，血、尿及流产胎儿胸腔积液中能检查到病原体。

3. 焦虫病

病牛体温升高，体表淋巴结高度肿大，在红细胞内可以看到呈环形、逗点状的虫体。

4. 牛蕨中毒

因采食蕨而引起中毒，其特征是可视黏膜瘀斑性出血，鼻孔、肠道及泌尿生殖道向外流血。犊牛喉部水肿，呈现血小板减少症、白细胞减少症；其凝血时间延长，收缩不良；体温升高。

（五）防治

1. 治疗原则

尽快补磷，以提高血磷水平；输入新鲜血液以扩充血容量；静脉输液以维持水分。

2. 治疗方法

20% 磷酸二氢钠溶液 300~500 ml，一次静脉注射，每日 1 次或 2 次。对重病牛可 2~4 次，在静脉注射的同时，可用相同剂量再皮下注射，效果更显。

骨粉 120~180 g，每日 2 次或 3 次口服，连续饲喂 5~7 d。如结合静脉注射磷酸二氢钠，则可大大缩短病程，加速痊愈。

输血。500~2 000 ml，每日 1 次，2~3 次。

15% 磷酸二氢钠 1 000 ml、5% 葡萄糖生理盐水 500 ml、25% 葡萄糖注射液 500 ml、5% 碳酸氢钠液 500 ml、氢化可的松 25 ml、复方氯化钠液 500 ml，一次静脉注射，早晚各 1 次。

3. 预防措施

（1）饲喂平衡日粮 日粮营养标准应按母牛需要量供应，为此，配合日粮时，营养要全面，矿物质特别是磷的供应量不能忽略。

（2）控制块根类饲料喂量 甜菜、甘蓝、萝卜每日饲喂不要过多，以 5~10 kg 为宜。

（3）定期监测土质，掌握本地区土壤成分 植物成分受土壤成分的影响。土壤中某些成分过多或过少，都会在植物成分中表现出来，因此，为防止本病的发生，应对土壤及饲料成分进行分析。做到饲喂时缺什么补什么。有人认为，本病与缺铜有关，对那些缺铜的病牛，每日用 120 mg 有效铜，对预防本病的发生也有益。

（4）保暖和应激 做好防寒保暖工作，减少应激因素的刺激。

二、产后瘫痪

产后瘫痪也称乳热和临床分娩低钙血症。其特征是精神沉郁、全身肌肉无力、昏迷、瘫痪卧地不起。

（一）病因

奶牛产后瘫痪与其体内钙的代谢密切相关，血钙下降为其主要原因。导致血钙下降的原因主要有：钙随初乳丢失量超过了由肠吸收和从骨中动员的补充钙量；由肠吸收钙的能力下降；从骨骼中动员钙的贮备的速度降低。

奶牛产后瘫痪是一种相当独特的内分泌功能紊乱，营养水平很大程度上又影响着钙激素的调节。因此，饲养管理不当是引起本病发生的根本原因，具体表现是日粮不平衡，钙、磷含量及其比例不当。

具体表现在以下几方面：一是母牛在干乳期，特别是在怀孕后期日粮中钙含量过高；二是日粮中磷不足及钙、磷比例不当；三是日粮中 Na^+、K^+ 等阳离子过高，阴离子盐含量不足；四是维生素 D 不足或合成障碍。

（二）症状

症状分 3 个阶段。

1. 前驱症状

呈现短暂的兴奋和搐搦。病牛敏感性增高，四肢肌肉震颤，食欲废绝，站立不动，摇头、伸舌和磨牙。行走时，步态踉跄，后肢僵硬，共济失调，左右摇摆，易于摔倒。被迫倒地后，兴奋不安，极力挣扎，试图站立，当能挣扎站起后，四肢无力，步行几步后又摔倒卧地。也有只能前肢直立而后肢无力者，呈犬坐样。

2. 瘫痪卧地

几经挣扎后，病牛站立不起便安然卧地。卧地有伏卧和躺卧两种姿势，伏卧的牛，四肢缩于腹下，颈部常弯向外侧，呈 "S" 状，有的常把头转向后方，置于一侧肋部，或置于地上，人将其头部拉向前方后，松手又恢复原状。躺卧病牛，四肢直伸，侧卧于地。鼻镜干燥，耳、鼻、皮肤和四肢发凉，瞳孔散大，对光反射减弱，对感觉反应减弱至消失，肛门松弛，肛门反射消失。尾软弱无力，对刺激无反应。体温可低于正常，为 37.5~37.8℃。心音微弱，心率加快可达90~100 次/min。瘤胃蠕动停止，粪便干，便秘。

3. 昏迷状态

精神高度沉郁，心音极度微弱，心率可增至 120 次/min，眼睑闭合，全身软弱不动，呈昏睡状；颈静脉凹陷，多伴发瘤胃鼓胀。治疗不及时，常可致死亡。

（三）诊断

根据产犊后不久发病，常在产后1~3d瘫痪；体温低于正常，38℃以下；心跳加快，100次/min；卧地后知觉消失、昏睡、便秘等特征可做出初步诊断。应注意和母牛躺卧不起综合征、低镁血症（牧草搐搦、泌乳搐搦）、产后毒血症、热（日）射病、瘤胃酸中毒相区别。

（四）防治

治疗及时与否、药物用量大小、机体本身的状况等，都直接影响到本病的病程长短和预后是否良好。随分娩而瘫痪者，多于1~2d痊愈，距产犊时间较长而瘫痪者，病程较长，3~5d痊愈；卧地后半月不起者，预后不良。

1. 治疗原则

提高血钙量和减少钙的流失，辅以其他疗法。

2. 治疗方法

（1）钙剂疗法　常用的是20%葡萄糖酸钙液500~1000ml，或5%氯化钙液500~700ml，一次静脉注射，每日2次或3次。典型的产后瘫痪，病牛在补钙后，表现出肌肉震颤、打嗝、鼻镜出现水珠、排粪、全身状况改善等。如和水乌钙、促反刍液或新促反刍液（见前胃弛缓）、安钠咖、氢化可的松或地米松结合静脉注射则疗效更好。多次使用钙剂而效果尚不显著者，可用5%磷酸二氢钠注射液500~1000ml，10%硫酸镁注射液150~200ml，一次静脉注射。与钙交替使用，能促进痊愈。

（2）乳房充气法　将病牛乳房洗净，外露4个乳头，用乙醇棉球擦净乳头，将消毒过的导乳管插入乳头内，并接乳房送风器，向内打气。打气时先向接近地面的乳区内打气，然后再向上面的乳区内打气。为防止注进空气逸出，打满气的乳区将其乳头用绷带结紧。打入气体量以乳房皮肤紧张、乳区界线明显为准。气体量不足，影响疗效；气体量过多，易引起乳腺腺泡损伤。

（3）牛奶疗法　对产后瘫痪不久的母牛，可用新鲜的、健康母牛的乳汁300~400ml，分别通过导乳管注入病牛的4个乳区内，可起到治疗作用。因注射的鲜奶很快被吸收，机体得到了生物学上的全价物质，促使被破坏了中枢神经系统的功能得到迅速恢复。

（4）其他疗法　用钙、镁、磷无效病例，如病牛有食欲，赶之半起，后躯呈半卧状姿势的病牛，可能是因低血钾肌肉无力所致，可用10%氯化钾40~100ml、10%葡萄糖1000ml混合缓慢静脉滴注，同时，后海穴注射氯化钾 20 ml、颈部注射 30 ml。此外，也可用 0.2% 盐酸或硝酸士的宁 20 ml 在脾俞或百会穴注射，也可进行自血疗法。

对症治疗。加强护理，多铺垫草，勤翻畜体，注意保温；气臌者，穿刺瘤胃放气；直肠宿粪可灌肠；注意不要经口投药，因咽喉麻痹，易引起异物性肺炎。

3. 预防措施

加强干乳期母牛的饲养，增强机体的抗病力，控制精饲料喂量，防止母牛过肥。

充分重视钙、磷的供应量及其比例。一般认为，饲料中钙、磷比为 2∶1。

提供良好的饲养环境。干乳时可集中饲养；临产牛要在产房或单圈饲养。圈舍要清洁、干净，运动场宽敞，能自由运动，尽可能减少各种应激因素的刺激。

加强对临产母牛的监护，提早采取措施，阻止病牛的出现。

注射维生素 D_3。对临产牛可在产前 8 d 开始，肌内注射维生素 D_3 制剂 1 000 万 IU，每日 1 次，直到分娩止。

静脉补钙、补磷。对于年老、高产及有瘫痪病史的牛，产前 7 d 静脉补钙、补磷有预防作用。

三、骨软症

骨软症是成年动物钙、磷代谢障碍的一种慢性全身性疾病。病理特征是软骨内骨化完全，骨质疏松和形成过量的未钙化的骨基质。临床特征是消化紊乱，异嗜癖，骨质变软，肢势异常，蹄变形，尾椎吸收及跛行。本病主要发生于牛和绵羊，尤以年老而又高产的母牛易发。

（一）病因

主要由于饲料、饮水中磷含量不足，导致钙、磷比例不平衡而发生。随泌乳量增高，饲养管理不当，发病增多。

（二）发病机理

当磷、钙供应不足，比例不当，磷、钙消耗量大，高产奶牛肝功能低下，使维生素 D 不能正常羟化，结果影响钙、磷的吸收和骨矿化不全。血钙下降，表现出神经兴奋性降低。为了维持血钙浓度的恒定，中枢神经系统反射引起甲状旁腺机能加强，在蛋白分解酶的作用下，使骨骼脱钙，骨质疏松。管状骨许多间隙扩大，哈佛氏管的皮层界线不清，骨小梁消失，骨的外面呈齿形、粗糙。

由于肾小管排磷加强，血磷由尿中排出，血磷下降，促使血钙、血磷的乘积低于生理的常数，所以继续从骨骼中脱钙以维持其恒定，脱钙最早多发生于负重较轻的骨骼，如肋骨、尾椎、蹄部等。由于钙质的溶解，骨质疏松，临床发现有骨柔软、弯曲、变形、骨折以及局灶性增大等。

（三）症状

病初无明显症状；病牛异食，常舔食墙壁、牛栏、泥土，喝粪汤尿水，或有时食欲减少，降乳，发情配种延迟等；当脱钙持续，则见骨骼变形，表现为尾椎被吸收，最后1尾或2尾椎消失，甚至多数尾椎排列不齐、变软或消失；人为屈曲尾尖，易弯曲，无疼痛；肋骨肿胀、畸形，肋软骨肿胀呈串珠样，如"串糖葫芦"；髋关节被吸收、消失。

蹄生长不良，变形，呈翻卷状。严重者，两后肢附关节以下向外倾斜，呈"X"形，病畜弓腰，后肢抽搐，常见提肢弹腿。泌乳高时，症状明显。

病畜两后肢伸于后方，不愿行走。蹄质变疏，呈石灰粉末状，跛行。经常卧地不起，运动强拘，步行时常可听到肢关节有破裂音，即"吱吱"声。弓腰、拉胯，后肢摇摆。

（四）诊断

据其症状，如蹄变形、尾椎被吸收、后肢抽搐、泌乳量下降、胎次高的奶牛易发，并结合饲料调查分析饲料中钙、磷含量不足与两者之间的比例不当可以确诊。长骨X线检查，显示骨质密度降低，皮层变薄，最后1~2尾椎骨被吸收而消失。

（五）防治

病初如及时治疗，收效较大。如症状已趋明显，则不可能使之恢复。

1. 治疗方法

饲料可补加碳酸钙、南京石粉、磷酸钙、乳酸钙等，每日30~50g，连服数日。

静脉注射10%氯化钙200~300ml，或20%葡糖酸500ml，或20%磷酸二氢钠液300~500ml，或3%次磷酸钙液1 000ml，每日1次，连续注射5~7d。

维生素AD注射液5~20ml、维丁胶性钙20ml，一次肌内注射，隔日1次，连续3~5d。

2. 预防措施

奶牛饲养过程中应充分重视矿物质的供应与比例，其钙、磷比以1.4：1为宜。

对于已发现脱钙现象而表现出症状的高产牛，为防止病情的恶化，促使机体恢复，可采用提早停乳的办法。

为保证蹄的健康，防止蹄变形加剧，应坚持定期修蹄。

日粮为高精料，而干草、块根缺乏，易引起酮病的发生。由于酮病的发生可继发骨质营养不良，所以应控制日粮，防止和减少酮病的发生，减少继发性骨质营养不良的出现。

四、佝偻病

佝偻病是指犊牛在生长过程中，由于钙、磷和维生素 D 缺乏所致的成骨细胞钙化不全、软骨肥大及骨增大的营养不良性疾病。临床特征是消化不良、长骨弯曲和跛行。

（一）病因

仔畜断乳过早，饲喂缺乏维生素 D 的饲料，日光照射不足以及消化道疾病等，都可导致维生素 D 缺乏。此时，机体对钙、磷的吸收减少，随粪尿排出的钙、磷增加，导致血清钙、磷的水平降低，焦磷酸酶、成骨细胞及破骨细胞的活性降低，故使磷酸钙难以在骨间质中沉积而不能将骨基质转化为骨质，发生佝偻病。

（二）症状

一般表现：精神沉郁，消化扰乱，异食癖，如舔墙壁、食褥草、吃粪、喝尿及污水。营养不良，消瘦，贫血，生长发育缓慢。

特征变化：四肢各关节肿大，特别是腕关节和跗关节最为明显，四肢长骨弯曲变形，肋和肋软骨连接处肿大呈串珠样；脊柱变形；由于骨及关节的变化，从而影响全身的变化，站立时弓背；两前肢腕关节外展，呈"O"形；两后肢附关节向内收，呈"X"形，运步强拘，起立和运动困难，跛行，喜卧不起，牙齿发育不良，咀嚼困难；胸廓变形，鼻、上颌肿大，隆起，颜面增宽，呈"大头"状；呼吸困难；重病牛有神经症状，搐搦，痉挛，易发生骨折，韧带剥脱。

（三）防治

1.治疗方法

对病牛应尽早治疗，在饲养上给予豆科牧草及其籽实、优质干草和骨粉。同时，可用维生素 D_2 2~5 ml，肌内注射，隔日 1 次，3~5 次为一疗程；维生素 AD 注射液 1~3 ml，一次肌内注射；维丁胶性钙 5~10 ml，一次肌内注射，每日 1 次。

2. 预防措施

加强妊娠后期母牛的饲养管理，防止犊牛先天性骨发育不良。加强犊牛的护理，尽早培养采食能力，饲料安排应适口性好，品质好，保证蛋白质、矿物质及维生素的供给；犊牛舍应干燥、通风，并且日光充足。

第四节
维生素缺乏症

一、维生素 A 缺乏症

维生素 A 缺乏症是由于日粮中维生素 A 及其前体物含量不足或缺乏所引起的一种慢性代谢疾病。其临床特征是瘦弱、夜盲、腹泻、水肿、惊厥和繁殖障碍。最常发生于犊牛。

（一）病因

维生素 A 在鱼类尤其是鳕、鲛和肝脏等动物性饲料中含量较多；植物则以其前体物——胡萝卜素在绿色植物性饲草和黄玉米中大量存在。当日粮中过多饲喂维生素 A 含量少的精料，缺乏富含胡萝卜素的绿色植物性饲草时，奶牛尤其是犊牛可成群发生维生素 A 缺乏症。

当患胃肠卡他、寄生虫寄生（如肝片吸虫）、饲喂硝酸盐含量过多饲料和磷缺乏饲料，以及氯化萘中毒等，都能使消化功能被破坏，影响胡萝卜素转化为维生素 A 和吸收，从而可导致维生素 A 缺乏。

犊牛时期不喂初乳，或哺乳期短，过早断乳，致使哺乳量不足，或饲喂代乳粉因加热调制过程中维生素 A 被破坏，犊牛会因得不到必需的维生素 A 而发病。

（二）发病机理

维生素 A 的长期吸收不足、肝维生素 A 亏损，血液中的水平也就降低，因此，不能满足组织的需要。当血浆中维生素 A 的水平降为每 100 ml 40~50 IU 时，即可发生维生素 A 缺乏症，致使眼、神经、骨骼和上皮等多种组织呈现出病理过程。

维生素 A 是合成视紫红质的必需原料。当维生素 A 缺乏时，光感受体——视紫红质再合成发生障碍，呈现视觉生理功能异常，即夜盲症。维生素 A 的主要生理功能是维持上皮组织结构完整，促进结缔组织中黏多糖的合成并保持细胞膜和细胞器（如线粒体、溶酶体等）膜结构正常的通透性、骨骼的正常发育以及视觉功能等。当维生素 A 缺乏时，由于分泌速度加快或吸收速度减慢，脑脊髓液压力增高；由于中枢神经组织压力增大，神经过敏、运动失调和不断发生惊厥。此外，四肢、胸前和腹下形成水肿。成年牛除发生这些损伤外，正常发育生长也受到严重影响。对犊牛可阻碍骨骺的软骨内骨生长，致使骨骼粗大、变粗，并使部分中枢神经系统受骨骼的挤压。成年牛结膜上皮细胞过度角化、子宫上皮细胞发生多层鳞状型上皮细胞的组织变形，这些综合变化提高了病牛对感染性疾病，如肺炎、子宫炎、膀胱炎的易感染性，临床表现出流产和繁殖障碍。

（三）症状

1. 一般症状

食欲减退，异嗜（癖），消瘦，四肢无力，贫血，被毛粗刚、无光泽，皮屑增多，生长发育缓慢，母牛泌乳性能大大降低。由于牛机体抵抗力降低，易发感染性疾病，如乳腺炎、子宫炎、支气管炎、肺炎和肠炎。

2. 神经症状

病牛步态蹒跚，后肢无力，无目的乱窜，共济失调，惊厥。发作时，牛突然昏倒，头颈和四肢直伸，两眼睁圆，眼球突出，呼吸急迫，持续 1~8 min，有的牛呕吐、腹泻。

3. 干眼病和夜盲

以角膜干燥、畏光为主症，瞳孔散大，眼球突出，角膜混浊，角膜炎，对光反射消失。病牛多呆立不动，步行时，无方向地小心移动，或头抵于障碍物，如墙壁、饲槽。眼部检查：发现视神经乳头水肿，视网膜呈淡蓝色或淡灰色，部分区域视网膜粉红，视觉逐渐减弱至持久性目盲。

4. 繁殖障碍

由于泌尿生殖器官疾病，公牛产生精液性能降低，性欲减退；母牛受胎率降低（不孕），发生卵巢囊肿，胎衣停滞，妊娠母牛多在后期发生流产、死胎或犊牛出生后数天内死亡，并多出现先天性畸形——瞎眼、咬合不全等，有的体质过度瘦弱或生长发育不全等。此外，公牛易发尿石症，呈现排尿困难，全身水肿，尤以胸前、前肢和关节处极为明显，往往因尿毒症而死。

5. 骨发育障碍

在生长发育犊牛中，可使软骨组织中毛细血管减少，成骨细胞也明显减少。骨组织生长受阻，造成骨化不全性骨质疏松、软化，骨骼变形。致使骨收容的中枢神经受到一定挤压，尤其是视神经孔变狭后压迫视神经，往往导致失明。

（四）诊断

根据饲料组成的调查、发病情况及群体中出现失明、神经症状和流产等表现，结合眼检查视神经乳头水肿等特征变化，可初步诊断。

确诊应对日粮、血液和肝脏活组织进行维生素 A 或胡萝卜素的含量测定。

注意与传染性角膜结膜炎的区别。传染性角膜结膜炎发病率很高，但无神经症状，且有深的角膜溃疡。此两点可与维生素 A 缺乏症相区别。

（五）防治

要注意日粮组成，保证全价日粮。每千克混合料中含维生素 A 不少于1 400 IU，以满足需要量。

及时供应犊牛初乳，保证足够的喂乳量和哺乳期，不要过早断奶。在饲喂代乳品时，要注意代乳品的质量和维生素 A 的含量。

要重视后备牛的培养，不能只顾产乳，而将品质低劣的饲料用来喂育成牛。在充分重视供应平衡日粮的前提下要重视管理，给犊牛和育成牛提供良好的环境条件，防止牛舍潮湿、拥挤。保证牛舍通风、清洁、干燥和阳光充足。运动场宽敞，令牛自由活动。

牛群中发生维生素 A 缺乏症时，全场立即调整饲料，供应富含维生素或胡萝卜素的优质饲料，如鲜青草、胡萝卜、优质干草或维生素 A 强化饲料。对病牛从速应用维生素 A 每千克体重 440 IU，肌内注射，并且每日每头按每千克体重 40 IU 经口投服，反复注射和服用也可用维生素 AD 5~15 ml，肌内注射，每日 1 次，连续注射 7 d。对因感染产生的高热、生殖道感染、腹泻及眼部疾患，要用抗菌、消炎等药物对症治疗。

二、白肌病（硒或维生素 E 缺乏症）

白肌病是由于硒或维生素 E 缺乏引起幼畜以骨骼肌、心肌纤维以及肝脏发生变性、坏死为特征的疾病。病变特征是肌肉色淡、苍白。本病易发生于羔羊、犊牛。多发于冬春气候骤变、缺乏青绿饲料之时，发病率高，死亡率也高，往往呈地方性流行。

（一）病因

原发性硒缺乏主要是饲料含硒不足，动物对饲料中含硒的要求是 $0.1\sim0.2\,mg/kg$，低于 $0.05\,mg/kg$，就可出现硒缺乏症。而当土壤硒含量低于 $0.5\,mg/kg$ 时，该土壤上种植的植物含硒量便不能满足机体的要求。现已查明，从我国的黑龙江到西南的云南有一条缺硒带，涉及黑龙江、吉林、辽宁、内蒙古、山西、河北、河南、湖北、陕西、甘肃、四川、云南、西藏等地，此外山东、江苏、浙江、福建沿海一带的一些地方也严重缺硒。在严重缺硒地区，土壤含硒量仅 $0.06\,mg/kg$，这些地区人的克山病、大骨节病，动物的白肌病均与缺硒有关。

此外土壤中的硒能否有效被植物利用还与土壤酸碱性有关，酸性土壤硒不易溶解吸收，碱性土壤硒易被植物吸收；也与其他拮抗元素有关，如硫能制约硒的吸收。饲料中的硒能否被充分利用，受铜、锌等元素的制约。维生素 E 不足也易诱发硒缺乏症的发生。

饲料中缺乏维生素 E，如长期给予不良干草、干稻草、块根等维生素 E 含量少的饲料；富含维生素 E 的饲料有油料种子、植物油及麦胚等。缺乏维生素 E 的另一因素是饲料中不饱和脂肪酸、矿物质等促进维生素 E 的氧化，减少饲料中维生素 E 的含量。

（二）症状

白肌病根据病程经过可分为急性、亚急性及慢性等类型。

1. 急性型

多见于羔羊、犊牛及仔猪。动物往往不表现症状即突然死亡，剖检主要见心肌营养不良。如出现症状，主要表现为兴奋不安、心动过速、呼吸困难、有泡沫血样鼻液流出，在 $10\sim30\,min$ 死亡。

2. 亚急性型

以机体衰弱、心衰、运动障碍、呼吸困难、消化不良为特点。

3. 慢性型

生长发育停滞，心功能不全，运动障碍，并发顽固性腹泻。

（1）羔羊　以 14~28 日龄发病为多，死亡率高，全身衰弱，行走困难，共济失调，可视黏膜苍白、黄染，有结膜炎，角膜混浊，心跳达 200 次/min 以上，呼吸达 80~100 次/min，腹泻。

（2）犊牛　精神沉郁，喜卧地，站立不稳。共济失调，肌颤。心跳达 140 次/min，呼吸达 80 次/min，结膜炎，角膜混浊、软化，最后卧地不起，心衰，肺水肿，死亡。

（三）病变

主要是骨骼肌变性、色淡，似煮肉样，呈灰黄色条状、片状等。心扩张、心肌内外膜有黄白、灰白与肌纤维方向一致的条纹状斑。血液酶学以肌酸激酶、天门冬氨酸转氨酶、谷胱甘肽过氧化物酶有价值。肌酸激酶对心肌、骨骼肌比较特异，牛、羊正常在100 IU/L以下；肌营养不良，肌酸激酶可达1 000 IU/L以上。天门冬氨酸转氨酶对草食动物肝脏比较特异，正常牛、羊在100 IU/L以下；肌营养不良时，牛可达300~900 IU/L，羔羊可达2 000~3 000 IU/L。谷胱甘肽过氧化物酶在硒缺乏时，活力下降。

（四）诊断

本病诊断可结合缺硒历史，临床特征，饲料、组织硒含量分析，病理剖检，血液有关酶的测定，及时应用硒制剂取得良好效果做出诊断。

（五）防治

1. 近期预防

冬春注射0.1%亚硒酸钠液，羊4~6 ml，牛10~20 ml，同时应注意整体营养水平，特别是对草食动物应补充适当的精料。冬春气候突然骤变，寒冷应激，加上营养不良，易诱发某些缺乏症的发生。

2. 远期预防

保证每千克饲料含硒在0.1~0.2 mg，如达不到这一水平，可采取下述措施。

（1）定期给硒盐供舔食　将20~30 mg硒加到1 kg食盐中，让牛、羊定期舔食。注意一定要混合均匀。

（2）瘤胃硒丸　对于放牧动物，可采取瘤胃硒丸的办法补硒。硒丸分别重10 g（羊）、30 g（牛），以定期注射硒做对照，根据免疫学指标及血清酶学指标，有效期可维持1年左右，元素硒毒性低，应用起来安全可靠。

（3）施肥与喷洒　对于高产牧场或专门从事牧草生产的草地，可用施硒肥的办法解决补硒问题。或在牧草收割前进行硒盐喷洒，同样可增加牧草含硒量。

（4）皮下埋植　将10~20 mg亚硒酸钠植入牛的肩后疏松组织中，使其慢慢吸收。这种方法类似瘤胃硒丸。采用此法必须注意，动物不能提前屠宰，否则植入部位硒吸收不全会造成高硒残留，不符合食品卫生要求。

（5）饮水补硒　可定期在人工饮水条件下，将所给的硒盐加入。

3. 治疗方法

可用0.1%亚硒酸钠皮下或肌内注射，羔羊2~4ml，犊牛5~10ml。根据情况7~14d重复一次。同时可配合维生素E，犊牛300~500mg，羔羊减量。

第六章
中毒性疾病

• •

第一节
中毒概论

一、毒物与中毒

凡在一定条件下，以一定数量，通过化学作用对动物机体呈现毒害影响，而造成组织器官功能障碍、器质病变乃至死亡的物质，称为毒物。由于毒物而引起的疾病，称为中毒。毒物本身的作用是相对的，某些治疗疾病的药物应用过量时，便可引起中毒，如马杜霉素、阿托品等。某些非毒性物质摄入量过大也可引起中毒，如食盐。

毒物可分为外源性毒物和内源性毒物两大类。外源性毒物，是指在体外存在或形成而进入机体的毒物，如植物毒、动物毒、矿物毒等；内源性毒物，是指在机体内所形成的毒物，包括有机体的某些代谢产物和寄生于机体内的细菌、病毒、寄生虫等病原体的代谢产物。由外源性毒物引起的中毒，称为外源性毒物中毒，即一般所谓的中毒；由内源性毒物引起的中毒，称为内源性毒物中毒，即通常所说的自体中毒。

二、中毒病常见原因

（一）误食毒物或毒草

由于农药保管不严而混入饲料或饮水中，饲养人员使用存放过剧毒农药的容器，或动物误食农药拌过的种子、喷洒过农药的植物等。

（二）某些饲料含有有毒成分

如高粱苗、玉米苗，特别是再生苗中所含的氰苷配糖体、发芽马铃薯中的马铃薯素、棉籽饼中的棉酚、开花期荞麦中的叶红质等，皆能引起中毒。另外，食盐如果采食过多，也能发生中毒。

（三）临床用药剂量过大

如剧毒药超过极量，或动物体表大面积涂擦杀虫剂，投服大剂量抗寄生虫药均可导致中毒的发生。

（四）工矿区的废水、废气处理不当

废水、废气污染空气、饮水和植物，即可招致中毒。

（五）其他原因

毒蛇咬伤或昆虫刺蜇及人为的投毒等。

三、中毒病的诊断

（一）病史调查

中毒多突然发生，同槽或食用相同有毒饲料的家畜，多数同时或先后发病，且症状相似，平时食欲旺盛的家畜，发病早，而且病情重，死亡快。结合了解发病前的饲料、饮水、农药保管等情况，往往能提供极有价值的线索。

（二）临床症状和剖检变化

中毒的基本症状。由于毒物的性质、数量以及中毒的途径不同，中毒的临床表现也多种多样。一般分为最急性、急性和慢性三种类型。

1. 最急性中毒

如氢氰酸中毒和亚硝酸盐中毒，病程特别短促，常为闪电型经过，于采食过程中或食后不久突然发病，表现呼吸极度困难，全身抽搐，于 1 h 左右致命。

2. 急性中毒

发病突然，病程短急，多于数日内死亡。通常表现明显的神经症状，如瞳孔缩小或散大，精神兴奋狂暴或沉郁昏迷，肌肉痉挛或麻痹，反射减退或感觉消失等；伴有重剧的消化障碍，如食欲废绝、流涎、呕吐、腹痛、腹胀、腹泻、粪便混有黏液和血液等；体温一般正常或低下，但十字花科植物中毒的初期体温升高，伴有器官发炎的中毒，如蓖麻籽中毒可有中热乃至高热；此外，还有一定的呼吸、循环、泌尿和皮肤症状，如呼吸困难、心悸亢进、心律不齐、多尿或血尿以及皮肤上出现疹块等。

3. 慢性中毒

发病较缓，病程较长，一般表现为消瘦、贫血及消化障碍等。

有些毒物中毒可出现较典型症状，如有机磷中毒时的瞳孔缩小、流涎、频频排粪、出汗和肌肉震颤；牛甘薯黑斑病中毒时的呼吸极度困难和皮下气肿；氢氰酸中毒时呼吸困难，可视黏膜呈鲜红色等。但多数毒物中毒都可能对机体的各系统产生影响，而几乎没有提示是何种毒物中毒的症状。

中毒的一般剖检变化主要表现为实质器官的变性、胃肠黏膜的炎症等。某些中毒特有的变化如砷、汞中毒时胃内容物的大蒜气味，氰化物中毒时血液呈鲜红色、凝固不良等，均可作为综合诊断时的依据。

（三）动物饲喂试验

用原已患病动物的同种动物饲喂可疑物质试验效果最好，但患病动物经济价值较高时，通常应用生理特性接近的经济价值较低的动物做试验，如牛中毒时可用羊做试验。动物试验阳性不仅可以确定是中毒性疾病，而且可以缩小毒物的范围。但是，阴性结果也不能说明没有中毒，因为在自然病例中，有些试验性中毒还不能复制。

（四）毒物检验

采取可疑饲料、饮水或瘤胃内容物、尿、血液或乳汁，进行化验室毒物检验，以查明某种毒物的存在和含量。有些毒物分析方法简便、迅速、可靠，现场就可以进行，这对中毒性疾病的诊断有现实的指导意义。然而，毒物分析的价值，也是有一定限度的，在诊断时很少单独使用。单纯要求进行毒物分析也是不现实的。首先，因为动物的死因不明，要对数千种化学物质和植物毒物进行分析是不可能的。其次，不仅因为样品的数量有限，而且因为花费代价太高，一般不予采用。另外，有些毒物还没有可行的分析方法。

在诊断时，应把病史调查、临床症状、剖检变化、动物饲喂试验和毒物检验等所能搜集到的资料综合分析，才能做出准确的诊断。

四、中毒病的防治

发现家畜中毒时，除应立即向上级报告外，还要积极组织抢救，并发动群众，调查原因，更换可疑的草料与放牧地，停止利用可疑的水源，以防止毒物继续进入体内及新中毒病例继续发生。

中毒的一般急救措施包括尽快促进毒物排出，应用解毒剂，实施必要的全身治疗和对症治疗。

（一）促进毒物排出，减少毒物吸收

主要采取洗胃、缓泻或灌肠、泻血和利尿等方法。

1. 洗胃

对中毒病畜应及时进行洗胃。但对能损伤胃黏膜或有腐蚀性的毒物中毒，则不能进行洗胃，以免发生胃穿孔。洗胃主要用于牛，一般用温水、生理盐水或温水加吸附剂，如0.5%活性炭悬浮液；毒物种类明确时，可加适当解毒剂；当机体状态允许，必要时可做瘤胃切开术，取出瘤胃内有毒内容物。

2. 缓泻或灌肠

当中毒发生的时间较长，大部分毒物已进入肠管时，可内服缓泻剂和灌肠。除生物碱、食盐、升汞中毒外，一般应用盐类泻剂。可随同缓泻剂内服木炭末，或另灌服淀粉浆，以吸附毒物和保护胃肠黏膜，可减少和阻止毒物吸收。用温水深部灌肠，也可促进毒物排出。

3. 泻血和利尿

当胃肠内毒物已吸收进血液时，根据病牛体质情况，可静脉放血1 000~3 000 ml，以减少血液内毒物的含量。在放血之后，可静脉补液，如等渗葡萄糖注射液，复方氯化钠注射液，可加入氢化可的松或地塞米松和维生素B_6、新促反刍液等。同时可应用利尿剂，以促进毒物排出。

（二）应用解毒剂

在毒物性质未明确之前，可采用通用解毒剂；当毒物种类已经明确或基本上明确时，可应用特效解毒剂或一般解毒剂。

1. 通用解毒剂

活性炭或木炭末2份，氧化镁1份，鞣酸1份，混合均匀，牛100~150 g，羊20~30 g，加水内服。其中活性炭或木炭末能吸附大量生物碱（如阿托品、吗啡）、汞、砷等；氧化镁可以中和酸性毒物；鞣酸可以中和碱性毒物，并沉淀多种生物碱、某些苷类和重金属盐类。因此，通用解毒剂对一般毒物中毒都有一定的解毒作用。

2. 一般解毒剂

多用于毒物在胃肠内未被吸收时，包括中和解毒、沉淀解毒和氧化解毒。

（1）中和解毒 酸性毒物中毒时，内服碱性药物，如碳酸氢钠、石灰水等；碱性毒物中毒时，则内服酸性药物，如稀盐酸、食醋等。

（2）沉淀解毒 如生物碱、铅、银、铜、锌、砷、汞等重金属盐类中毒，内服鞣酸 10~20g 或灌服 10% 蛋白水或牛乳 1 000~2 000ml，使之生成不溶性化合物而沉淀。

（3）氧化解毒　如亚硝酸盐、氢氰酸和某些生物碱如吗啡、番木鳖碱等中毒，可用 0.1% 高锰酸钾溶液洗胃，或用 2 000~3 000ml 内服或灌肠。

3. 特效解毒剂

如对有机磷农药中毒用解磷定、亚硝酸盐中毒用亚甲蓝等。其用量及用法参见各有关中毒病的治疗。

（三）维护全身机能及对症疗法

为稀释毒物，促进毒物排出，增强肝脏解毒功能和全身机能，可静脉注射大量生理盐水、复方氯化钠注射液或高渗葡萄糖注射液等。一般先静脉注射 25% 葡萄糖注射液 500~1 000ml，然后静脉注射生理盐水或复方氯化钠注射液 2 000~4 000ml，每日 3~4 次。最好在静脉输液至一定量，病畜不断排尿时，改为静脉滴注，持续到病畜脱离危险期为止。为提高病畜机体的一般解毒功能，可静脉注射 20% 硫代硫酸钠注射液 100~300ml，每日 2 次。当心力衰竭时，适当选用强心剂；兴奋不安时，应用镇静剂；肺水肿时，可应用钙制剂；为兴奋呼吸机能，可用 25% 尼可刹米注射液，牛 10~20ml，静脉或皮下注射；病畜体温下降时，应进行保温。

中毒病的预防主要在于加强日常的饲养管理，排除一切可能中毒的原因。注意饲料保管、贮存和加工调制，霉烂和有病害的饲料禁止饲喂家畜。家畜放牧时，应注意牧地有无毒草，早春放牧，应先喂干草后再行放牧，以免饥不择食采食毒草，收存饲草时应注意有无毒草混入。使用农药时，严禁家畜采食喷洒过农药的植物和农药拌过的种子，农药要严加保管，以防止混入饲料和饮用水内。开展家畜中毒有关知识的宣传，并提高警惕，防止投毒破坏。

第二节
饲料中毒

一、氢氰酸中毒

氢氰酸中毒，是由于家畜采食富含氰苷配糖体类的植物，在氰糖酶作用下生成氢氰酸，使呼吸酶受到抑制，导致呼吸发生窒息的一种急性中毒病。以突然发病、极度呼吸困难、肌肉震颤、全身抽搐和数十分的闪电型病程为临床特征。

（一）病因

采食富含氰苷配糖体的植物，是家畜氢氰酸中毒的主要原因。富含氰苷配糖体的植物有高粱和玉米的幼苗，特别是受灾之后或收割之后的再生苗；木薯，特别是木薯嫩叶和根皮部分；亚麻，主要是亚麻叶、亚麻籽及亚麻籽饼；各种豆类，如豌豆、蚕豆、海南刀豆等；许多野生或种植的青草，如苏丹草、三叶草、水麦冬等；其他植物，如桃、杏、枇杷、樱桃等的叶和种子。

动物长期少量采食当地富含氰苷配糖体类的植物，往往能产生耐受性，因而中毒多发生在家畜饥饿之后大量采食或新接触、采食富含氰苷配糖体类的植物时。

此外，误食或吸入氰化物农药，或误饮化工厂（如冶金、电镀）的废水，也可引起氰化物中毒。

（二）发病机制

无机氰化物经消化道很快吸收，几分后即可发生中毒。而氰苷配糖体是无毒的，含氰苷配糖体的植物，在适当的温度和湿度等条件下，如堆放、青贮或霉败过程中，在自身氰糖酶的作用下分解而产生氢氰酸。或当牛、羊采食后，在消化道，特别是瘤胃内，经植物带进的和微生物释放的氰糖酶的作用下分解而产生氢氰酸。

少量氢氰酸进入体内后，可在肝脏中经硫氰酸酶催化，转化为硫氰化物，随尿排出。当大量氢氰酸被吸收而超过肝脏的解毒功能时，则氰离子主要与细胞色素氧化酶的铁结合，抑制氧化酶的活性，失去传递氧的作用，破坏组织的氧化过程，阻止组织对氧的吸收，而导致机体缺氧。同时，由于组织细胞不能从血液中摄取氧，因此血液中氧合血红蛋白异常增多而呈鲜红色。另外，脑组织对缺氧异常敏感，会引起严重的中枢神经功能障碍，最后导致呼吸中枢和血管运动中枢麻痹而迅速死亡。

（三）症状

通常于采食含氰苷配糖体类植物的过程中或采食后 1 h 左右突然发病。病畜站立不稳，呻吟苦闷，表现不安。可视黏膜潮红，呈玫瑰样鲜红色，静脉血液亦呈鲜红色。呼吸极度困难，肌肉痉挛，全身或局部出汗，伴发瘤胃鼓胀，有时出现呕吐。以后则精神沉郁，全身衰弱，卧地不起，皮肤反射减弱或消失，结膜发绀，血液暗红，瞳孔散大，眼球震颤，脉搏细弱疾速，抽搐窒息而死。病程一般不超过2h。中毒严重的，仅数分即可死亡。

（四）诊断

根据采食富含氰苷配糖体类植物的病史，发病的突然性，呼吸极度困难、神经功能紊乱以及特急的闪电式病程，不难做出诊断。

需要鉴别的是急性亚硝酸盐中毒。除调查病史和毒物快速检验外，主要应关注静脉血色是否改变。亚硝酸盐中毒时，血液因含高铁血红蛋白而褐变，采血于试管中加以震荡，血液褐色不退；氢氰酸中毒时，病初静脉血液鲜红，末期虽因窒息而变为暗红，但属还原型血红蛋白，血液置试管中加以震荡，即与空气中的氧结合，生成氧合血红蛋白，而使血色转为鲜红。两病据此大体可以区分。

（五）治疗

本病病情危重，病程短急，有特效解毒药。因此，应首先实施特效解毒疗法。

氢氰酸中毒的特效解毒药是亚硝酸钠、亚甲蓝和硫代硫酸钠，这三种特效解毒药都可静脉注射。每千克体重的用量为1%亚硝酸钠注射液1ml，2%亚甲蓝注射液1ml，10%硫代硫酸钠注射液1ml。亚硝酸钠的解毒效果比亚甲蓝确定。因此，通常将亚硝酸钠与硫代硫酸钠配伍应用，如亚硝酸钠3g、硫代硫酸钠30g、蒸馏水300ml，制成注射液，成年牛一次静脉注射；亚硝酸钠1g、硫代硫酸钠5g、蒸馏水50ml，制成注射液，成年绵羊一次静脉注射。

为阻止胃肠道内的氢氰酸被吸收，可用硫代硫酸钠内服或向瘤胃内注入（牛用30g），1h后可再次给药。

（六）预防

对含氰苷配糖体的饲料，应严格限制饲喂量，饲喂之前应经去毒处理。饲草可放于流水中浸泡24h，或漂洗后再加工利用，亚麻籽饼可高温或经盐酸处理后利用。不要在含有氰苷配糖体植物的地区放牧。应用含氰苷配糖体的药物时，严格掌握用量，以防中毒。

二、酒糟中毒

（一）病因

酒糟是酿酒原料的残渣，除含有蛋白质和脂肪外，还有促进食欲、利于消化等作用。酒糟常作为家畜的辅助饲料而被广泛利用。引起酒糟中毒的毒物一般认为与下列一些因素有关。

制酒原料。如发芽马铃薯中的龙葵素、黑斑病甘薯中的翁家酮、谷类中的麦角毒素和麦角胺、发霉原料中的霉菌毒素等，这些物质若存在于用该原料酿酒的酒糟中，则会引起相应的中毒。

酒糟在空气中放置一定时间后，由于醋酸菌的氧化作用，将残存的乙醇氧化成醋酸，则发生酸中毒。

酒糟保管不当，发霉腐败，产生霉菌毒素，引起中毒。

（二）症状

急性中毒，首先表现为兴奋不安，而后出现胃肠炎症状，食欲减退或废绝，腹痛，腹泻。心动过速，呼吸促迫。运步时共济失调，以后四肢麻痹，倒地不起。最后呼吸中枢麻痹死亡。

慢性中毒，多发生皮疹或皮炎。病变部位皮肤先湿疹样变化，后肿胀甚至坏死。病畜消化不良，结膜潮红、黄染。有时发生血红蛋白尿，妊娠家畜可能流产。有的牙齿松动脱落，而且骨质变脆，容易骨折。

（三）治疗

立即停止饲喂酒糟。

为中和胃肠道内的酸性物质和排出毒物，可用硫酸钠 400 g、碳酸氢钠 30 g，加水 4 000 ml 给牛内服，为增强肝的解毒功能和稀释毒物，可用 10% 葡萄糖注射液 1 000 ml、氢化可的松注射液 250 mg、10% 苯甲酸钠咖啡因注射液 20 ml、5% 维生素 C 注射液 50 ml，牛一次静脉注射。

为中和血中酸性物质，可用 5% 碳酸氢钠注射液 300~500 ml，给牛一次静脉注射。

皮肤的局部病变，按湿疹的治疗方法进行处理。

（四）预防

用酒糟饲喂家畜时，要搭配其他饲料，不能超过日粮的 30%。用前应加热，使残存于其中的乙醇挥发，并且可消灭其中的细菌和霉菌。

贮存酒糟时要盖严踩实，防止空气进入，以防酸坏。充分晒干保存亦可。

已发酵变酸的酒糟，可加入适量石灰水澄清液，以中和酸性物质，降低毒性。

三、亚硝酸盐中毒

亚硝酸盐中毒是由于饲料富含硝酸盐，在饲喂前的调制中或采食后在瘤胃内产生大量亚硝酸盐，家畜吸收入血后造成高铁血红蛋白血症，导致组织缺氧，而引起的中毒。临床上以发病突然，黏膜发绀，血液褐变，呼吸困难，神经功能紊乱，经过短急为特征。

（一）病因

亚硝酸盐是饲料中的硝酸盐在硝酸盐还原菌的作用下，经还原而生成的。因此，亚硝酸盐的产生，主要取决于饲料中硝酸盐的含量和硝酸盐还原菌的活力。

饲料中硝酸盐的含量，因植物种类而异。富含硝酸盐的饲料包括甜菜、萝卜、马铃薯等块茎、块根类；白菜、油菜等叶菜类；各种牧草、野菜、农作物的秧苗和秸秆（特别是燕麦秆）等。这些饲料调制不当，如蒸煮不透，或小火焖煮时间过长，或在 $40\sim60℃$ 闷放 $5h$ 以上，或腐烂发酵，均有利于硝酸盐还原菌迅速繁殖，使饲料中所含的硝酸盐还原为剧毒的亚硝酸盐。

（二）发病机制

亚硝酸盐吸收后能使血液中正常的氧合血红蛋白（二价铁血红蛋白）氧化成高铁血红蛋白（三价铁血红蛋白），从而使血红蛋白失去正常的携氧功能，使组织缺氧，造成全身组织特别是脑组织的急性损害。加上亚硝酸盐的扩张血管作用使外周循环衰竭，使组织缺氧更加严重，而出现呼吸困难，神经功能紊乱，最后导致中枢神经麻痹和窒息死亡。

（三）症状

当家畜食入已形成的亚硝酸盐后发病急速。一般是 $20\sim150min$ 发病，呈现呼吸困难，有时发生呕吐，四肢无力，共济失调，皮肤、可视黏膜发绀，血液变为褐色，四肢末端及耳、角发凉。若能耐过，很快恢复正常，否则很快倒地死亡。

但如果是在瘤胃内转化为亚硝酸盐。通常在采食之后 $5h$ 左右突然发病，除上述亚硝酸盐中毒的基本症状外，还伴有流涎、呕吐、腹痛、腹泻等硝酸盐的刺激症状。再者，其呼吸困难和循环衰竭的临床表现更为突出。整个病程可持续 $12\sim24h$。最后会因中枢神经麻痹和窒息死亡。

（四）诊断

应根据黏膜发绀、血液褐色、呼吸困难等主要临床症状，特别短急的疾病经过，以及发病的突然性、发病的群体性、采食饲料的种类以及饲料调制失误的相关性，果断地做出初步诊断，并立即组织抢救，通过特效解毒药——亚甲蓝的疗效，验证初步诊断的准确性。为了确立诊断，亦可在现场做变性血红蛋白检查和亚硝酸盐简易检验。

1. 变性血红蛋白检查

取少许血液于小试管内，暴露于空气中加以振荡，很快转为鲜红色的，为还原型血红蛋白，证明是还原型血红蛋白过多引起的发绀；振荡后仍为棕褐色的，就是变性血红蛋白。

2. 亚硝酸盐简易检验

取瘤胃内容物或残余饲料的液汁 1 滴，滴在滤纸上，加 10% 联苯胺溶液 1~2 滴，再加 10% 醋酸溶液 1~2 滴，如有亚硝酸盐存在，滤纸即变为棕色，否则颜色不变。

（五）治疗

特效解毒剂为亚甲蓝和甲苯胺蓝，同时配合使用维生素 C 和高渗葡萄糖注射液。

亚甲蓝为一种氧化还原剂，在小剂量、低浓度时，经辅酶 I 脱氢酶的作用变成还原型亚甲蓝，而还原型亚甲蓝可把变性血红蛋白还原为还原型血红蛋白。但大剂量、高浓度时，体内的辅酶 I 脱氢酶不足以使之变成还原型亚甲蓝，过多的亚甲蓝便发挥氧化作用，使氧合血红蛋白变为变性血红蛋白，则使病情加重。

临床上应用1% 亚甲蓝注射液（亚甲蓝1 g、乙醇10 ml、生理盐水90 ml），牛、羊按每千克体重0.4~0.8 ml 静脉注射。也可用 5% 甲苯胺蓝注射液，牛、羊按每千克体重 0.1 ml 静脉注射、肌内注射或腹腔注射。

维生素 C 也可使高铁血红蛋白还原成还原型血红蛋白，大剂量的维生素 C（牛 3~5 g，配成 5% 注射液，肌内或静脉注射）用于亚硝酸盐中毒，疗效也很好，只是奏效速度不及亚甲蓝快。

高渗葡萄糖能促进高铁血红蛋白的转化过程，故能增强治疗效果。

此外，可根据病情进行输液，使用强心剂和呼吸中枢兴奋剂等。

（六）预防

在饲喂含硝酸盐多的饲料时，最好鲜喂，且需限制饲喂量。如需蒸煮，应加火迅速烧开，开盖、不断搅拌，不要闷在锅内过夜。

青绿饲料贮存时，应摊开存放，不要堆积一处，以免产生亚硝酸盐。

四、菜籽渣中毒

菜籽渣中毒是由于菜籽或菜籽渣不经过处理或处理不当引起的一种中毒性疾病。

（一）病因

菜籽为我国广为栽培的一年生或越年生十字花科植物，属油料作物，有多种品系，如油菜、芥菜等，其种子榨油后的菜籽渣含蛋白质32%~39%，是家畜蛋白质含量高、营养丰富的饲料，可作为蛋白质饲料的重要来源。

菜籽或菜籽渣中主要有毒成分是芥籽苷，也称硫葡萄糖苷，其本身无毒，但在处理过程中，细胞遭到破坏，芥籽苷与芥籽酶经催化水解作用后，产生有毒的异硫氰酸丙烯酯或丙烯基芥子油和噁唑烷硫酮。此外还含有芥籽酸、单宁、毒蛋白等有毒成分。菜籽渣的毒性，随油菜的品系不同而有较大的差异，芥菜型品种中异硫氰酸丙烯酯含量较高，甘蓝型品种中噁唑烷硫酮含量较高，白菜型品种两种毒素的含量均较低。

（二）发病机制

含有毒成分较高的菜籽渣被采食后，异硫氰酸丙烯酯及噁唑烷硫酮对消化道黏膜具有刺激作用，可引起严重的胃肠炎。吸收后主要作用于甲状腺，促进甲状腺的过度分泌，导致甲状腺肿大。另外可引起微血管壁扩张，量多时使血容量下降和心率减缓，同时伴有肝、肾损害。

（三）症状

中毒后病牛表现为精神沉郁，可视黏膜发绀，肢蹄末端发凉，站立不稳，食欲减退，流涎，瘤胃蠕动减弱和腹痛，便秘或腹泻，粪便中混有血液。呼吸困难，常呈腹式呼吸，痉挛性咳嗽，鼻孔流出粉红色泡沫状液体。尿频，血红蛋白尿，尿落地时可溅起大量泡沫。有时呈现神经症状，出现狂躁不安和长期视觉障碍。中毒严重病例，全身衰弱，体温降低，心脏衰弱，最后虚脱而死。

犊牛在采食后3h即可出现中毒症状，表现为兴奋不安，继而四肢痉挛、麻痹，经6h后站立不稳，体温由39℃升至40℃，心率加快，可达110次/min，一般经10h左右死亡。

（四）病理变化

胃肠黏膜出血，胃内容物中常可检出消化不全的菜籽渣，并混有少量凝血块。心内膜、心外膜出血，肾脏出血，肝脏肿大、混浊、坏死，肺气肿和肺水肿，血液凝固不良呈暗褐色。犊牛腹腔内积有大量黄绿色液体，心包液增多，瘤胃、网胃角质层易脱落，皱胃呈斑块状出血。

（五）诊断

主要依据饲喂菜籽渣的发病史、临床症状及病理变化，可获得初步诊断。

确切的诊断可根据动物饲喂试验结果判定。

（六）治疗

本病无特效解毒剂。

发现中毒后应立即停喂菜籽渣，并给胃肠黏膜保护剂和轻泻剂，用滑石粉500 g、人工盐150 g加水服。

中毒的初期可用2%鞣酸溶液洗胃或内服，为防止虚脱，可注射消旋山莨菪碱或10%安钠咖注射液以及葡萄糖注射液等制剂。

为减少毒物的吸收与缓解刺激，可内服适量牛奶、蛋清、豆浆、淀粉浆等。

（七）预防

用菜籽渣做饲料时，一定要选择新鲜的，在饲喂前要经过无毒处理，并限制用量，一般不应超过饲料总量的20%。为了安全利用菜籽渣，目前国内推广试用下列去毒法。

1. 坑埋法

在向阳干燥地方，挖一宽0.8 m，深0.7 m，长度视菜籽渣的数量而定的长方形沟，下铺稻草，将菜籽渣倒入沟内，上盖干草，再盖33 cm厚的土，放置两个月后即可饲喂家畜。去毒效果达70%~98%。

2. 发酵中和法

将菜籽渣经发酵处理，以中和其有毒成分，本法可去毒90%以上，且可用于工厂化的方式处理。

3. 蒸煮法

将菜籽渣用温水浸泡一昼夜，再充分蒸或煮1 h以上，芥籽苷、芥籽酶可被高温破坏，芥籽油可随蒸汽蒸发。

五、马铃薯中毒

本病是由采食含有毒成分的马铃薯茎叶和发芽或腐烂的块根所引起的一种中毒病。

（一）病因

主要是由于马铃薯中含有一种有毒的生物碱——马铃薯素所引起。马铃薯素主要含于马铃薯的花、块根幼芽及其茎叶中。块根贮存过久，马铃薯素含量明显增多，特别是保存不当，引起发芽、变质或腐烂时，含量更高。使用上述发芽、腐败的马铃薯饲喂家畜，即可引起中毒。

（二）发病机制

马铃薯素对胃肠黏膜呈刺激作用，引起重剧的胃肠炎症，被吸收后侵害中枢神经系统（延脑和脊髓）而引起感觉和运动神经的麻痹；进入血液后，使红细胞溶解而发生溶血现象；作用于皮肤能使之发生湿疹样病变。

（三）症状

重剧的中毒，表现为明显神经症状。病初兴奋不安，狂躁，前冲后退，不顾周围障碍。后期转为沉郁，四肢麻痹，后躯无力，步态不稳，呼吸困难，黏膜发绀，心脏衰弱，一般经 2~3 d 死亡。

轻度中毒，病程较慢，呈现明显的胃肠炎症状，食欲减退或废绝，流涎、呕吐、便秘，随后剧烈腹泻，粪中混有血液，精神沉郁，体力衰弱，体温升高，妊娠家畜往往发生流产。

牛、羊多于口唇周围、肛门、尾根、四肢系凹部及母畜的阴道和乳房部发生湿疹。绵羊则常呈现贫血和尿毒症。

（四）诊断

本病临床特征为神经症状、胃肠炎症状和皮肤湿疹，可结合对饲料情况的了解以及病料检验，进行分析确诊。送检病料可采取呕吐物、剩余饲料或瘤胃内容物等。

（五）防治

发现中毒立即停喂马铃薯，为排除胃内容物可用浓茶水或 0.1% 高锰酸钾溶液或 0.5% 鞣酸溶液进行洗胃；用 5% 葡萄糖氯化钠注射液 1 000~1 500 ml，5% 碳酸氢钠注射液 300~800 ml，或加硫代硫酸钠 5~15 g，或氯化钙 5~15 g，肌内注射强力解毒敏 20 ml，也可使用缓泻剂。

对症治疗，当出现胃肠炎时，可应用 1% 鞣酸溶液，牛 500~2 000 ml，羊 100~400 ml，并加入淀粉或木炭末等内服，以保护胃肠黏膜，其他治疗措施可参考胃肠炎的治疗。狂躁不安的病畜，可应用镇静剂，如 10% 溴化钠注射液，牛 50~100 ml，羊 10~20 ml 静脉注射。为增强机体的解毒功能，可注射浓葡萄糖注射液和维生素 C 注射液，心脏衰弱时可给予樟脑制剂、安钠咖等强心药。

（六）预防

预防工作应从下列几个方面做起。

不要用发芽、变绿、腐烂、发霉的马铃薯喂家畜。必须饲喂时，应去芽，切除发霉、腐烂、变绿部分，洗净，充分煮熟后再用，但也应限制饲喂量。

用马铃薯茎叶饲喂家畜时，用量不要太多，并应和其他青绿饲料配合饲喂，发霉腐烂的马铃薯不能用作饲料，也不要用马铃薯的花、果实饲喂家畜。

应用马铃薯做饲料时要逐渐增量。

六、黑斑病甘薯中毒

黑斑病甘薯中毒俗称喘病，是由于吃了一定量的黑斑病甘薯引起的。其特征为急性肺水肿与肺泡气肿，严重呼吸困难以及后期皮下气肿。

本病多发生于黄牛、水牛及奶牛，羊次之。

（一）病因

甘薯黑斑病的病原是一种霉菌，这种霉菌侵入甘薯的虫害部分或表皮裂口后，甘薯表皮干枯、凹陷、坚实，出现圆形或不规则的暗黑色斑点，表面长有刚毛，甘臭、味苦。有毒物质为翁家酮、甘薯酮和翁家醇。若牛食入一定量的病薯或病薯酿酒后的酒糟即可发生中毒。

（二）症状

牛发生中毒时，一般多突然发病。发病后精神沉郁、食欲减退，呈轻度前胃弛缓症状，继而食欲废绝，反刍停止，瘤胃蠕动减弱，内容物黏硬，肠音减弱，粪便硬固色暗，并附有黏液乃至血液，亦有不少发生腹泻的。整个病程中体温始终不高。

本病特别明显的症状是呼吸困难。病初，病牛呼吸浅表而疾速，可达80~100次/min，以后呼吸次数逐渐减少，但呼吸运动加深，鼻翼扇动，胸腹起伏，头颈伸张，呻吟，长时间呆立，不愿卧下，甚至张口大喘，此时在较远处即可听到如同拉风箱的呼吸音，故俗称"牛喷气病"或"牛喘病"。仔细听诊还可听到干啰音、湿啰音乃至爆裂性啰音。由于呼吸困难，有大量泡沫状鼻液及唾液不断流出，眼球突出、瞳孔散大，呈现窒息状态。有些病牛，后期发生皮下气肿，由肩胛部开始，逐渐扩延到颈部、肘部、背部乃至全身。

急性病例发病突然，迅速出现极度的呼吸困难，并于病后24h左右因窒息而死。

本病除少数急性病例外，病程可延续数日乃至1~2周。死亡率往往超过50%。

羊发生中毒时，精神沉郁，黏膜充血，食欲及反刍减退至停止，心机能减弱，节律不齐，脉搏增数可达90~150次/min。呼吸困难，病情重剧者多因窒息而死。

（三）病理变化

早期阶段其特征性病变为肺充血及肺水肿，多数情况下可见到间质性肺气肿；肺间质增宽，呈灰白色清亮透明，有时有多处肺间质因充气而明显分离、扩大，甚至形成中空的大气腔。严重病例在肺的表面还可见到若干大小不等的球状气囊，肺表面的胸膜脏层透明发亮。在胸膜壁层有时也可见到小气泡。

血液呈暗褐色，心外膜、胸膜、动脉外膜等处有出血斑点，心脏扩张，胃肠有卡他性炎症，肝脏肿，有时胰腺发生急性坏死。

（四）诊断

本病有高度呼吸困难和皮下气肿的临床特征，肺高度膨胀，多数肺泡破裂并融合成大的空腔，间质有大小不等成串的气泡，支气管内积有大量泡沫等剖检特征，结合病史，不难确定。

（五）防治

发现中毒应立即停喂黑斑病甘薯，严格保持病畜安静。

解毒及排除毒物可喂服 0.1% 高锰酸钾溶液 1 000~3 000 ml，或用 1：（500~1 000）的过氧化氢溶液洗胃。内服盐类泻剂，可用滑石粉、硫酸镁各 500 g（牛），加水 3 000 ml 一次内服。

若呼吸困难时，不宜反复强制灌药，可使用 5%~20% 硫代硫酸钠注射液，牛 100~200 ml，羊 20~50 ml，一次静脉注射。并同时注射维生素 C 注射液 20~40 ml 和 10%~25% 葡萄糖注射液 500~1 000 ml，每日 2~3 次。

心脏衰弱可使用强心剂。

出现肺水肿时，用 10% 氯化钙注射液 100 ml 静脉注射；如呼吸高度困难时，可用 10% 葡萄糖注射液 1 000 ml、加 3% 过氧化氢水溶液 200~300 ml 静脉注射。

呈现酸中毒时，用 5% 碳酸氢钠注射液 500~1 000 ml 静脉注射。

七、黄曲霉毒素中毒

黄曲霉毒素中毒是人畜共患、危害极其严重的一种中毒性疾病。主要以肝脏受到损害，肝功能障碍，肝细胞变性、坏死，出血、增生为特征。

（一）病因

病原为黄曲霉毒素。本病的发生，是由于家畜吃了被黄曲霉毒素污染的花生、玉米、麦类、豆类、酒糟及其他农副产品所致。

黄曲霉毒素是黄曲霉菌的代谢产物，目前已知黄曲霉毒素及其衍生物有 20

余种。其中以黄曲霉毒素 B_1 致癌性最强。当黄曲霉毒素 B_1 进入机体后，在肝细胞内氧化酶的催化下，转变为环氧化黄曲霉毒素 B_1，再与核糖核酸、脱氧核糖核酸结合，并发生变异，使肝细胞转化为癌细胞。

（二）症状

奶牛多呈慢性经过，厌食，消瘦，精神沉郁，耳部震颤，磨牙，一侧或两侧角膜浑浊；腹腔积液，间歇性腹泻，排出混有血凝块的稀粪，里急后重并脱肛。奶牛产乳量减少或停止，有的发生流产。少数病例呈现神经症状，突发转圈运动，最终多在昏迷状态下死亡。犊牛死亡率较高，可达 100%。

（三）病理变化

病牛消瘦，可视黏膜苍白，肠炎，肝脏苍白、坚硬，表面有灰白色区，胆囊扩张，多数病例有腹水。组织学变化主要为肝中央静脉周围的肝细胞严重变性，被增生的结缔组织所代替。结缔组织将肝实质分开，同时小叶间结缔组织亦增生，并伸入小叶内，将肝细胞分隔成小岛状，形成假小叶。更严重的病例在细胞周围可见到纤维化病变。

（四）诊断

根据发病和饲料霉变情况，临床症状及病理剖检特征（贫血、出血以及肝硬化等），可做出初步诊断。确诊需进行黄曲霉毒素的测定（采取可疑饲料或瘤胃内容物送检）。

（五）治疗

本病尚无特效疗法。

当发现中毒后，应立即停喂霉败饲料，改喂易于消化的青绿饲料，并加强护理，轻症病例可以得到恢复。

对重症病例，为尽快排除胃肠道内的毒物可内服盐类泻剂，可用硫酸镁、滑石粉各 500~700 g（牛），加水 3 000 ml 一次内服，同时还要应用解毒保肝和止血药物。可用 25%~50% 葡萄糖注射液 500~1 500 ml，同时混合 10% 维生素 C 注射液 20~40 ml、氢化可的松 0.3 g，一次静脉注射。或用葡萄糖酸钙注射液静脉注射。

心脏衰弱病例，可适当应用樟脑或咖啡因等强心剂以及采取其他对症治疗措施。

（六）预防

本病预防的关键是做好饲料的防霉工作，从收获到保存，勿使其遭受雨淋、堆积发热，以防止霉菌生长繁殖。对发霉的饲料，未经去毒处理，不得做饲料使用。仓库如被黄曲霉菌污染，可用福尔马林熏蒸（按每立方米空间用 5% 福尔马林 2.5 ml，高锰酸钾 2.5 g，水 12.5 ml）或过氧乙酸喷雾（每立方米空间用 5% 过氧乙酸溶液 2.5 ml），以彻底消毒，消灭霉菌孢子。

第三节
化肥及农药中毒

一、尿素中毒

尿素含氮量为 45%~46%，除用作肥料外，在畜牧业上，因其能在反刍动物瘤胃内在微生物的作用下合成能被机体利用的蛋白质，有节约蛋白饲料的作用，而被广泛作为反刍动物的添加饲料应用于生产实践中。但其本身是有毒物质，若饲喂量过大或饲喂方法不当，常可引起中毒。

（一）病因

反刍动物尿素中毒主要是因为饲喂方法不当。在饲喂尿素时，没有经过一个逐渐增量的过程，而是按定量突然喂给、将尿素溶于水中喂给或在饲喂后动物立即饮水。

另外，尿素喂量过大或与饲料混合不均也可引起中毒。尿素作为反刍动物的饲料添加剂，饲喂量应控制在饲料总干物质的 1% 以下，或精料的 3% 以下。

（二）发病机制

反刍动物采食的尿素在瘤胃内脲酶的作用下被分解产生氨。瘤胃内微生物将氨转变为氨基酸，并进一步合成菌体蛋白被反刍动物利用。当瘤胃内容物 pH 在 8 左右时，脲酶的作用最为旺盛，使尿素分解成氨的速度加快，过量的氨经瘤胃壁吸收入血液，进入肝脏等组织器官，对神经系统产生直接的毒害，从而呈现一系列的临床症状和病理变化。

（三）症状

牛采食尿素后 20~30 min 即可发病。病初食欲不振，不安，呻吟，流涎，瘤胃鼓胀，肌肉震颤，步态不稳。继之反复发作痉挛，同时呼吸困难，心脏搏动亢进，脉搏增数达 100 次/min 以上，体温开始时稍升高，以后逐渐下降。末期出汗，眼球震颤，四肢张开，全身痉挛和搐搦，呼吸更加困难，口、鼻流泡沫样液体，有的呕吐。急性病例 2~3 h 即因窒息死亡，慢性中毒病牛后躯部分麻痹，四肢僵硬，卧地不起。

山羊病初可见鼻、唇挛缩，反刍和胃肠蠕动停止，瘤胃鼓胀，进而不能站立，眼球震颤，全身痉挛和角弓反张等。有的病例呼吸极度困难，最后窒息死亡，病程 1 h 左右。

（四）病理变化

胃肠内容物发出强烈的氨臭，其鼻腔、口腔内充满泡沫样液体。消化道黏膜充血、出血及溃疡，脑组织切片可见硬脑膜、侧脑室及脉络丛充血，肝肾变性，毛细血管扩张，血液黏稠，心外膜出血。

（五）诊断

根据过食尿素病史、明显神经症状可初步建立诊断，必要时通过测定血氨值可确定诊断。

（六）治疗

早期可灌服食醋 500~1 000 ml 或稀乙酸，以抑制瘤胃中脲酶的活力，并中和尿素的分解产物氨。及时静脉注射 10% 葡萄糖酸钙注射液，牛 100~150 ml，羊 20~30 ml；或用 20% 硫代硫酸钠注射液，牛 25~50 ml，羊 5~10 ml，静脉注射。对症治疗可应用强心利尿药，以促进已吸收的毒物从体内排出。对重症病畜静脉注射高渗葡萄糖注射液和水合氯醛注射液，可提高疗效。对瘤胃鼓胀有窒息危险的病牛应及时进行胃管放气。

（七）预防

应用尿素做牛、羊蛋白质饲料时，量不宜过大，并应由少量逐渐增到规定量，且与饲料搅拌均匀，不要溶于水中饮给。饲喂尿素时，不应同时喂给豆饼。有条件的可将尿素配合过氯酸铵使用，较为安全。注意化肥的保管和使用，防止大量误食。

二、有机磷农药中毒

家畜有机磷农药中毒是由于接触、吸收或采食被有机磷农药污染的饲料、饲草及饮水所致的一种中毒性疾病。其临床特点是出现胆碱能神经兴奋效应。

（一）病因

家畜有机磷农药中毒，主要是由于采食、误食或偷食施放农药不久的农作物、牧草、蔬菜等，尤其是用药过后而未被雨水冲刷过的，更为危险。

家畜误食拌过或浸过农药的种子，如为防治地下害虫，用对硫磷、甲拌磷或敌百虫等拌种。

作为药用所致的中毒，如滥用或过量应用敌百虫、乐果驱除家畜体内外寄生虫所引起的中毒。

家畜饮用被农药污染的水引起的中毒，如在池塘、水槽等饮水处配制农药、洗涤喷药用具和工作服。

饮用洒过农药的水。

破坏性投毒使水源污染而引起中毒。

错误的农药保管，如用同一库房贮存农药和饲料，或在饲料间内配制农药或拌种。

（二）发病机制

有机磷农药可经消化道、呼吸道或皮肤、黏膜进入机体，主要与体内的胆碱酯酶结合而表现出中毒的症状。在生理状态下，胆碱能神经末梢释放乙酰胆碱，完成介质功能后，随即由胆碱酯酶催化，迅速水解而失去作用，使神经冲动能够有节奏地进行传导，而维持正常的功能。

有机磷农药与胆碱酯酶结合后形成比较稳定的磷酰化胆碱酯酶而使之失去水解乙酰胆碱的能力，结果体内胆碱酯酶的活性显著下降，乙酰胆碱在胆碱能神经末梢和突触部大量蓄积，持续不断地作用于胆碱能受体，出现一系列胆碱能神经兴奋的症状。如胃肠平滑肌兴奋，表现腹痛、腹泻、肠音强盛；虹膜括约肌收缩使瞳孔缩小；支气管平滑肌收缩，导致呼吸困难；膀胱平滑肌收缩造成尿失禁；腺体分泌增多引起流涎、肺水肿和大出汗；骨骼肌兴奋引起肌肉震颤；中枢神经系统先兴奋后抑制，最后发生昏迷。

（三）症状

病牛不安，流涎，鼻液增多，反刍停止，粪稀如水，肌肉痉挛，眼球震颤，结膜发绀，瞳孔缩小，呻吟，磨牙，呼吸困难，出冷汗，四肢末端发凉，病情恶化后，则陷于麻痹，终因呼吸肌麻痹而死亡。

羊中毒后的症状类似牛，但兴奋不安的症状明显，甚至出现冲撞蹦跳，全身肌肉震颤，继而步态不稳，以至倒地不能站立，终因呼吸肌麻痹窒息死亡。

（四）诊断要点

有误食有机磷农药的病史。神经系统症状及消化系统症状；肌肉痉挛，瞳孔缩小，流涎，出汗，肠音强盛（重者减弱）及频频排稀软粪便。实验室检查：全血胆碱酯酶活力测定（活力下降）。

1. 原理

在正常情况下，纸片中的乙酰胆碱受血内胆碱酯酶的作用，水解成乙酸和胆碱，由于乙酸的生成，使纸片中的酸碱指示剂溴麝香草酚蓝的颜色发生改变（在碱性溶液中显蓝色，在酸性溶液中显黄色）。当血液滴在纸片上，血斑先显蓝色，以后逐渐由蓝变红。这是因为血液 pH 在 7.4 左右，指示剂逐渐变黄，而被血液的红色所掩盖，因此观察为红色。若胆碱酯酶活力下降，产生醋酸减少，则依次显现红紫、紫红、紫色、深紫色乃至蓝色。因此，根据试纸颜色变化就可判断胆碱酯酶活力的高低。

2. 纸片制备法

称取溴麝香草酚蓝 0.14 g，溴化乙酰胆碱 0.23 g，加无水乙醇 20 ml，再加 0.4 mol/L 氢氧化钠溶液 0.57 ml，把 pH 调整到 8.0 左右。将滤纸切成边长 2~10 cm 正方形，浸入上述溶液内，待浸透后取出晾干，装瓶内备用，应防潮、防晒、防酸碱。

3. 操作方法

将上述纸片剪成边长为 1~1.2 cm 的正方形，放在干净载玻片上，采取病畜耳尖血或静脉血一小滴，滴于纸片的中央，血斑大小以直径 0.6~0.8 cm 为宜，立即盖上另一块玻片，用橡皮筋绑紧，防止干燥。将玻片夹在腋下，或在 35℃ 以上的温度内放置 20 min 后，观察血的颜色。根据试纸的颜色变化，判定胆碱酯酶活力的高低。红紫、红色：酶活力为正常的 80%~100%。紫色、紫红：酶活力为正常的 40%~60%。深紫、蓝色：酶活力为正常的 20%。

（五）治疗

立即应用特效解毒剂，尽快除去还未吸收的残毒。

经皮肤吸收的可用肥皂水或 0.5% 碳酸氢钠溶液冲洗，经消化道吸收的可用 2%~3% 碳酸氢钠溶液洗胃并灌服活性炭。若敌百虫中毒，不能用碱水洗胃和洗皮肤（敌百虫遇碱生成敌敌畏）。

解毒药：硫酸阿托品（乙酰胆碱拮抗剂），可高于正常剂量的 2~4 倍，每千克体重牛 0.25 mg，羊 0.5~1.0 mg，肌内注射，每 2 h 1 次，直至瞳孔散大为止。氯磷啶（胆碱酯酶复活剂），氯磷啶（碘磷啶、双解磷、双复磷）每千克体重 15~30 mg，用葡萄糖或生理盐水配成 5% 的注射液静脉注射，氯磷啶还可肌内注射或皮下注射。氯磷啶与阿托品交替使用则效果更好。

同时应用其他一般解毒措施对症治疗。

注意重症病畜1周左右会出现反弹现象。

（六）预防

认真执行剧毒农药安全使用等的有关规定，建立健全农药的购销、保管和使用制度。喷过农药的农田、菜地，7d内不得让牲畜进入，喷洒过或被有机磷农药污染的牧草，1个月内不准用于放牧家畜。

第四节
有毒植物中毒

一、棘豆中毒

棘豆中毒是由于动物采食棘豆草引起的以神经系统和实质器官变性为主的中毒性疾病。临床上以运动功能障碍、贫血、衰竭为特征。

（一）病因

棘豆属植物有数百种，部分棘豆属植物被动物采食后可引起中毒，其中小花棘豆和黄花棘豆在内蒙古及西北牧区已列为危害较严重的毒草。

小花棘豆，豆科，棘豆属。内蒙古、新疆、陕西等地又称小花棘豆为醉马草、苏格图乌布斯（内蒙古名）。为多年生草本。茎高20~30cm，多分枝，直立或平铺，有疏毛，奇数羽状复叶，托叶三角形，向下翻转，基部合生，小叶9~13枚，对生，长椭圆形，先端渐尖，叶上具有棕色或白色柔毛。总状花序，腋生，直立，通常叶较长，蝶形花冠，紫色。荚果略膨胀，顶端有一弯喙，花期6~7月，果期8~9月。小花棘豆生于山坡草地，沙漠地区的河流滩地，湖盆，草滩，盐渍化土壤上，低湿轻度盐化草甸上，芨芨草丛中，沿湖边和小河谷中生长。分布于内蒙古、山西、陕西、青海、甘肃、宁夏、新疆、西藏等地；俄罗斯、蒙古、美国和加拿大亦有。

黄花棘豆，甘肃、青海牧民称为团巴草、马绊肠、马绊草，高9~40cm，根粗壮，呈圆柱状。茎基部有分枝，密生黄色长柔毛。托叶卵形，密生长柔毛，与叶柄分离，总状花序，腋生，呈圆筒状，花密集。果矩圆形，膨胀，密生短柔毛。

分布于甘肃、青海、四川西部。

棘豆的有毒成分尚不明确。据有关研究单位分析，小花棘豆的根、茎、种子含硒量较高，家畜的中毒症状与硒中毒几乎完全相符，故认为小花棘豆中毒的实质是硒中毒。大部分学者认为小花棘豆全株有毒，其有毒成分为生物碱，同时认为引起家畜中毒的有毒成分为吲哚里西啶类生物碱——苦马豆素。还有学者认为其有毒成分为含氮的有机化合物。

小花棘豆在整个生育期均有毒，开花期毒性最强。严重干旱年份，牧草生长受阻，因小花棘豆耐干旱，故相对增多。家畜在饥饿情况下采食小花棘豆，一般仅采食少量，随后逐渐变为嗜食小花棘豆，终至发生中毒。

（二）症状

一般呈慢性经过。初期，动物上膘较快，中毒后则嗜食棘豆，到一定时期（多在秋季），营养状况开始下降。体温正常或略低，被毛粗乱，逐渐出现神经症状，贫血，水肿，衰竭，卧地不起，死亡。

羊中毒后精神沉郁，不合群，常弓背站立。放牧时无目的地游走，后肢显得不灵活。严重中毒，卧地不起，人工扶起后，站立不稳，后肢弯曲外展，驱赶时常向一侧斜行。倒地后，角弓反张。头部震颤，视力丧失，孕畜多流产，妊娠母畜子宫蓄水极多，所产仔畜虚弱，常有畸形。

牛中毒后，即开始营养下降，表现为被毛逆乱，逐渐消瘦。四肢僵硬，行走摇晃。有的口唇溃烂。

（三）病理变化

剖检中毒动物可见肌肉组织苍白消瘦，细胞质有空泡形成，特别是脑和肾组织更为明显。

（四）诊断

有采食棘豆的病史；有神经症状出现，继耳出现眨眼，头水平摆动；细胞质有大量空泡形成。

（五）防治

目前尚无特效疗法。

1. 促进毒物排出

应用硫酸钠或硫酸镁，牛 400~600 g，羊 50~100 g（加滑石粉 500 g 效果更好），配成 6%~8% 溶液，内服，在发病初期有效。

2. 增强肝脏解毒功能

可静脉注射 25% 葡萄糖注射液 500~1 000 ml，并注射 15% 硫代硫酸钠注射液 40 ml。

3. 其他对症治疗

缩瞳，可皮下注射盐酸毛果芸香碱注射液或用其点眼，也可皮下注射 0.1% 砷酸钠注射液 15~20 ml。

4. 中医疗法

木通、黄连各 25 g，黄柏、黄芩、远志、酸枣仁、栀子、天竺黄各 40 g，茯苓、牡蛎、龙骨、车前子各 35 g，共研为细末，用开水冲调，一次灌服。隔日灌服 1 剂，共服 5 剂。

（六）预防

不要到长有大量棘豆草的牧场放牧，于每年 5 月至 6 月中旬，用选择性除草剂在草场喷洒，以除去小花棘豆。

二、醉马草中毒

醉马草中毒是由于动物采食醉马草引起的以神经症状和胃肠炎为主的中毒性疾病。

（一）病因

醉马草是禾本科芨芨草，属多年生草本。须根柔韧，茎丛生，平滑，高 60~100 cm，通常 3~4 节，节下贴生微毛。基部具鳞芽。花序狭长，花梗短于小穗，小穗呈圆柱形，灰绿色，成熟后变为铜褐色或带紫色，外穗厚韧，具芒刺，长约 10 mm。花果期 7~9 月。生于河流两岸气候较暖地带，山脚、草原、沙漠地区的低山坡以及干枯河床和河滩地区。在我国主要分布于内蒙古、青海、甘肃、陕西、宁夏、新疆、四川、西藏等地。

醉马草的有毒成分还不十分清楚，可能含有一种或几种生物碱。

当地生长的家畜能够识别，多不采食，偶在过度饥饿时，与其他植物相混而误食中毒。外地新迁入家畜，易误食中毒。家畜误食醉马草或被其芒刺刺入皮肤、口腔、蹄叉、角膜等处可发生中毒。一般采食此青草达体重的 1% 的量即可发病，干草毒性更大，中毒症状更重。

（二）症状

一般采食醉马草 30~60 min 即出现症状。轻度中毒时，精神沉郁，食欲减退，口吐白沫。较严重中毒时，颈部略显僵硬，摇头、摆尾、行走摇晃，蹒跚如醉，知觉过敏，有时呈阵发性兴奋，狂暴不安，有时倒地不能起立，呈昏睡状。黏膜潮红或发绀，心跳加快，呼吸促迫，张口呼吸。严重中毒时，除上述症状外，尚可见腹胀、腹痛、鼻出血、急性胃肠炎等症状。羊对醉马草有很强的抵抗力。

芒刺刺伤角膜，可致失明。刺伤皮肤可使伤处发生血斑、水肿、硬结或形成溃疡。

（三）治疗

目前尚无特效疗法。

早期应用治疗生物碱中毒的通用解毒措施可收到一定效果。给中毒病畜内服乙酸 30 ml，或乳酸 15 ml，或稀盐酸 15 ml。也可内服食醋或酸奶 0.5~1 kg，或内服 20% 浓盐水 500 ml。同时配合对症治疗。静脉注射 11.2% 乳酸钠 100~200 ml 或强力解毒敏 40~60 ml 有良好的效果。

（四）预防

家畜放牧时，应注意牧地有无毒草，早春放牧应先喂干草后再行放牧，以免家畜饥不择食采食毒草，收存饲草时应注意有无毒草混入。

第七章
消化系统疾病

第一节
口腔、咽、食管疾病

一、口炎

口炎是口腔黏膜炎症的总称，包括腭炎、齿龈炎、舌炎、唇炎等。临床上以采食、咀嚼障碍和流涎为特征。按其炎症性质，口炎可分为多种类型，临床上以卡他性、水疱性和溃疡性较为常见。

（一）病因

1. 原发性口炎

（1）刺激性因素

①机械性刺激。常见有采食粗硬、有芒刺或刚毛的饲料；饲料中混有尖锐异物；不正确地使用口衔、开口器或锐齿直接损伤口腔黏膜等。

②理化性刺激。常见有抢食过热的饲料或灌服过热的药液；采食冰冻饲料；不适当地口服刺激性或腐蚀性药物（如水合氯醛、稀盐酸等）或长期服用汞、砷、碘制剂。

③生物性刺激。采食霉败饲料或有毒植物（如毛茛、白头翁等）；采食了带有锈病菌、黑穗病菌的饲料。

（2）感染性因素　本病无特异性病原，只有在抵抗力下降的条件下，链球菌、葡萄球菌、螺旋体等这些条件菌或一些病毒侵害而引起口炎。

（3）诱因　受风寒的侵袭、长期的饥饿、过劳、营养不良等均为该病的诱因。

2. 继发性口炎

口炎还常继发或伴发于下列疾病。

（1）邻近组织的炎症　如咽炎、喉炎、唾液腺炎、换牙等。

（2）消化道疾病　如胃肠卡他与胃肠炎、肝炎、肠便秘等。

（3）矿物质与维生素缺乏症　如佝偻病，维生素 A、维生素 B、维生素 C 缺乏症等。

（4）中毒病　如汞、铜、铅、氟中毒等。

（5）传染病　如口蹄疫、传染性水疱性口炎、恶性卡他热、蓝舌病、羊痘、坏死杆菌病、放线菌病等传染性疾病。

（二）症状

口炎病畜都具有采食、咀嚼缓慢甚至不敢咀嚼，拒食粗硬饲料，常吐出混有黏液的草团；流涎，口角附着白色泡沫；口黏膜潮红、肿胀、疼痛、口温增高、带臭味等共同症状。每种类型的口炎还有其特有的临床症状。

1. 卡他性口炎

口黏膜弥漫性或斑块状潮红，硬腭肿胀；由植物芒或刚毛所致的病例，在口腔内的不同部位形成大小不等的丘疹，其顶端呈针头大的黑点，触之坚实、敏感；舌苔为灰白色或草绿色。重剧病例，唇、齿龈、颊部、腭部黏膜肿胀甚至发生糜烂，大量流涎。

2. 水疱性口炎

在唇部、颊部、腭部、齿龈、舌面的黏膜上有散在或密集的粟粒大至蚕豆大的透明水疱，2~4 d 后水疱破溃形成边缘不整齐的鲜红色烂斑。间或有轻微的体温升高。

3. 溃疡性口炎

首先表现为门齿和犬齿的齿龈部分肿胀，呈暗红色，易出血。1~2 d 后，病变部变为淡黄色或黄绿色糜烂性坏死。炎症常蔓延至口腔其他部位，导致溃疡、坏死甚至颌骨外露，散发出腐败臭味，流涎，混有血丝带恶臭。如因麦芒刺伤引起，在舌系带、颊及齿龈等部位常有成束的麦芒刺入。病重者，体温升高。

（三）诊断要点

病畜采食、咀嚼缓慢甚至不敢咀嚼，拒食粗硬饲料。吐出混有黏液的草团。流涎，口角附着白色泡沫。口腔黏膜潮红、肿胀、疼痛、水疱、溃疡、口温增高等。

（四）防治

1. 治疗原则

消除病因，加强护理，净化口腔，消炎。

2. 治疗措施

（1）加强护理 应给予营养丰富、柔软而易消化的青绿饲料。对于不能采食或咀嚼的动物，应及时补糖输液，或者经胃导管给予流质食物。

（2）消除病因 摘除刺入口腔黏膜中的麦芒或刺入的异物，剪断并锤平过长齿等。

（3）口腔局部净化收敛 可用 2%~3% 硼酸溶液、1% 乙酸溶液、0.1% 高锰酸钾，5%~10% 食盐溶液等冲洗口腔。口腔溃疡面涂布可用 2% 甲紫溶液、碘甘油（5% 碘 1 份、甘油 9 份），或 5% 磺胺甘油乳剂。

（4）抗菌消炎 青霉素 1 万~2 万 IU/kg 体重、链霉素 10~15 mg/kg 体重、注射用水适量，一次肌内注射，每日 2 次，连用 3~5 d。磺胺嘧啶钠 10 g、明矾 2~3 g 装于纱布袋内，使病畜衔于口中，每天更换 1 次。

（5）全身用药 牛肌内注射维生素 B_2 100~150 mg 和维生素 C 2~4 g。或进行自血疗法。

（6）中医治疗

青黛散：青黛 15 g、薄荷 5 g、黄连 10 g、黄柏 10 g、桔梗 10 g、儿茶 10 g，混合，研为细末，吹撒患部，或口噙法，即装入纱布袋内，在水中浸湿，使病畜衔于口中，每日或隔日换药 1 次。

冰硼散：硼砂 25 g、延胡索粉 25 g、朱砂 3 g、冰片 2.5 g 共为细末，用乳胶管或小竹管吹入患部少许，每日数次。

（7）针灸疗法 针法为血针，针后用细盐擦之。

3. 预防措施

搞好平时的饲养管理，合理调配饲料；正确服用带有刺激性或腐蚀性的药物；正确使用口衔和开口器；定期检查口腔，牙齿磨灭不整时，应及时修整。

二、咽炎

咽炎是咽黏膜、黏膜下组织和淋巴组织的炎症，其特征为吞咽困难和流涎。

（一）病因

原发性咽炎的病因与原发性口炎的病因非常相似，胃管使用不当也可引起。

继发性咽炎，常继发于口炎、鼻炎、喉炎、炭疽、巴氏杆菌病、口蹄疫、恶性卡他热等疾病。

（二）发病机制

当机体抵抗力降低，咽黏膜防卫功能减弱时，条件性致病菌生长繁殖并产生毒素，导致咽黏膜发生炎症；炎症按其病理变化可分为卡他性、格鲁布性或化脓性三种。随着咽黏膜及其黏膜下组织炎性产物的浸润，咽部血液循环产生障碍而出现扁桃体肿胀、咽部组织水肿等。由于咽部的疼痛，病畜表现为吞咽障碍，头颈伸展，流涎，或有食糜及炎性渗出物从鼻孔流出。若发生会厌不能完全闭合时，会发生误咽而引起腐败性支气管炎、异物性肺炎或肺坏疽。当炎症波及咽喉时，引起咽喉炎。重剧性咽炎，由于大量炎性产物被吸收，病畜体温升高；因扁桃体高度肿胀，深部组织胶冻样浸润，喉口狭窄，病畜会出现呼吸困难，甚至发生窒息。由于吞咽困难，病畜发生饥饿、消瘦，使其抵抗力进一步下降，极易继发其他疾病。

（三）症状

咽部红、肿、热、痛和吞咽障碍，头颈伸展，转动不灵活，流涎，咳嗽，触诊咽喉部敏感。各种类型咽炎的特有症状如下。

1. 卡他性咽炎

病情发展较缓慢，最初不易引起人们的注意。经 3~4 d，头颈伸展，吞咽困难等症状逐渐明显。咽部视诊（用鼻咽镜），咽部的黏膜、扁桃体潮红、轻度肿胀，全身症状一般较轻。

2. 格鲁布性咽炎

起病较急，颌下淋巴结肿胀，鼻液中混有灰白色伪膜；咽部视诊，扁桃体红肿，咽部黏膜表面覆盖有灰白色伪膜，将伪膜剥离后，见黏膜充血、肿胀，有的可见到溃疡。

3. 化脓性咽炎

病畜咽痛拒食，高热，精神沉郁，脉率增快，呼吸急促，鼻孔流出脓性鼻液。视诊发现咽部黏膜肿胀、充血，有黄白色脓点和较大的黄白色突起；扁桃体肿大，充血，并有黄白色脓点。血液检查：白细胞数增多，中性粒细胞显著增加。咽部涂片检查：可发现大量的葡萄球菌、链球菌等化脓性细菌。

4. 重剧病例

由于炎性产物的吸收，引起恶寒战栗、体温升高，并因扁桃体高度肿胀，深部组织胶冻样浸润，喉口狭窄，呼吸困难，甚至发生窒息而死亡。

（四）诊断要点

1. 咽部症状

咽部红、肿、热、痛。

2. 吞咽状况

吞咽障碍，流涎，咳嗽。

3. 触诊

触诊咽喉部敏感。

4. 头颈症状

头颈伸展，转动不灵活。

（五）防治

1. 治疗原则

加强护理，抗菌消炎，清咽利喉，对症治疗。

2. 治疗措施

（1）加强护理　停喂粗硬饲料，给予青草、优质青干草、多汁易消化饲料和麸皮粥；对于咽痛拒食的动物，应及时补糖输液，种畜还可静脉输给氨基酸。禁止使用胃管投食或投药。

（2）物理疗法　病初，咽喉部冷敷；后期，热敷，每日 3~4 次，每次 20~30 min。

（3）刺激疗法　咽喉部外敷或涂抹樟脑乙醇、鱼石脂软膏、止痛消炎膏等药物，每天 1 次，连用 3~5 d。

（4）抗菌消炎　严重咽炎应使用抗生素或磺胺类药物。青霉素为首选抗生素，应与链霉素、庆大霉素等联合应用。青霉素每千克体重牛 1 万~2 万 IU，羊 2 万~3 万 IU，链霉素每千克体重 10~15 mg，肌内注射，每天 2 次，连用 5 d。碘甘油 20~50 ml 用软的乳胶管吹入咽部。磺胺类药一般选用磺胺嘧啶钠或复方新诺明（牛 20 g，羊 2~5 g）配合小苏打（牛 20 g，羊 2~5 g）、牛黄解毒片（牛 10 g，羊 1~2 g）用纱布包裹含服亦可。碘喉片或杜灭芬喉片（牛 10~15 g，羊 2~3 g）用纱布包裹含服效果也很好。

（5）止痛消炎　用 0.25% 的盐酸普鲁卡因液，牛 50 ml，羊 10 ml，青霉素 100 万 IU，混合后做咽喉部封闭。另外，可广泛采用水乌钙疗法（10% 水杨酸钠 100~200 ml，40% 乌洛托品 50 ml，5% 氯化钙 100~300 ml，加入葡萄糖内静脉注射）和新促反刍液联合应用则疗效更好。

（6）口腔冲洗法　0.1%高锰酸钾或浓盐水冲洗咽部疗效很好。

（7）中药疗法　青黛散（见口炎），研为细末，吹撒患部，或口噙法，即装入纱布袋内，在水中浸湿，衔于病畜口中，饲喂时暂时取出，每日或隔日换药1次。

3.预防措施

搞好平时的饲养管理工作，注意饲料的质量和调制；应用胃管等诊断与治疗器械时，操作应细心，避免损伤咽黏膜；搞好圈舍卫生，防止家畜受寒、过劳；及时治疗原发病。

三、食管阻塞

食管阻塞俗称"草噎"，是食管被食物或异物阻塞的一种严重食管疾病。其临床特征是瘤胃鼓胀、吞咽障碍、流涎。

（一）病因

容易引发食管阻塞的物质有甘薯、马铃薯、甜菜、苹果、玉米穗、豆饼块、花生饼等大块的饲料，和破布、塑料薄膜、毛线球、木片或胎衣、煤块、小石子等异物。

由于缺乏维生素、矿物质、微量元素，容易吞食异物而发生异食癖。

引起食管阻塞发生的条件是咀嚼不充分，引起咀嚼不充分的原因有：饥饿状态下采食过急；在采食时突然受到惊吓；抢食或偷食；采食习惯，牛、羊采食时速度快，咀嚼极少，所以很容易阻塞。

引起吞咽过程受阻，这种情况主要继发于食管狭窄、食管麻痹、食管炎等疾病。

（二）症状

采食过程中突然停止采食，惊恐不安，摇头缩颈，张口伸舌，大量流涎，频繁出现吞咽动作。颈部食管阻塞时，外部触诊可感阻塞物；胸部食管阻塞时，在阻塞部位上方的食管内积满唾液，触诊能感到波动并引起哽噎运动。胃管探诊，当触及阻塞物时，感到阻力，不能推进送入瘤胃中。由于嗳气障碍而易发生瘤胃鼓胀，经瘤胃穿刺，病情缓解后，不久又发生急性瘤胃气臌。

（三）诊断要点

1. 症状

大量流涎、吞咽障碍、瘤胃气膨，多突然发病。

2. 触诊

颈部食管阻塞时可感阻塞物；胸部食管阻塞时，在阻塞部位上方的食管内积满唾液，触诊能感到波动。

3. 导管探诊

当触及阻塞物时，感到阻力，不能推进瘤胃中。

4.X 线检查

在完全性阻塞或阻塞物质地致密时，阻塞部呈块状密影。

（四）鉴别诊断

本病要与流涎、瘤胃气膨两症状共有的疾病进行区别诊断。

1. 有机磷中毒

瞳孔缩小，腹痛，呼吸困难，全身颤抖、抽搐。

2. 食管狭窄

病情发展缓慢，常常表现为假性食管阻塞症状，但饮水和流体饲料可以咽下。

3. 破伤风

头颈伸直，两耳直立，牙关紧闭，四肢强直如木马状。

（五）防治

1. 治疗原则

解除阻塞，疏通食管，消除气膨，防止窒息死亡，加强护理和预防并发症的发生。

2. 治疗措施

（1）瘤胃气膨　严重有窒息死亡危险的应首先穿刺放气。

（2）除噎法

①挤压法。当采食块根、块茎饲料而阻塞于颈部食管时，将病畜横卧保定，用平板或砖垫在食管阻塞部位。然后以手掌抵于阻塞物下端，朝咽部方向挤压，将阻塞物挤压到口腔，即可排除。若为谷物与糠麸，病畜站立保定，双手从左右两侧挤压阻塞物，促进阻塞物软化，使其自行咽下。

②推送法。即将胃管插入食管内抵住阻塞物，徐徐把阻塞物推入胃中。此

法主要用于胸部、腹部食管阻塞。在下送时先灌一定量的植物油或液状石蜡效果更好。

③打气法。把打气管接在胃管上，然后适量打气（犊牛、羊用口吹），并趁势推动胃管，将阻塞物推入胃内。但要注意，不能打气过多和推送过猛，以免食管破裂。

④打水法。一般方便的方法是将胃管的一端连接于水龙头上，另一端送入食管内，待确定胃管与阻塞物接触之后，迅速打开水龙头并顺势将阻塞物送入瘤胃内。

⑤虹吸法。当阻塞物为颗粒状或粉状饲料时，除"挤压法"外，还可用清水反复泵吸或虹吸，把阻塞物吸出，或者将阻塞物冲下。

⑥药物疗法。在食管润滑的状态下，皮下注射3%盐酸毛果芸香碱3 ml，促进食管肌肉收缩和分泌，经3~4 h奏效。

⑦掏噎法。近咽部食管阻塞，在装上开口器后，可徒手或借助器械取出阻塞物；也可以用长柄钳（长50 cm以上）夹出或用8号铁丝拧成套环送入食管套出阻塞物。

⑧碎噎法。对容易碎的阻塞物（如甘薯、马铃薯、苹果、嫩玉米穗、豆饼块、花生饼）引起的噎症，可用两块砖对准阻塞物将其砸碎，或将病牛右侧侧卧保定，在阻塞物的下方垫一块砖头，用另一块砖头对准阻塞物将其砸碎，并送入瘤胃中。

⑨民间法。先灌入少量植物油，稍待片刻后，将缰绳拴在左前肢系凹部，使牛头尽量低下，然后驱赶前进，借助颈部肌肉收缩，使阻塞物咽入胃内。

⑩手术疗法。当采取上述方法不见效时，应施行手术疗法。采用食管切开术，或开腹按压法治疗。也可施行瘤胃切开术，通过喷门将阻塞物排除。近咽部食管阻塞：在装上开口器后，可徒手或借助器械取出阻塞物。

3.预防措施

加强饲养管理，定时饲喂，防止牛、羊饥饿后抢食；合理加工调制饲料，块根、块茎及粗硬饲料要切碎或泡软后喂饲；秋收时当牛、羊路过马铃薯和萝卜地时应格外小心；妥善管理饲料堆放间，防止牛、羊偷食或骤然采食；要积极治疗有异食癖的病畜。

第二节
前胃疾病

一、前胃弛缓

前胃弛缓是由各种病因导致前胃神经兴奋性降低，肌肉收缩力减弱，瘤胃内容物运转缓慢，微生物区系失调，产生大量发酵和腐败的物质，引起消化障碍，食欲、反刍减退，乃至全身功能紊乱的一种疾病。本病是耕牛、奶牛的一种多发病，本病的特征是食欲减退，前胃蠕动减弱，反刍、吸气减少或废绝。

（一）病因

1. 原发性前胃弛缓

（1）引起神经兴奋性降低的因素　长期饲喂粉状饲料或精饲料等体积小的饲料，使内容物对瘤胃刺激较小；长期饲喂单一或不易消化的粗饲料，如麦糠、秕壳、半干的山芋藤、紫云英、豆秸等；突然改变饲养方式，饲料突变，频繁更换饲养员和调换圈舍；矿物质和维生素缺乏，特别是缺钙时，血钙水平低，致使神经—体液调节功能紊乱，引起单纯性消化不良；天气突然变化等情况；长期重度使役或长时间使役、劳役与休闲不均等；采食了有毒植物，如醉马草、毒芹等。

（2）引起纤毛虫活性和数量改变的因素　长期大量服用抗菌药物，长期饲喂营养价值不全的饲料等，长期饲喂变质或冰冻饲料。

（3）应激因素的影响在本病的发生上起重要作用　如严寒、酷暑、饥饿、疲劳、分娩、断奶、离群、惊吓等。

2. 继发性前胃弛缓

常继发于热性病、疼痛性疾病，以及多种传染病、寄生虫病和某些代谢病（骨软症、酮病）过程中，及瓣胃与皱胃阻塞、皱胃炎、皱胃溃疡、创伤性网胃腹膜炎、胎衣不下、误食胎衣、中毒性疾病过程中。

（二）发病机制

以上致病因素的作用，引起中枢神经系统和植物性神经系统的功能紊乱，特别是当钙离子水平降低或受到各种应激因素影响时，副交感神经兴奋性降低，乙酰胆碱释放减少，神经—体液调节功能减退，导致前胃兴奋性降低，而发生前胃弛缓。

由于前胃收缩力减弱，妨碍胃内容物的充分搅拌和后送，致使内容物停滞于胃内，发酵和腐败，产生大量的有机酸（乙酸、丙酸、丁酸、乳酸等）和气体，pH下降。同时，瘤胃内微生物区系共生关系遭到破坏，纤毛虫的活力减弱，数量减少，消化道反射活动受到抑制，食欲减退或废绝，反刍减弱或停止。随着疾病的发展，产生大量的有毒物质和毒素；内容物异常腐败分解，产生大量的氨气和其他含氮物质，从而发生自体中毒，引起全身机能紊乱。

（三）症状

1. 急性型

（1）食欲　病畜食欲减退或废绝，反刍减少、短促、无力，嗳气增多并带酸臭味。

（2）泌乳量和体温　奶牛和奶山羊泌乳量下降；体温、呼吸、脉搏一般无明显异常。

（3）瘤胃　蠕动音减弱，蠕动次数减少，间隔缩短。

（4）触诊　触诊瘤胃，其内容物坚硬或呈粥状。病初粪便变化不大，随后粪便变得干硬、色暗，被覆黏液。

（5）其他　如果伴发前胃炎或酸中毒时，病情急剧恶化，呻吟，磨牙，食欲废绝，反刍停止，排棕褐色糊状恶臭粪便；精神沉郁，黏膜发绀，皮温不均，体温下降，脉率增快，呼吸困难，鼻镜干燥，眼窝凹陷。

2. 慢性型

多是继发性的。病畜食欲不定，发生异嗜；反刍不规则，短促、无力或停止，嗳气减少；病情时好时坏，日渐消瘦，被毛干枯、无光泽，皮肤干燥、弹性减退；精神不振，体质虚弱；瘤胃蠕动音减弱或消失，内容物黏硬或稀软，瘤胃轻度鼓胀；还有原发病的症状。老牛病重时，呈现贫血与衰竭，并常有死亡发生。

（四）诊断

1. 症状诊断

病畜食欲减退或废绝，反刍减少，嗳气增多，瘤胃蠕动微弱。

2. 实验室诊断

瘤胃液pH降至5.5以下；纤毛虫活力降低，数量减少；糖发酵能力降低。

（五）防治

1. 治疗原则

除去病因，加强护理，增强前胃功能，防止内容物腐败发酵，改善瘤胃内环境，恢复正常微生物区系，对症治疗。

2. 治疗措施

（1）除去病因，加强护理　病初绝食1~2d，保证充足的清洁饮水，以后给予适量的易消化的青草或优质干草。轻症病例可在1~2d自愈。

（2）缓泻　可用硫酸钠（或硫酸镁）（牛300~800g，羊100~200g）、液状石蜡（牛500~2 000 ml，羊100~200 ml）、植物油（牛500~1 000 ml，羊100~200 ml）。盐类泻剂于病初只用一次，以防引起脱水和前胃炎。

（3）止酵　大蒜头200~300g或大蒜酊100 ml、95%乙醇或白酒（牛100~150 ml，羊20~30 ml加水服）、松节油（牛20~30 ml，羊5~10 ml），一次内服。也可用苦味酊（牛50~100 ml，羊10~20 ml）一次内服。

（4）促进前胃蠕动　食饵疗法：给病畜适口性好的草料，通过口腔的活动反射性引起胃肠蠕动。促反刍液：5%氯化钙（牛200~300 ml，羊5~10 ml）、10%氯化钠注射液（牛300~500 ml，羊5~10 ml）、10%安钠咖注射液（牛20~30 ml，羊5~10 ml），一次静脉注射，每日1次。如果将10%安钠咖注射液更换为30%安乃近（新促反刍液）再加入糖液内静脉注射，则疗效更好。拟胆碱药物：新斯的明20~30 mg，一次肌内注射；氯贝胆碱2~3 mg，一次皮下注射；毛果芸香碱30~50 mg，一次皮下注射；0.2%硝酸士的宁（牛5~10 ml，羊1~2 ml），一次皮下注射或脾俞穴注射。刺激性兴奋剂：0.1%硫酸铜液2 000~4 000 ml内服。

（5）改善瘤胃内环境，恢复正常微生物区系　首先校正瘤胃内环境的pH，若pH＞7时以食用醋洗胃；若pH＜7时以碳酸氢钠溶液洗胃；若渗透压较高时以清水洗胃。待瘤胃内环境接近中性，渗透压适宜的时候给病牛投服健康牛反刍食团或灌服健康牛瘤胃液4~8 L。另外用酵母粉（牛300 g，羊100 g）、红糖（牛250 g，羊50 g）、95%乙醇或龙胆酊、陈皮酊（牛50~100 ml，羊10~20 ml）混合加常水适量，一次内服，也有助于恢复正常微生物区系，有效治疗该病。酵母粉500 g，滑石粉500 g，加温水内服更有良效。

（6）对症疗法　继发性鼓胀的病牛，清油750 ml、大蒜头200 g（捣碎水调服）、食醋500 ml，加水适量灌服。当病畜呈现轻度脱水和自体中毒时，应用 25% 葡萄糖注射液 500~1 000 ml，40% 乌洛托品注射液 20~50 ml，20% 安钠咖注射液 10~20 ml，静脉注射。或静脉注射 5% 碳酸氢钠 500~1 000 ml。重症病例应先强心、补液，再洗胃。

（7）止痛与调节神经功能疗法　对于一些病久的或重病的畜体来讲，可静脉注射安溴（牛 50~150 ml，羊 10~20 ml）或 0.25% 盐酸普鲁卡因（牛 100~200 ml，羊 10~20 ml）；也可以肌内注射盐酸异丙嗪注射液（牛 250~500 mg，羊 50~100 mg）或 30% 安乃近（牛 30~50 ml，羊 10~20 ml）或安痛定 20 ml。

（8）中药方剂　方剂 1。当归（油炒）100~200 g，番泻叶 60~80 g，茯苓 30~40 g，山楂、麦芽、神曲各 60 g，桔梗 30 g，杏仁 30 g，枳实 30 g，木香 20~30 g，厚朴 30 g，香附子 30 g，二丑 30 g，槟榔 60 g，大黄 30 g，炒马钱子 5~8 g，研末开水冲或水煎，加食用油 250~500 ml 或液体石蜡 500 ml，灌服。本方适用于粪少而干者，体质虚弱者加党参、黄芪等以扶正。

方剂 2。椿皮散：椿皮、莱菔子、枳壳各 60 g，常山、柴胡各 25 g，甘草 15 g，研末开水冲服。如加苦参 50 g，麦芽、山楂、神曲各 50 g，疗效更好。

方剂 3。白术（炒）60~90 g，茯苓 30~45 g，川木香 30 g，槟榔 80 g，山楂 80 g，神曲 100 g，半夏 30 g，枳实 30 g，连翘 30 g，莱菔子 80 g，厚朴 30 g，马钱子 8 g，研末开水冲服或水煎服。本方适用于粪便稀软者。

3. 预防措施

主要是改善饲养管理，注意饲料的选择、保管，防止霉败变质；不可任意增加饲料用量或突然变更饲料种类；建立合理的使役制度，休闲时期应注意适当运动；避免不利因素刺激和干扰，尽量减少各种应激因素的影响。

二、瘤胃积食

瘤胃积食又称急性瘤胃扩张，是反刍动物贪食大量粗纤维饲料或容易膨胀的饲料引起瘤胃扩张，瘤胃容积增大，内容物停滞和阻塞以及整个前胃功能障碍，形成脱水和毒血症的一种严重疾病。临床上以瘤胃体积增大且较坚硬、呻吟、食欲废绝为特征。

（一）病因

1. 原发性瘤胃积食

主要是由于贪食大量粗纤维饲料或容易膨胀的饲料，如小麦秸秆、老苜蓿、花生蔓、紫云英、谷草、稻草、甘薯蔓等，再加之缺乏饮水，难以消化所致；

过食精料，如小麦、玉米、黄豆、麸皮、棉籽饼、酒糟、豆渣等；因误食大量塑料薄膜而造成积食；突然改变饲养方式以及饲料突变、饥饱无常、饱食后立即使役或使役后立即饲喂等因素引起本病的发生；各种应激因素的影响如过度紧张、运动不足、过于肥胖等引起本病的发生。

2. 继发性瘤胃积食

本病也常常继发于前胃弛缓、创伤性网胃腹膜炎、瓣胃阻塞、皱胃阻塞、胎衣不下、药呛肺等疾病过程中。

（二）发病机制

由于过量饲料积聚于瘤胃，压迫瘤胃黏膜感受器，反射地使植物性神经功能发生紊乱，瘤胃在短时间兴奋后，很快转入抑制，蠕动减弱甚至消失，胃壁扩张和麻痹。瘤胃内容物发酵、腐败，产生大量气体和有毒物质，刺激瘤胃壁神经感受器，引起腹痛不安。随着病情发展，瘤胃内微生物区系失调，纤毛虫活性降低，腐败产物增多。一方面引起瘤胃炎；另一方面有毒物质被吸收，引起自体中毒，病畜出现兴奋、痉挛、抽搐、血管扩张、血压下降、循环虚脱，病情更加危重。瘤胃渗透性增强，引起积液，而造成瘤胃内脱水。由于瘤胃扩张，压迫横膈膜，加上毒素的刺激、脱水，引起心跳、呼吸加快。当酸中毒严重时，病畜表现出蹄叶炎的症状，从而卧地不起。

（三）症状

1. 常在饱食后数小时或 1~2 d 发病

食欲废绝、反刍停止、空嚼、磨牙。腹部鼓胀，左肷部充满内容物，触诊瘤胃，内容物坚实或坚硬，有的病畜触诊敏感，有的不敏感，有的坚实、拳压留痕，有的病例呈粥状。瘤胃蠕动音减弱或消失。有的病畜不安，目光凝视，弓背站立，回顾腹部或后肢踢腹，间或不断地起卧。病情严重时常有呻吟、流涎、嗳气，有时作呕或呕吐。病畜发生腹泻，少数有便秘症状。

2. 内容物检查

前期，内容物 pH 一般由中性逐渐趋向弱酸性；后期，纤毛虫数量显著减少。瘤胃内容物呈粥状，恶臭时，表明病畜继发中毒性瘤胃炎。

3. 重症后期

瘤胃积液，呼吸急促，脉率增快，黏膜发绀，眼窝凹陷，呈现脱水及心力衰竭症状。病畜衰弱，卧地不起，陷于昏迷状态。

（四）病理变化

胃极度扩张，其内含有气体和大量腐败内容物，胃黏膜潮红，有散在性出血斑点；瓣胃叶片坏死；各实质器官淤血。

（五）诊断要点

过食饲料特别是易膨胀的食物或精料。

食欲废绝，反刍停止，瘤胃蠕动音减弱或消失，触诊瘤胃内容物坚实或有波动感。

体温正常，呼吸、心跳加快；有酸中毒导致的蹄叶炎使病畜卧地不起的现象。

（六）防治

1. 治疗原则

加强护理，增强瘤胃蠕动功能，排出瘤胃内容物，制止发酵，对抗组织胺和酸中毒，对症治疗。

2. 治疗措施

实施治疗措施时一定要将过食精料的病例和其他病例区别对待，过食精料5 kg左右的病例，必须在1~2 d实施瘤胃切开术，或反复洗胃除去大量的精料之后，才可以与其他病例采用相同的治疗措施，具体方法如下：

（1）断食　首先断食1~2 d，并且除采食了大量容易膨胀饲料的病例需要适当限制饮水外，其他病例均需给予充足的清洁饮水。

（2）增强瘤胃蠕动功能　促进反刍，加速瘤胃内容物排出。

1）洗胃疗法　用清水反复洗胃。

2）瘤胃按摩　用拳、手掌、木棒与木板（二人抬）、布带（二人拉）按摩瘤胃，每次20~30 min，每日3~4次，对非过食精料的病例可结合灌服酵母粉250~500 g、滑石粉200 g（加适量温水），并进行适当牵遛运动，则效果更好（过食精料的病例禁用）。

3）泻下法　参见前胃弛缓，但需注意的是对过食精料的病例不宜用盐类泻剂，尽量用油类泻剂。

4）兴奋瘤胃　参见前胃弛缓。

5）手术治疗　对危重病例和洗胃不成功的病例，当认为使用药物治疗效果不佳，或怀疑为食入塑料薄膜而造成的顽固病例或严重过食病例，且病畜体况尚好时，应及早施行瘤胃切开术，取出瘤胃内容物，填满优质的草，用1%温食盐水冲洗，并接种健畜瘤胃液。

（3）制止发酵　参见前胃弛缓。

（4）对症治疗　对病程长、伴有脱水和酸中毒的病例，需强心补液，补碳酸氢钠水溶液，以解除酸中毒。

3. 预防措施

加强饲养管理，防止突然变换饲料或脱缰过食；奶牛、奶山羊、肉牛和肉羊按日粮标准饲喂；耕牛不要劳役过度；避免外界各种不良因素的影响和刺激。

三、瘤胃臌气

瘤胃臌气又称瘤胃鼓胀，主要是因采食了大量容易发酵的饲料，在瘤胃内微生物的作用下异常发酵，迅速产生大量气体，致使瘤胃急剧膨胀，膈与胸腔脏器受到压迫，呼吸与血液循环障碍，发生窒息现象的一种疾病。临床上以呼吸极度困难，反刍、暖气障碍，腹围急剧增大等症状为特征。按病因分为原发性鼓胀和继发性鼓胀，按病的性质分为非泡沫性鼓胀和泡沫性鼓胀。

（一）病因

1. 非泡沫性鼓胀

主要是因采食大量的水分含量较高的容易发酵的饲草、饲料，如幼嫩多汁的青草或者经雨、露、霜、雪侵蚀的饲草、饲料而引起；采食了霉败饲草和饲料，如品质不良的青贮饲料、发霉饲草和饲料引起；饲喂后立即使役或使役后马上喂饮；突然更换饲草和饲料，或者改变饲养方式，特别是舍饲转为放牧时或由一牧场转移到另一牧场，更容易导致急性瘤胃鼓胀的发生。

2. 泡沫性鼓胀

泡沫性鼓胀是由于采食了大量含蛋白质、皂苷、果胶等物质的豆科牧草，如新鲜的豌豆蔓叶、苜蓿、草木樨、红三叶、紫云英、豆面等，或者喂饲大量的谷物性饲料，如玉米粉、小麦粉等。

（二）发病机制

非泡沫性鼓胀是在病理情况下，瘤胃内产生气体的速度大于经暖气排出气体的速度，或者瘤胃蠕动力量不足，或者瘤胃过度充满及食管阻塞导致气体不能通过吸气排出，因而导致瘤胃的急剧扩张和鼓胀。泡沫性鼓胀是易发酵的饲料特别是豆科植物，含有大量的植物蛋白、皂苷、果胶等物质。其中蛋白、皂苷都可以降低瘤胃内容物的表面张力，使瘤胃内容物发酵所产生的气体形成气泡。果胶等物质并可增高瘤胃液的黏稠度，这样气泡与食糜互相混合形成稳定性的泡沫（瘤胃液 pH 下降至 5.2~6.0 时，泡沫的稳定性显著增高），不易上升而融合成较大的气泡通过嗳气排出，从而导致泡沫性鼓胀的发生。由于瘤胃扩张，造成压迫横膈膜，引起腹痛，心跳加快，呼吸困难，甚至引起窒息死亡。

（三）症状

1. 急性瘤胃鼓胀

通常在采食易发酵饲料后不久发病，甚至在采食中发病。

表现不安或呆立，食欲废绝，口吐白沫，回顾腹部；腹部迅速膨大，左肷窝明显突起，严重者高过背中线；腹壁紧张而有弹性，叩诊呈鼓音；瘤胃蠕动音初期增强，常伴发金属音，后期减弱或消失；因腹压急剧增高，病畜呼吸困难，严重时伸颈张口呼吸，呼吸数增至 60 次/min；心跳加快，可达 100 次/min；病的后期，心力衰竭，静脉怒张，呼吸困难，黏膜发绀；目光恐惧，全身出汗，站立不稳，步态蹒跚，最后倒地抽搐，终因窒息和心脏麻痹而死亡。

2. 慢性瘤胃鼓胀

瘤胃中度膨胀，时胀时消，常为间歇性反复发作，呈慢性消化不良症状，病畜逐渐消瘦。

（四）诊断要点

1. 采食检查

采食大量易发酵产气饲料。

2. 腹部检查

腹部迅速膨大，左肷窝明显突起，严重者高过背中线；腹壁紧张而有弹性，叩诊呈鼓音；病畜呼吸困难，严重时伸颈张口呼吸。

3. 瘤胃穿刺检查

泡沫性鼓胀，只能断断续续地从套管针内排出少量气体，针孔常被堵塞而排气困难；非泡沫性鼓胀，则排气顺畅，鼓胀明显减轻。

4. 胃管检查

非泡沫性鼓胀时，从胃管内排出大量酸臭的气体，鼓胀明显减轻；泡沫性鼓胀时，仅排出少量带泡沫气体，不能解除鼓胀。

（五）防治

1. 治疗原则

加强护理，排除气体，止酵消沫，恢复瘤胃蠕动和对症治疗。

2. 治疗措施

根据病情的缓急、轻重以及病性的不同，采取相应有效的措施进行排气减压。

（1）排气减压　口衔木棒法：对较轻的病例，可使病畜保持前高后低的体位，在小木棒上涂鱼石脂（对役畜也可涂煤油）后衔于病畜口内，同时按摩瘤胃或踩压瘤胃，促进气体排出。胃管排气法：严重病例，当有窒息危险时，应施行胃管排气法，操作方法同送胃管的方法。瘤胃穿刺排气法：严重病例，当有窒息危险且不便实施或不能实施胃管排气法时，应用瘤胃穿刺排气法，操作方法是用套管针一个或数个20号针头插入瘤胃内放气即可。以上这些方法仅对非泡沫性鼓胀有效。手术疗法：当药物治疗效果不显著时，特别是严重的泡沫性鼓胀，应立即施行瘤胃切开术，排气与取出其内容物。病势危急时可用尖刀在左肷部插入瘤胃，放气后再设法缝合切口。

（2）止酵消沫　泡沫性鼓胀可用二甲基硅油，牛25～50g，羊3～5g，加水500g一次灌服；滑石粉500g，丁香30g（研细），温水调服有卓效；植物油或液体石蜡，牛100ml，羊100ml，一次灌服，如加食醋500ml、大蒜头250g（捣烂）效果更好。

止酵：甲醛，牛20～60ml，羊3～10ml，加常水3000ml灌；鱼石脂，牛15～30g，羊3～5g，一次灌服；松节油，牛30ml，羊5ml，一次灌服；95%乙醇，牛100ml，羊30ml，一次灌服或瘤胃内注入；松节油，牛20～60ml，羊3～10ml，临用时加3～4倍植物油稀释灌服；陈皮酊或姜酊牛100ml，羊20ml，一次灌服。有人也提出可使用煤酚皂液等防腐剂来止酵。

注：煤油、甲醛、松节油、煤酚皂液虽能消胀，但因有怪味，一旦病畜死亡，其内脏、肉均不能食用，故一般不用。

（3）排除胃内容物　可用盐类或油类泻剂，如硫酸镁800g加常水3000ml溶解后，一次灌服（牛）；增强瘤胃蠕动，促进反刍和嗳气，可使用瘤胃兴奋药、拟胆碱药等进行治疗。此外，调节瘤胃内容物pH，可用3%碳酸氢钠溶液洗涤瘤胃。注意全身功能状态，及时强心补液，进行对症治疗。

（4）慢性瘤胃鼓胀多为继发性瘤胃鼓胀　除应用急性瘤胃鼓胀的疗法缓解鼓胀症状外，还必须彻底治疗原发病。

3. 预防措施

加强饲养管理。禁止饲喂霉败饲料，尽量少喂堆积发酵或被雨露浸湿的青草。在饲喂易发酵的青绿饲料时，应先饲喂干草，然后再饲喂青绿饲料。由舍饲转为放牧时，最初几天要先喂一些干草后再出牧，并且还应限制放牧时间及采食量。不让牛、羊进入苕子地、苜蓿地暴食幼嫩多汁豆科植物。舍饲育肥动物，应该在全价日粮中至少含有 10% 的粗料。

四、瘤胃酸中毒

瘤胃酸中毒又称急性碳水化合物过食，是牛、羊因采食大量的谷类或其他富含碳水化合物的饲料后，导致瘤胃内产生大量乳酸而引起的一种急性代谢性酸中毒。其特征为消化障碍、瘤胃运动停滞、脱水、酸血症、运动失调甚至瘫痪、衰弱、休克，常导致死亡。

（一）病因

常见的病因主要有下列几种。

1. 饲养管理不当

牛、羊闯进厨房或住宅、饲料房、粮食或饲料仓库或晒谷场，在短时间内采食了大量的食物，如面、米、豆腐、馍等；谷物或豆类，如大麦、小麦、玉米、稻谷、高粱及甘薯干，特别是粉碎后的谷物，畜禽的配合饲料，在瘤胃内高速发酵，产生大量的乳酸而引起瘤胃酸中毒。

2. 饲料转换不当

舍饲肉牛、肉羊若不按照由高粗饲料向高精饲料逐渐变换的方式，而是突然饲喂高精饲料而草不足时，易发生瘤胃酸中毒。

3. 饲料混合不匀

现代化奶牛生产中常因饲料混合不匀而使采入精料含量多的牛发病。

4. 突然补饲谷物精料

在农忙季节，给耕牛突然补饲谷物精料、豆糊、玉米粥或其他谷物，因消化功能不相适应，瘤胃内微生物群系失调，迅速发酵形成大量酸性物质而发病。

5. 采食其他容易导致瘤胃酸中毒的食物

当牛、羊采食发酵后的甜菜渣、淀粉渣、酒渣、醋渣也会发病；当牛、羊采食苹果、青玉米、甘薯、马铃薯、甜菜时也可发病。

（二）发病机制

易发酵的饲料在瘤胃被多种细菌（如牛链球菌、乳酸杆菌等）分解产生大量的有机酸，如乙酸、丙酸、乳酸、丁酸等。随着瘤胃中有机酸的增多，内容物 pH 下降。当 pH 下降至 4.5~5 时，瘤胃内渗透压升高，体液向瘤胃内转移并引起瘤胃积液，导致血液浓稠，机体脱水。瘤胃乳酸浓度增高可引起化学性瘤胃炎，损伤瘤胃黏膜，使血浆向瘤胃内渗漏。大量酸性产物被吸收，引起乳酸血症，血液二氧化碳结合力降低，尿液 pH 下降。瘤胃内的氨基酸形成各种有毒的胺类，如组胺、尸胺等，并随着革兰氏阴性菌的减少和革兰氏阳性菌（牛链球菌、乳酸杆菌等）的增多，瘤胃内游离内毒素浓度上升（15~18 倍）。组胺和内毒素加剧了瘤胃酸中毒的过程，损害肝脏和神经系统，因此出现严重的神经症状、蹄叶炎、中毒性前胃炎或胃肠炎，甚至休克及死亡。

（三）症状

本病多数呈现急性经过，一般 24 h 内发生，有些特急性病例可在采食谷类饲料后 3~5 h 无明显症状而突然死亡或仅见精神沉郁、昏迷，而后很快死亡。本病的主要症状及发病速度与饲料的种类、性质及食入的量有关，以饲喂玉米、大米、大麦及小麦的发病较快而且严重，饲喂加工粉碎的饲料比饲喂未经粉碎的饲料发病快。

1. 轻微瘤胃酸中毒的病例

病畜表现神情恐惧，食欲减退，反刍减少，瘤胃蠕动减弱，瘤胃胀满；呈轻度腹痛（间或后肢踢腹）；粪便松软或腹泻。若病情稳定，不需任何治疗，3~4 d 后能自动恢复进食。

2. 中等瘤胃酸中毒病例

精神沉郁，鼻镜干燥，食欲废绝，反刍停止，空口空嚼，流涎，磨牙，粪便稀软或呈水样，有酸臭味。体温正常或偏低。如果在炎热季节，病畜暴晒于阳光下，体温也可升高至 41℃。呼吸急促，50 次/min 以上；脉搏增数，80~100 次/min。瘤胃蠕动音减弱或消失，听叩结合检查有明显的钢管叩击音。以粗饲料为日粮的牛、羊在吞食大量谷物之后发病，触诊时，瘤胃内容物坚实，呈面团感。而吞食少量而发病的病畜，瘤胃并不胀满，过食黄豆、油菜籽者不发生腹泻，但有明显的瘤胃酸胀，病畜皮肤干燥，弹性降低，眼窝凹陷，尿量减少或无尿；血液暗红，黏稠，病畜虚弱或卧地不起，瘤胃 pH 5~6，纤毛虫明显减少或消失，有大量的革兰氏阳性细菌；血液 pH 降至 6.9 以下，血液二氧化碳结合力显著降低，血液乳酸和无机磷酸盐升高；尿液 pH 降至 5 左右。

3. 重剧性瘤胃酸中毒的病例

病畜蹒跚而行，碰撞物体，眼反射减弱或消失，瞳孔光反射迟钝；卧地，头回视腹部，对任何刺激的反应都明显下降；有的病畜兴奋不安，向前狂奔或转圈运动，视觉障碍，以角抵墙，无法控制。病情发展，后肢麻痹、瘫痪、卧地不起；最后角弓反张，昏迷而死。重症病例，实验室检查的各项变化出现更早，发展更快，变化更明显。

（四）诊断要点

1. 症状诊断

脱水，瘤胃胀满，大量出汗，卧地不起，多为躺卧，四肢伸直，心跳多在每分百次以上，呼吸加快，口流涎沫；具有蹄叶炎和神经症状。

2. 病史

过食豆类、谷类或含丰富碳水化合物饲料的病史。

3. 实验室诊断

瘤胃液 pH 下降至 4.5~5.0，血液 pH 降至 6.9 以下，血液乳酸升高等。

（五）防治

1. 治疗原则

加强护理，清除瘤胃内容物，纠正酸中毒，补充体液，恢复胃蠕动。

2. 治疗措施

（1）缓解体内酸中毒

①静脉注射 5% 碳酸钠溶液（牛 1 000~1 500 ml，羊 100~200 ml），每日 1~2 次；10% 氯化钠溶液（牛 500 ml，羊不宜用），每日 1~2 次。

②补液，常用复方生理盐水或葡萄糖生理盐水，输液量根据脱水程度而定，输液时可加入安钠咖。

（2）消除瘤胃中的酸性产物

①导胃与洗胃。

②调节胃液 pH。投服碱性药物，如滑石粉（牛 500~800 g，羊 50~100 g）、碳酸氢钠（牛 300~500 g，羊 100~150 g）或氧化镁（牛 300~500 g，羊 100~150 g），以及碳酸钙（牛 200~300 g，羊 50~100 g）等，每日 1 次。

③使用缓泻剂。如液体石蜡（1 000~1 500 ml，羊 100~200 ml），大黄苏打片（牛 300~500 g，羊 100~150 g）。

④提高瘤胃兴奋性。可用比赛可灵或新斯的明、毛果芸香碱皮下注射。

⑤手术疗法。采食精料过多，产酸严重，无法经洗胃与泻下消除的，对生

命构成威胁的宜及早行瘤胃切开术，排空内容物。用3%碳酸氢钠溶液或温水洗涤瘤胃数次，尽可能彻底地洗去乳酸。然后，向瘤胃内放置适量轻泻剂和优质干草，条件允许时给予正常瘤胃内容物。

（3）恢复瘤胃内容物的体积及瘤胃内微生物群活性　应喂以品质良好的干草，牛、羊无食欲的应耐心强行喂食。为了恢复瘤胃内微生物群活性，可投服健康牛瘤胃液5~8 L。

（4）加强护理　在最初的18~24 h要限制饮水量。在恢复阶段，应喂以品质良好的干草，而不应投食谷物和配合精饲料，以后再逐渐加入谷物和配合饲料。

3. 预防措施

不论奶牛、奶山羊、肉牛、肉羊与绵羊都应以正常的日粮水平饲喂，不可随意加料或补料。肉牛、肉羊由高粗饲料向高精饲料的变换要逐步进行，应有一个适应期。耕牛在农忙季节的补料亦应逐渐增加，不可突然一次补给较多的谷物或豆类。防止牛、羊闯入料房、仓库、晒谷场，暴食谷物、豆类及配合饲料。

五、创伤性网胃腹膜炎

创伤性网胃腹膜炎又称金属器具病或创伤性消化不良，是由于金属异物混杂在饲料内，被误食后进入网胃，导致网胃和腹膜损伤及炎症的一种疾病。本病主要发生于牛，间或发生于羊。

（一）病因

因为牛在采食时，不能用唇辨别混于饲料中的金属异物，而且食物又不能在口腔中咀嚼完全便迅速囫囵吞下，所以只要草料中有金属异物，就可能将其吞下。

容易混入异物的情况有：对金属管理不完善；在建筑工地附近、路边或工厂周围等金属多的地方放牧；饲料加工、堆放、运输、包装、管理不善；没有消除金属异物的装备；工作人员携带的别针、注射针头、发卡、大头钉等保管不善；用具的金属件松动掉落。常见金属异物包括铁钉、碎铁丝、缝针、别针、注射针头、发卡及钢笔尖、回形针、大头钉、指甲剪、铅笔刀和碎铁片等。

（二）症状

单纯性创伤性网胃炎（仅仅对网胃的损伤），则病牛仅表现轻度的前胃弛缓症状，瘤胃蠕动减弱，轻度鼓胀，网胃区敏感。事实上，单纯性创伤性网胃炎是极其少见的，其往往有创伤性心包炎、创伤性腹膜炎、创伤性肺炎、创伤性胃穿孔、创伤性皱胃阻塞等。

（三）诊断

1. 症状

呈现顽固性前胃弛缓，久治不愈。

2. 实验室检查

病的初期，白细胞总数升高，中性粒细胞增至45%~70%、淋巴细胞减少至30%~45%。

3.X线检查

根据X线影像，可确定金属异物损伤网胃壁的部位和性质。

4. 金属异物探测器检查

可查明网胃内金属异物存在的情况。

（四）鉴别诊断

1. 急性局限性网胃腹膜炎

病畜食欲减退或废绝，肘部外展，不安，拱背站立，不愿活动，起卧时极为谨慎，不愿走下坡路、跨沟或急转弯；瘤胃蠕动减弱，轻度鼓胀，排粪减少；网胃区触诊，病牛呈敏感反应，且发病初期表现明显；泌乳量急剧下降；体温升高，但部分病例几天后降至常温；有的病例金属刺到腹壁时，皮下形成脓肿。

2. 弥漫性网胃腹膜炎

全身症状明显，体温升高至40~41℃；脉率、呼吸数增快，食欲废绝，泌乳停止；胃肠蠕动音消失，粪便稀软而少；病畜不愿起立或走动，时常发出呻吟声，在起卧和强迫运动时更加明显。由于腹部广泛性疼痛，难以用触诊的方法检查到网胃局部的腹痛。疾病后期，反应迟钝，体温升高至40℃，多数病畜出现休克症状。

3. 创伤性网胃心包炎

除创伤性网胃炎的症状之外，病牛颌下、胸前水肿，心音浑浊并伴有击水音或金属音。

4. 创伤性皱胃阻塞

右侧皱胃处突出，触诊呈面袋状，消瘦，泌乳量少，间歇性厌食，瘤胃蠕动减弱，间歇性轻度鼓胀，久治不愈。

（五）防治

1. 治疗方法

为使异物被结缔组织包围，减轻炎症、疼痛，改善症状，可用水乌钙、新促反刍液和抗生素三步疗法。抗生素常用庆大霉素 100 万~150 万 IU 或阿米卡星 5 g 或青霉素 500 万~1 500 万 IU，均加在葡萄糖液内静脉注射，连用 2~3 次，疗效十分显著。如效果不显著，除交换使用抗生素外，可改第三步为黄色素（0.5% 黄色素 100~150 ml 加入葡萄糖内）。也可手术取出金属异物。

2. 预防措施

给牛戴磁铁笼；饲料自动输送线或青贮塔卸料机上安装大块电磁板；加强饲养管理，不在饲养区乱丢乱放各种金属异物，不在房前屋后、铁工厂、垃圾堆附近放牧和收割饲草；喂牛、羊时用磁性搅拌工具反复搅拌；定期应用金属探测器检查牛群，并应用金属异物摘除器从瘤胃和网胃中摘除异物。

六、瓣胃阻塞

瓣胃阻塞又称瓣胃秘结，主要是因前胃弛缓，瓣胃收缩力减弱，瓣胃内容物滞留，水分被吸收而干涸，致使瓣胃秘结、扩张的一种疾病。本病常见于牛，尤其是役用牛。

（一）病因

1. 原发性瓣胃阻塞

长期饲喂含有大量泥沙的糠麸、粉渣、酒糟、油饼等饲料，或甘薯蔓、花生蔓、豆秸、青干草、紫云英等含坚韧粗纤维的饲料；草粉过碎或铡得过短或混有泥土、沙子；放牧转为舍饲或突然变换饲料，饲料中缺乏蛋白质、维生素以及微量元素；饲喂后缺乏饮水以及运动不足，劳动过度、消瘦体弱等都可导致本病发生。

2. 继发性瓣胃阻塞

常继发于前胃弛缓、皱胃阻塞、皱胃变位、皱胃溃疡、腹腔脏器粘连等疾病。

（二）症状

病的初期，呈前胃弛缓症状。病牛精神迟钝，食欲不定或减退，便秘，粪便干、小、硬、色暗，奶牛泌乳量下降。瓣胃蠕动音微弱或消失。对瓣胃区触诊或叩诊，病牛疼痛不安。从右肋后切入触诊，瓣胃增大、坚实、向后移位；瘤胃轻度鼓胀。随病情进一步发展，病畜精神沉郁，食欲废绝，反刍停止，鼻镜干燥、皲裂，空嚼、磨牙；后期呼吸浅表、急促，心跳加快；病至后期，精神高度沉郁，排粪停止或排出少量黑褐色恶臭黏液；尿量减少或无尿；体质虚弱；重剧病例，卧地不起，陷于昏迷状态，预后不良。

（三）诊断要点

1. 症状诊断

鼻镜干燥、龟裂，瓣胃蠕动音微弱或消失，粪便干、小、硬、少，落地有弹性，色暗，后期不排粪；切入触诊瓣胃增大、坚实、向后移位。

2. 瓣胃穿刺诊断

用长15～18 cm穿刺针头，于右侧第9肋间与肩关节水平线相交点进行穿刺，如为本病，进针时可感到阻力较大，内容物坚硬，并伴有沙沙音。

（四）防治

本病的治疗是非常困难的，对有价值的病畜及早采用手术治疗是最有效的治疗方法（瓣胃不宜直接手术，可经瘤胃或皱胃切开完成手术）。此外，如果要治疗，治疗原则和治疗措施参考前胃弛缓即可。

1. 治疗方法

主要用油类润下，或油类、滑石粉、酵母粉合用，每日1次，连用一个星期。中药用鲜柏叶或榆白皮各500 g，煎成浓汁，去渣加入清油或液状石蜡1 000 ml灌服。或用油炒当归300 g、番泻叶100 g、麻仁300 g、苏子250 g，研末加液状石蜡1 000 ml灌服。用上药的同时，结合水乌钙、新促反刍液、抗生素三步疗法（见创伤性网胃腹膜炎），效果更好。

2. 预防措施

避免长期饲喂有泥沙的糠麸、糟粕饲料，同时注意适当减少坚硬的粗纤维饲料；铡草喂牛时，也不宜铡得过短；注意补充蛋白质与矿物质饲料；发生前胃弛缓时，应及早治疗，以防止发生本病。

第三节
胃肠疾病

一、皱胃阻塞

皱胃阻塞又称皱胃积食，是由于迷走神经调节功能紊乱或受损，导致皱胃弛缓，内容物滞留，胃壁扩张而形成阻塞的一种疾病。本病常见于黄牛和水牛，奶牛与肉牛也有发生。

（一）病因

1. 原发性皱胃阻塞

由于饲养管理失当而引起：冬春季节因缺乏青绿饲料，用谷草、稻草、麦秸、玉米或高粱秸秆喂牛，常引起发病；因饲喂麦糠、豆秸、甘薯蔓、花生蔓等不易消化的饲料或草粉太细，同时牛饮水不足、使役过度和精神紧张，也常常发生皱胃阻塞；犊牛常因大量乳凝块滞留而发生皱胃阻塞；由于异食或误食沙石、水泥、毛球、麻线、破布、木屑、刨花、塑料薄膜、胎盘而引起机械性皱胃阻塞。

2. 继发性皱胃阻塞

常继发于前胃弛缓、创伤性网胃腹膜炎、皱胃溃疡、皱胃炎等疾病。

（二）发病机制

在迷走神经机能紊乱或损伤的情况下，由于饲养管理不当等不良因素的影响，反射性地引起幽门痉挛、皱胃壁弛缓和扩张，皱胃内容物大量积聚，形成阻塞，继而导致瓣胃秘结。由于液体不能通过阻塞的皱胃进入小肠而被吸收，引起脱水；瘤胃内微生物区系急剧变化，内容物腐败过程加剧，产生大量的刺激性有毒物质，瘤胃内有大量积液，发生严重的脱水和自体中毒。

（三）症状

病的初期，食欲减退、反刍障碍或停止，脱水病畜则喜饮水；有的先引起瘤胃鼓胀，瘤胃蠕动音减弱，瓣胃音低沉，腹围无明显异常；尿量短少，粪便干燥且量少。

随着病情发展，病畜精神沉郁，被毛逆立，鼻镜干燥，食欲废绝，反刍停止；腹部下垂，腹围显著增大。瘤胃与瓣胃蠕动音消失，肠音微弱；因瘤胃大量积液，冲击式触诊，呈现振水音和波动感。因皱胃扩张下沉，重剧的病例，右侧中腹部到后下方呈局限性膨隆，触诊皱胃区坚硬，病牛表现敏感。特别是继发于创伤性腹膜炎的病例，由于腹腔器官粘连，皱胃位置固定，更为明显。另外，病牛常呈现排粪姿势，有时排出少量糊状、棕褐色的恶臭粪便，混杂少量黏液或紫黑色血丝和血凝块，后期排粪停止；尿量少而浓稠，呈黄色或深黄色，具有强烈的臭味。

直肠检查：直肠内有少量粪便和成团的黏液，混有坏死黏膜组织。黄牛体型较小，可于骨盆腔前缘右侧前下方，能触摸到向后伸展扩张呈捏粉样硬度的部分皱胃体；奶牛和水牛体型较大，直肠内不易触及，必要时可以进行剖腹探查。

犊牛皱胃阻塞，常表现持续性腹泻，体弱消瘦，腹部鼓胀下垂，冲击式触诊，可听到一种类似流水音的异常声音。

病的末期，病牛精神极度沉郁，虚弱，皮肤弹性降低，鼻镜干裂，眼窝凹陷；结膜发绀，舌面皱缩，血液黏稠，心率100次/min以上，呈现严重的脱水和自体中毒症状，病程长的达1个月。

（四）诊断要点

1. 症状诊断

右腹部皱胃区局限性膨隆，触诊皱胃区坚硬。

2. 实验室诊断

皱胃穿刺，测定其内容物的pH为1~4；瘤胃液pH多为7~9；纤毛虫数量减少，活力降低。

（五）防治

1. 治疗原则

加强护理，消积化滞，缓解幽门痉挛，促进皱胃内容物排出，增强全身抵抗力，对症治疗。

2. 治疗措施

（1）保守疗法

①通过直肠用手按压幽门口或用木棒按摩，有十分显著的疗效。

②消积化滞，排除皱胃内容物，应使用盐类或油类泻剂，如早期可用硫酸钠300~400g，液状石蜡（或植物油）500~1000ml，滑石粉、酵母粉各500g，水6~10L，牛一次内服，如果再配合按摩其疗效更佳；以后每天灌油类泻剂，连用5~7d，并结合中药（同瓣胃阻塞）治疗。

③为改善中枢神经调节作用，增强胃肠及心脏活动机能，防止脱水和自体中毒，应及时强心补液、纠正自体中毒，可用5%葡萄糖生理盐水2000~4000ml、20%安钠咖注射液10~20ml、40%乌洛托品注射液30~40ml、10%维生素C注射液30ml，牛一次静脉注射，或用三步疗法（见创伤性网胃腹膜炎），连用1周。发生自体中毒时，可用撒乌安注射液100~200ml或樟脑乙醇注射液200~300ml，静脉注射。

（2）手术疗法　于右腹壁直接施行皱胃切开术，取出阻塞物，同时经瓣胃、皱胃取出瓣胃中的阻塞物（体格较小者可通过瘤胃切开术疏通瓣胃），疏通瓣胃秘结，才能达到治愈的目的。

3. 预防措施

加强饲养管理，合理配合日粮，特别要注意粗饲料和精饲料的调配，饲草不能铡得过短，精料不能粉碎过细；注意清除饲料中的异物，避免损伤迷走神经；农忙季节，应保证耕牛充足的饮水和适当的休息。

二、皱胃变位

皱胃变位即皱胃的正常解剖学位置改变。按其变位的方向分为左方变位（指皱胃通过瘤胃下方移到左侧腹腔，置于瘤胃和左腹壁之间）和右方变位（指皱胃从正常的解剖位置以顺时针方向扭转到瓣胃的后上方，而置于肝脏与腹壁之间）两种类型。习惯上把左方变位称为皱胃变位，而把右方变位称为皱胃扭转。在兽医临床上绝大多数病例是左方变位，且成年高产奶牛的发病率高，发病高峰在分娩后 6 周内。犊牛与公牛较少发病。

（一）病因

皱胃左方变位。

1. 皱胃弛缓

皱胃功能不良，导致皱胃扩张和充气，容易因受压而游走变位。造成皱胃弛缓的原因包括一些营养代谢性疾病或感染性疾病，如酮病、低钙血症、生产瘫痪、牛妊娠毒血症、子宫炎、乳腺炎、胎衣不下、消化不良，以及喂饲较多的高蛋白精料或含高水平酸性成分饲料，如玉米青贮等。此外，由于上述疾病可使病畜食欲减退，导致瘤胃体积减小，促进皱胃变位的发生。

2. 皱胃机械性转移

妊娠子宫逐渐增大而沉重，将瘤胃从腹腔底抬高，而致皱胃向左方移位，分娩时，由于胎儿被产出，瘤胃恢复下沉，致使皱胃被压到瘤胃与左腹壁之间。此外，爬跨、翻滚、跳跃等情况，也可能造成发病。

（二）症状

1. 左方变位

病初前胃弛缓，食欲减退，厌食精料，青贮饲料的采食量往往减少，多数病牛只对粗饲料仍保留一些食欲，产奶量下降 1/3~1/2。通常排粪量减少，呈糊状，深绿色。随病程发展，左腹膨大，左侧肋弓突起，瘤胃蠕动音减弱或消失。在左腹听诊，能听到与瘤胃蠕动时间不一致的皱胃蠕动音。在左腹部后 3 个肋骨区域内叩诊（病的初期应结合听诊），可听到高亢的鼓音或典型的钢管音（类似叩击钢管的铿锵音）。在左侧肋弓下进行冲击式触诊可听到振水音（液体振荡音）。直肠检查，可发现瘤胃背囊明显右移。有的病牛可出现继发性酮病，呼出气体和乳汁带有酮气味。

2. 右方变位

病情急剧，突然发生腹痛，背腰下沉，呻吟不安，后肢蹴腹。食欲减退或废绝，泌乳量急剧下降，体温一般正常或偏低，心率加快。瘤胃蠕动音消失，粪便呈黑色、糊状，混有血液。可见右腹膨大或肋弓突起，冲击式触诊可听到液体振荡音。在听诊右腹同时叩打最后两个肋骨，可听到典型的钢管音。直肠检查，在右腹部触摸到鼓胀而紧张的皱胃。从鼓胀部位穿刺皱胃，可抽出大量带血色液体，pH 为 1~4。

（三）诊断

1. 皱胃左方变位诊断要点

（1）高产母牛较为多见 多数发生在分娩之后，少数发生在产前。

（2）饮食状况 个别病牛腹痛和拒食，多数病牛仍保留一些食欲，粪便稀薄或腹泻。

（3）两侧腰窝状况 两侧腰窝均不饱满，而左侧最后三个肋骨间显示膨大。

（4）检查牛乳或病牛呼出气体 可闻到酮体气味（烂苹果味），尿中出现酮体。

（5）检查左侧第 11 肋间中部 听诊能听到与瘤胃蠕动不一致的皱胃音，叩诊发现含气皱胃呈钢管音。必要时可做该区的穿刺检查，若抽出的胃液呈酸性反应，pH 为 1~4，呈棕褐色，缺乏纤毛虫等，即可证明是皱胃（每次穿刺皱胃的同时，都应进行瘤胃穿刺，取瘤胃液作对比）。

（6）检查瘤胃背囊 直检发现瘤胃背囊明显右移，有时能摸到皱胃。

（7）检查其他症状 体温、呼吸、脉搏基本正常。

2. 皱胃右方变位诊断要点

（1）急性病例 突然发生腹痛，蹴踢腹部，腰背下沉，粪便黑色，混有血液。

（2）幽门阻塞 由于幽门阻塞，引起皱胃鼓胀和积液，做冲击性触诊和震摇，可听到一种液体振荡音，局部听诊，并用手指叩打听诊器周围，可听到高调的"乒乓"音。穿刺液多为淡红色至咖啡色，pH 3~6.5（瘤胃穿刺液 pH 多在 6.5 以上）。

（3）直检　直检时在右侧腹部能触摸到鼓胀而紧张的皱胃，有时能完全充满半个腹腔。

（4）体况　体温多在 39~39.5 ℃，呼吸 20~50 次/min、心跳 90~120 次/min，病牛失水，眼球下陷。

（5）病程　轻度扭转时，病程达 1~14 d，病程较短者，可在 24~48 h 死亡。

（四）治疗

1. 皱胃左方变位的治疗方法和预防措施

目前治疗皱胃左方变位的方法有手术疗法和滚转复位法两种。手术疗法适用于病后的任何时期，疗效确实，是根治疗法；滚转复位法，仅限于病程短，病情轻的病例，且成功率不高。

（1）手术疗法　在左腹部腰椎横突下方 25~35 cm，距第 13 肋骨 6~8 cm 处，做一长 15~20 cm 垂直切口；打开腹腔，暴露皱胃，导出皱胃内的气体和液体；牵拉皱胃寻找大网膜，将大网膜引至切口处，然后可用两种方法将皱胃推移复位并固定于其正常位置，这两种方法分述如下。

整复固定方法一：用 10 号双股缝合线，在皱胃大弯的大网膜附着部做 2~3 个纽扣缝合，术者掌心握缝线一端，紧贴左腹壁内侧伸向右腹底部皱胃正常位置，助手根据术者指示的相应体表位置，局部常规处理后，做一个皮肤小切口，然后用止血钳刺入腹腔，夹术者掌心的缝线，将其引至腹壁外。同法引出另外的纽扣缝合线。然后术者用拳头抵住皱胃，沿左腹壁推送到瘤胃下方右侧腹底，进行整复。纠正皱胃位置后，由助手拉紧纽扣缝合线，取灭菌小纱布卷，放于皮肤小切口内，将缝线打结于纱布卷上，缝合皮肤小切口。

整复固定方法二：用长约 2 m 的肠线，在皱胃大弯的大网膜附着部做褥式缝合并打结，剪去余端，带有缝针的另一端留在切口外备用；将皱胃沿左腹壁推送到瘤胃下方右侧腹底。纠正皱胃位置后，术者掌心握着备用的带肠线的缝针，紧贴左腹壁内侧伸向右腹底部，并按助手在腹壁外指示的皱胃正常体表位置，将缝针向外穿透腹壁，由助手将缝针拔出，慢慢拉紧缝线；将缝针从原针孔刺入皮下，距针孔处 1.5~2.0 cm 处穿出皮肤，引出缝线，将其与入针处线端在皮肤外打结固定。

常规闭合腹壁切口，装结系绷带。

（2）滚转复位法　饥饿 1~2 d 并限制饮水，使瘤胃容积缩小；使牛右侧横卧 1 min，将四蹄缚住，然后转成仰卧 1 min，随后以背部为轴心，先向左滚转 45°，回到正中，再向右滚转 45°，最后回到正中（左右摆幅 90°）。如此来回地向左右两侧摆动若干次，每次回到正中位置时静止 2~3 min；将牛转为左侧横卧，使瘤胃与腹壁接触，转成俯卧后使牛站立，也可以左右来回摆动 3~5 min 后，突然停止；在右侧横卧状态下，用叩诊和听诊结合的方法判断皱胃是否已经复位。若已经复位，停止滚转；若仍未复位，再继续滚转，直至复位为止。然后让病牛缓慢转成正常卧地姿势，静卧 20 min 后，再使牛站立。

治疗过程中，适时口服缓泻剂与止酵剂，应用促反刍药物和拟胆碱药物，静脉注射钙剂和口服氯化钾，以促进胃肠蠕动，加速胃肠排空，消除皱胃弛缓。若存在并发症，如酮病、乳腺炎、子宫炎等，应同时进行治疗。

滚转法治疗后，让牛尽可能地采食优质干草，以促进胃肠蠕动，增加瘤胃容积，从而防止左方变位的复发。

（3）预防措施　合理配合日粮，日粮中的谷物饲料、青贮饲料和优质干草的比例应适当；对发生乳腺炎或子宫炎、酮病等疾病的病畜应及时治疗；在奶牛的育种方面，应注意选育既要后躯宽大，又要腹部较紧凑的奶牛。

2. 皱胃右方变位的治疗方法和预防措施

一般采用手术疗法，而滚转复位法无效。

（1）手术治疗　皱胃右侧扭转主要采用手术方法治疗，在右腹部第 3 腰椎横突下方 10~15 cm 处，做垂直切口，导出皱胃内的气体和液体；纠正皱胃位置，并使十二指肠和幽门通畅；然后将皱胃在正常位置加以缝合固定，防止复发。治疗中应根据病牛脱水程度，进行补液和强心。同时治疗低钙血症、酮病等并发症。

（2）预防措施　皱胃右方变位的预防与皱胃左方变位的预防措施相似。

三、皱胃炎

皱胃炎是指皱胃黏膜及黏膜下层的炎症。皱胃炎多见于犊牛和老龄牛。

（一）病因

1. 原发性皱胃炎

多因长期饲喂粗硬饲料、冰冻饲料、霉变饲料或长期饲喂糟粕、粉渣等引起。还有各种应激因素的影响，如饲喂不定时定量；或突然变换饲料；或经常调换饲养员；或因长途运输，使动物过度紧张和劳累，因而影响到消化功能，导致皱胃炎的发生。

2.继发性皱胃炎

常继发于感冒、前胃疾病、营养代谢疾病、口腔疾病、某些化学物质中毒以及某些寄生虫病（如血矛线虫病）和传染病（如牛病毒性腹泻、牛沙门菌病）等。

（二）症状

1.急性病例

精神沉郁，垂头站立，鼻镜干燥，结膜潮红、黄染，泌乳量降低甚至完全停止，体温一般无变化。食欲减退或废绝，反刍减少、短促、无力或停止，有时空嚼、磨牙、呕吐；口腔黏膜被覆黏稠唾液，舌苔白腻，口腔散发甘臭味，有的伴发糜烂性口炎；瘤胃轻度鼓胀，收缩力减弱；触诊右腹部皱胃区，病牛疼痛不安；便秘，粪呈球状、色暗，表面被覆多量黏液或黏液膜，间或腹泻，色暗黑。有的病例表现为腹痛不安，卧地哞叫。有的表现为视力减退，具有明显的神经症状。病的后期，病情急剧恶化，往往伴发肠炎，全身衰弱，脉率增快，脉搏微弱，精神极度沉郁，甚至呈现昏迷状态。

2.慢性病例

表现为长期消化不良，呕吐，异食。口腔甘臭，黏膜苍白或黄染，唾液黏稠，白色舌苔。瘤胃收缩无力，便秘，粪便干硬、色暗，呈球状。病的后期，病畜衰弱，贫血，腹泻。

（三）诊断

本病特征不明显，临床诊断困难。根据病牛消化不良，触诊皱胃区敏感，眼结膜黄染，便秘或腹泻，以及常伴发呕吐等现象，可提出初步诊断。

（四）鉴别诊断

1.与有腹痛症状其他疾病的鉴别

（1）皱胃右方变位　腹痛剧烈，发病急，发展速度快，全身症状迅速恶化，病畜多卧地不起。

（2）肠变位与肠阻塞　腹痛剧烈，全身出汗，便血或拉白色胶冻状的粪便，随后胃肠麻痹，腹痛症状消失。

（3）尿痛　腹痛剧烈，发病急，直肠检查膀胱积尿，体积增大。

2.与其他皱胃疾病的鉴别

（1）皱胃左方变位　叩诊时有音调高而清脆的钢管音，范围大，用叩诊锤直接叩诊，即可听到典型的钢管音；眼球凹陷，严重脱水；病程较长，进行性消瘦；代谢性碱中毒症状明显；在右侧腹下触及不到皱胃。

（2）皱胃阻塞 在右侧腹下撞击式触诊，呈坚实感硬度。

3. 与表现前胃弛缓症状的类症鉴别

（1）瘤胃积食 多因过食引起；腹部膨大，瘤胃胀满，触压坚硬。

（2）创伤性网胃炎 起卧、站立或行走时姿势异常；卧地时呻吟；对网胃区触诊或叩诊，病畜表现疼痛。

（3）奶牛酮病 多发于产后；乳汁、尿液、呼出气体有酮气味。

（4）皱胃变位 通常于分娩后突然发病；在左侧倒数 1~3 肋间叩诊，可听到典型的钢管音。

（5）瘤胃鼓胀 腹部膨大，左肷凸出，叩诊呈鼓音；眼结膜潮红，呼吸困难。

（6）皱胃阻塞 右腹部皱胃区局限性膨隆，触压坚硬；左肷部结合叩诊肋弓进行听诊，呈现类似叩击钢管的铿锵音。

（7）瘤胃酸中毒 体温正常或偏低，多急性发作，躺卧、出汗、心跳每分百次以上。具有蹄叶炎和神经症状；瘤胃液 pH 降至 6 以下。

（五）防治

1. 治疗原则

加强护理，清理胃肠，消炎止痛，增强全身机能，对症治疗。

2. 治疗措施

首先绝食 1~2 d，以后逐渐给予青干草和麸粥。对犊牛，在绝食期间喂给温生理盐水，再给少量牛奶，逐渐增量。对衰弱病畜，静脉注射 25% 葡萄糖 500~1 000 ml，每日 1~2 次。控制瘤胃内容物发酵、腐败。重症病例，在及时使用抗生素（瓣胃注射效果好）的同时，应注意强心、补液，促进新陈代谢。病情好转时，可服用复方龙胆酊、橙皮酊等健胃剂。为清理胃肠道有害内容物，内服油类或盐类泻剂。植物油 500~1 000 ml（或人工盐 400~500 g）。也可用三步疗法（见创伤性网胃腹膜炎）。

慢性病例，应注意清肠消导，健胃止酵，增进治疗效果。

3. 预防措施

加强饲养管理，给予质量良好的饲料，饲料搭配合理；搞好畜舍卫生，尽量避免各种不良因素的刺激和影响。

四、肠便秘

肠便秘是由于肠管运动功能和分泌功能紊乱，内容物滞留不能后移，水分被吸收，致使一段或几段肠管秘结的一种疾病。各种年龄的牛、羊都可发生，便秘常发部位是结肠。

（一）病因

1. 原发性肠便秘的病因

饲喂大量的粗硬劣质饲料，如砻糠、蚕豆糠、干红薯蔓、花生蔓等，同时又缺乏青绿饲料；饲料中混有大量泥沙；牛、羊饮水不足，缺乏适当运动；长期饲喂过细的草料；牛、羊采食了金属异物；牛、羊异食石头、塑料、骨头、皮毛等；过度使役以及各种导致胃肠弛缓的疾病；牛、羊过度饥饿、维生素等缺乏引起的食毛症。

2. 继发性肠便秘的病因

主要见于某些肠道的传染病和寄生虫病，慢性肠结核病，肠道蠕虫病等。其他原因如伴有消化不良时的异食癖、腹膜炎引起肠粘连，也可导致肠便秘。

（二）症状

病畜饮食欲降低、反刍减少并逐渐废绝，瘤胃及肠音沉衰，有的病例会出现腹痛症状，两后肢频频交替踏地，摇尾不安，两后肢后踏并不断凹腰，回顾，后肢蹴腹，大汗淋漓；大部分病例不会出现腹痛症状，病初排粪减少，以后停止，频频努责，以排出少量白胶冻状蛋清样黏液。以拳冲击右腹侧往往出现振水音，尤以结肠阻塞时明显，直肠检查的检出率不高，如为结肠阻塞，小肠积气积水时，可于骨盆右前下方触到部分充气、充水的小肠。病至后期出现脱水和心力衰竭症状。

（三）诊断

1. 腹痛

突然出现腹痛，表现为踢腹、摇尾和频频起卧、努责。半天至一天后，由于肠管麻痹和坏死，腹痛减轻或消失，病牛常卧地不愿起立。

2. 食欲

食欲消失，反刍停止，精神委顿甚至虚脱。失水引起眼球下陷，心跳逐渐加快，振摇右腹部有振水音。

3. 排粪

初期有排粪，但量少，中后期完全停止，多数排出胶冻样黏液。

4. 瘤胃

触诊瘤胃坚实或有轻度鼓胀，瘤胃蠕动多数废绝音。

（四）防治

1. 泻下

可用硫酸钠或硫酸镁（牛 400~800 g，羊 100~200 g）、液状石蜡（牛 500~2 000 ml，羊 100~200 ml，牛加滑石粉 500 g 效果更好）、植物油（牛 500~1 000 ml，羊 100~200 ml）。

2. 促进肠蠕动

拟胆碱药物 0.25% 氯贝胆碱 10~20 ml，一次皮下注射；新斯的明 20~30 mg，一次肌内注射；氨甲酰胆碱 2~3 mg，一次皮下注射；毛果芸香碱 30~50 mg，一次皮下注射；0.2% 硝酸士的宁 5~10 ml，一次皮下注射。

3. 对症疗法

当病畜呈现轻度脱水和自体中毒时，应用 25% 葡萄糖注射液 500~1 000 ml，40% 乌洛托品注射液 20~50 ml，20% 安钠咖注射液 10~20 ml，30% 安乃近 30 ml，混合一次静脉注射。重症病例应先强心、补液。

4. 手术治疗

对一些严重的病例应及早进行手术治疗。

5. 预防措施

对牛要经常给予多汁的块根或青绿饲料，粗纤维饲料要合理配搭，使其饮水充足，适当运动，避免饲料内混入毛发、植物根须等。饲料要配搭合理，避免长期单一饲喂谷糠、酒糟等。

五、肠变位

肠变位又称机械性肠阻塞和变位疝，是由于肠管的自然位置发生改变，致使肠系膜或肠壁受到挤压绞窄，肠腔发生机械性闭塞和肠壁局部发生循环障碍的一组重剧性腹痛病。各种年龄和性别的牛、羊都可发生，但临床上以犊牛和去势公牛较多见；一年四季均可发生，但以冬季多见。肠扭转多发生于空肠，特别是近回肠的部位；役用去势公牛因尿生殖皱褶破裂而引起小肠与输精管的绞窄（去势残留的输精管与腹膜粘连，形成一个孔隙，一段小肠滑入孔内形成缠结）。临床以便血、拉胶冻状黏液粪便和剧烈腹痛为特征。

牛、羊的肠变位包括二十余种病，通常归纳为肠扭转、肠缠结、肠嵌闭、肠套叠等类型。

肠扭转：肠扭转是肠管沿其纵轴或以肠系膜基部为轴发生程度不同的扭转。肠管也可沿横轴发生折转，称为折叠，如小肠扭转、小肠系膜根部扭转、盲肠扭转或折叠等。

肠缠结：肠缠结又称肠缠络或肠绞窄，是一段肠管与另一段肠管或与肠系膜、腹腔肿瘤的根蒂、韧带（如肝镰状韧带、肾脾韧带）、结缔组织索条、精索为轴心缠绕在一起，引起肠腔闭塞不通，如小肠缠结。

肠嵌闭：肠嵌闭又称肠嵌顿，是一段肠管连同其肠系膜坠入病理性破裂孔内，并卡在其中使肠腔闭塞不通，引起血液循环障碍，如役用去势公牛因尿生殖皱褶破裂而引起小肠与输精管的绞窄等。

肠套叠：是一段肠管套入与其相邻的肠管之中或者一段肠管反转陷入肠管内形成套管状，致使相互套入的肠段发生血液循环障碍、渗出等过程，引起肠管粘连、肠腔闭塞不通，如空肠套入空肠、空肠套入回肠、回肠陷入盲肠等。

（一）病因

关于构成肠变位的因素，尚缺乏系统研究。一般将病因大致归纳为机械性和机能性（如肠扭转、缠结、套叠）两种，但二者常互相影响，同时存在。以机械性病因为例来看肠嵌闭，先天性孔穴或后天性病理裂孔的存在是发生肠嵌闭的主要因素。在腹压增大的情况下（如剧烈跳跃、奔跑、难产、交配、便秘、里急后重和肠鼓胀等），偶尔将小肠陷入孔隙而致病。根据孔隙的大小不同，有时被挤入的肠可能因肠蠕动而继续深入，也可能因肠蠕动而不断退出，特别是在腹压降低的情况下这种可能性就更大。功能性肠变位是由于肠功能变化（如肠蠕动增强或弛缓）或在其他因素（如突然摔倒、打滚、肠痉挛等）影响下导致肠扭转、缠结和套叠的发生。能引起肠功能变化的因素有突然受凉，饮食冰冷水和饲料，肠炎、肠内容物性状的改变，肠道寄生虫和全身麻醉状态等。肠缠结是在肠蠕动功能异常增强的情况下发生的，因为游离性大而且肠管较细的小肠易发生肠缠结。在体位改变、腹压增加时也很容易发生肠缠结。而当某段肠管蠕动增强，而与其相邻的肠管处于正常或弛缓状态时，容易导致肠套叠。当肠管充盈，肠蠕动功能增强甚至呈持续性收缩，使肠管相互挤压，往往可以成为扭转的重要因素。此外，体位剧烈改变（如打滚、摔倒、跳跃等），可发生小肠、盲肠或小结肠沿其纵轴扭转；个别肠段被液体、气体、粪便充胀或有泥沙沉积时，当此段肠管因受到刺激而引起蠕动增强，而相邻的肠管又处于相对的弛缓状态，也同样可以成为肠扭转的原因。

（二）症状

病畜食欲废绝，口腔干燥，肠音微弱或消失，排少量恶臭稀粪，并混有黏液和血液。腹痛由间歇性腹痛迅速转为持续性剧烈腹痛，病畜极度不安，急起急卧，有的急剧滚转，驱赶不起，即使用大剂量的镇痛药，腹痛症状也常无明显减轻或仅起到短暂的止痛作用；绝大部分的牛经一段时间剧烈腹痛之后转入麻痹状态，腹痛症状消失。随疾病的发展，体温升高，但很快下降；出汗，肌肉震颤；脉率增快，可达 100 次/min 以上，脉搏细弱；呼吸急促，结膜略红或发绀，四肢及耳鼻发凉，微血管充盈时间显著延长。腹腔穿刺液检查腹腔液呈粉红色或红色。

1. 直肠检查

直肠空虚，内有较多的黏液。当肠系膜扭转时，空肠膨胀，扭转处呈螺旋扭转，被触及时病畜剧痛不安；当盲肠扭转时，盲肠鼓胀，可摸到螺旋状的扭转部，被触及时病畜表现剧痛；当空肠缠结时，缠结处的肠管、肠系膜或韧带缠结成绳结状；当小肠腹股沟嵌闭时，相应的肠管膨胀，小肠肠袢走向腹股沟管，被牵拉时病畜剧痛不安；当肠套叠时，常可在发生套叠处摸到如同前臂或上臂粗的圆柱状肉样肠段，该部被触压时病畜表现剧痛。

当直肠检查仍不能确定肠变位的性质时，可进行剖腹探查。

2. 病程及预后

依据肠变位的性质和程度不同，病程颇不一致，多数病例为 1 周左右。凡病情发展较快，腹痛剧烈，体温升高，脉搏细弱，脉率超过 120 次/min；黏膜发绀，呼吸急促，肌肉震颤，应用一般镇痛药物无效者，预后不良。

（三）诊断要点

1. 腹痛

突然出现腹痛，表现为踢腹、摇尾和频频起卧。0.5～1 d 后，由于肠管麻痹和坏死，腹痛减轻或消失，病牛卧地不愿起立。肠绞窄时持续性腹痛起卧可达 3 d 之久。

2. 食欲

食欲消失，反刍停止，精神委顿甚至虚脱，失水引起眼球下陷，体温正常或稍有上升，心跳逐渐加快。

3. 排粪

初期有排粪，但量少，中后期完全停止。肠套叠时，有时排出少量带血的蛋清样物，肠扭转和肠绞窄时多数排出胶冻样黏液。

4. 瘤胃

触诊瘤胃坚实或有轻度鼓胀，瘤胃蠕动多数废绝音。

5. 腹水

腹下穿刺，腹水较多，病程长者常呈粉红色。

6. 腹壁

冲击右腹壁有的出现波动感和振水声。

7. 指检

肠套叠指检时，可发现紧张的肠系膜及圆柱状肿胀的肠管。若未能摸到，但已发现含气膨胀的肠管，同时手上粘有特征性的松馏油样浓稠黏液物质，就可假定为肠套叠，但应与皱胃溃疡进行区别诊断。

肠扭转指检时，常可摸到紧张而被牵拉的索状肠环，扭转的前段肠管积聚液体和气体而膨胀，后段肠管细软而空虚。盲肠扭转时，于右侧胁部可触到一个约排球大小、有弹性的囊状物（还有间歇性腹痛，排粪障碍，右胁部上方见有明显的横行的局部隆起，叩、听诊有类似钢管音）。应特别注意对空肠、回肠和盲肠的检查。

小肠与输精管绞窄直检时，通常在骨盆耻骨前缘偏右侧（少数偏左侧）或在正中前下方摸到被环状系带缠绕的绞窄肠管，同时相邻的肠管呈局限性膨胀，被压时多反应敏感。

（四）治疗

治疗原则是尽早施行手术整复，搞好术后护理。

轻度肠套叠有的在 1~2 d 能自然恢复而痊愈，或引起永久性肠管粘连而狭窄。重度套叠者经 3~5 d 死亡。故对肠套叠牛需严密观察病情，当牛心跳逐渐加快，全身症状逐渐加重时，应及时进行手术疗法，整复肠管，或许可以痊愈。整复时，应把套入部逆行挤出而不可强行拉出，如肠管已经坏死，只能做病部肠切除并进行肠管吻合术。肠扭转早期确诊后宜立即进行手术疗法，纠正肠管位置，并将肠腔中积存的大量凝血块捏碎，使肠通畅；如已坏死，应予切除。

常见消化系统疾病的鉴别与首选治疗方法见表 7-1 至表 7-4。

表7-1　常见的具有吞咽障碍症状疾病的鉴别与首选治疗方法

病名	主要病因	诊断要点	首选治疗方法
咽炎	①理化、机械和生物性刺激损伤。②抵抗力下降引起的条件致病菌和病毒的感染	咽部红、肿、热、痛和吞咽障碍，头颈伸展转动不灵活，流涎，咳嗽，触诊咽喉部敏感	抗菌消炎，清咽利喉
食管阻塞	食物没有完全咀嚼就咽下	采食、咀嚼障碍，流涎，急性瘤胃臌气，食管沟突起，外部触诊可感阻塞物，食管内积满唾液；胃导管不能进入瘤胃内	消除瘤胃鼓胀，去除阻塞物
破伤风	外伤，破伤风杆菌感染	头颈伸直，两耳直立，牙关紧闭，四肢强直如木马状，不能采食	精制破伤风抗毒素，镇静药
食管炎	①理化、机械和生物性刺激损伤。②抵抗力下降引起的条件致病菌和病毒的感染	胃导管探诊时，病畜敏感，并有阻力，但稍用力即可通过	抗菌消炎
食管狭窄	食管痉挛、食管损伤、食管肿瘤	病情发展缓慢（食管痉挛除外），常常表现为假性食管阻塞症状，但饮水和流体饲料可以咽下；吞咽或反刍时表现疼痛或出现吐草	解痉、消炎、手术

表7-2　常见的具有流涎症状疾病的鉴别与首选治疗方法

病名	主要病因	诊断要点	首选治疗方法
口炎	①理化、机械和生物性刺激损伤。②抵抗力下降引起的条件致病菌和病毒的感染	采食、咀嚼障碍，流涎，口黏膜潮红、肿胀、疼痛、水疱、溃疡等	净化口腔，收敛和消炎
咽炎	同口炎	咽部红、肿、热、痛和吞咽障碍，头颈伸展转动不灵活，流涎，咳嗽，触诊咽喉部敏感	抗菌消炎，清咽利喉
食管阻塞	食物没有完全咀嚼就咽下	采食、咀嚼障碍，流涎，急性瘤胃鼓胀，食管沟突起，外部触诊可感阻塞物，食管内积满唾液；胃导管不能进入瘤胃内	消除瘤胃鼓胀，去除阻塞物
脑炎	脑包虫、抵抗力下降引起的条件致病菌和病毒的感染	兴奋不安、卧地抽搐、流涎	用甘露醇降低颅内压，磺胺药抗菌消炎
恶性卡他热	牛与绵羊同圈或近距离接触	高热稽留，眼睑肿胀、流泪、角膜浑浊变色，血尿，腹泻与便血，可视黏膜潮红，流产等	抗病毒、自血疗法

续表

病名	主要病因	诊断要点	首选治疗方法
口蹄疫	口蹄疫病毒	流涎，口黏膜和舌面上有水疱、溃疡等。有流行性	拒绝治疗，上报，隔离，封锁处理
传染性水疱病	传染性水疱病病毒	流涎，口唇上有水疱、溃疡等。有传染性	净化口腔，收敛和消炎
有机磷农药中毒	误食喷洒或搅拌过有机磷农药的食物	呼吸困难，瞳孔缩小，出汗，流涎，腹痛，腹泻	阿托品、碘解磷定

表 7-3　常见的具有腹痛症状疾病的鉴别与首选治疗方法

病名	主要病因	诊断要点	首选治疗方法
皱胃右方变位	皱胃弛缓	腹痛剧烈，发病急，发展速度快，全身症状迅速恶化，病畜多卧地不起	手术治疗
肠变位与肠阻塞	采食泥沙、被毛、塑料等异物	腹痛剧烈，全身出汗，便血或拉白色胶冻状的粪便，随后胃肠麻痹，腹痛症状消失	泻下，手术治疗
尿痛	尿道炎、尿结石	腹痛剧烈，发病急，直肠检查膀胱积尿体积增大	导尿与膀胱穿刺，利尿与尿路消毒，手术治疗
生产瘫痪	钙、磷的缺乏	有些生产瘫痪在发病初期有一段时间呈现类似剧烈腹痛的症状，全身出汗，体表触诊敏感，然后卧地不起，有的有昏迷症状	补钙、磷疗法
腹膜炎	胃肠炎、腹壁的外伤	腹痛症状明显，腹壁触诊敏感，腹围下方增大，腹水为红色炎性渗出物，体温升高	腹腔注射抗生素，水乌钙疗法

表 7-4　常见的具有前胃弛缓症状疾病的鉴别与首选治疗方法

病名	主要病因	诊断要点	首选治疗方法
瘤胃积食	过食精料，前胃弛缓	多因过食引起；腹部膨大，瘤胃胀满，触压坚硬	增强瘤胃蠕动，止酵，洗胃，泻下，手术治疗
创伤性网胃炎	食入金属等异物	站立或行走时姿势异常；对网胃区触诊或叩诊，病畜表现疼痛，按前胃治疗无效	手术治疗

病名	主要病因	诊断要点	首选治疗方法
奶牛酮病	泌乳量过大	多发于产后；乳汁、尿液、呼出气体有酮气味	补高渗葡萄糖
皱胃变位	皱胃弛缓，皱胃机械性转移	通常于分娩后突然发病；在左侧倒数1~3肋间叩诊，可听到典型的钢管音	手术治疗
瘤胃鼓胀	采食了青绿多汁易产气的饲料	腹部膨大，左肋凸出，叩诊呈鼓音；眼结膜潮红，呼吸困难	兴奋瘤胃、放气
皱胃阻塞	胃肠弛缓，长期采食含大量泥沙的草料和饮水中含有大量的泥沙，采食了毛团或塑料	右腹部皱胃区局限性膨隆，触压坚硬；左肋部结合叩诊肋弓后缘，有类似叩击钢管的铿锵音	兴奋前胃、增强全身机能，泻下，手术治疗
瘤胃酸中毒	过食精料	体温正常或偏低，心跳每分100次以上，躺卧，四肢头颈伸直；瘤胃液pH降至6以下	洗胃、手术治疗

第八章
呼吸系统疾病

第一节
感冒

　　感冒是因受寒冷的刺激而引起的以上呼吸道炎症为主的急性热性全身性疾病，临床上以咳嗽、流鼻液、畏光流泪、前胃弛缓为特征。

　　本病无传染性，各种动物均可发生，但以幼弱动物多发；一年四季都可发生，但以早春和晚秋、气候多变季节多发。

一、病因

　　本病的根本原因是各种因素导致的机体抵抗力下降。最常见的导致机体抵抗力下降的原因是：寒冷因素的作用，如厩舍条件差，贼风侵袭，家畜突然在寒冷的条件下露宿，采食冰冷的食物或饮水；使役家畜出汗后在毛孔开放的情况下被雨淋、风吹等；过劳或长途运输等；营养不良、体质衰弱或长期封闭式饲养缺乏耐寒冷训练；维生素、矿物质、微量元素的缺乏。

二、发病机制

　　健康家畜的上呼吸道常寄生着一些能引起感冒的病毒和细菌，当受寒冷因素刺激时，则呼吸道防御功能降低，上呼吸道黏膜的血管收缩，分泌减少，支气管黏膜上皮纤毛运动减弱，致使寄生于呼吸道黏膜上的常在微生物大量繁殖而发病。营养不良、过劳等因素引起机体抵抗力下降时，更易促进本病的发生。

　　由于呼吸道细菌和病毒的大量繁殖，引起呼吸道黏膜发炎肿胀，大量渗出等，所以出现呼吸不畅、咳嗽、喷鼻、流鼻液等临床症状。

　　在呼吸道内产生的细菌毒素及炎性产物被机体吸收后，作用于体温调节中枢，引起发热，从而出现一系列与体温升高相关的症状，如精神沉郁、食欲减退、心跳及呼吸加快、胃肠蠕动减弱、粪便干燥、尿量减少等。

体温升高：一方面，能促进白细胞的活动并加强其吞噬功能，增强机体的抗病能力；另一方面，高温会使糖耗增加，使脂肪和蛋白质加速分解，中间代谢产物如乳酸、酮体和氨等在体内蓄积，导致酸中毒，引起实质器官如脑、肾、心、肝的变性。

三、症状

牛、羊患感冒时发病较急，病畜精神沉郁，食欲减退或废绝，呈现前胃弛缓症状。有的体温升高，多数病畜耳尖、鼻端发凉。结膜潮红或轻度肿胀，畏光流泪。咳嗽，鼻塞，病初流浆性鼻液，随后转为黏液或黏液脓性。呼吸加快，若并发支气管炎时，则出现干性或湿性啰音。心跳加快。本病病程较短，一般经 3~5 d，全身症状逐渐好转，多取良性经过。治疗不及时特别是幼畜易继发支气管肺炎或其他疾病。

四、诊断要点

（一）诊断

根据受寒病史，皮温不均、流鼻液、流泪、咳嗽等主要症状，可以诊断。

（二）鉴别诊断

1. 流行性感冒

体温突然升高达 40~41℃，全身症状较重，传播迅速，有明显的流行性，往往大批发生，依此可与感冒相区别。

2. 风热感冒

体温升高达 39~40℃。呼吸加快，呼气粗，有热感，有的可以听到干啰音。心跳加快，脉搏浮数。咽喉肿胀，口干舌红，咳嗽不爽，喉头触之敏感。耳鼻有热感。怕热喜凉，尿少，色黄红甚至有尿痛感。肠音不整或减弱，粪便干燥。

3. 风寒感冒

体温正常或微有升高。呼吸不快，呼出气有凉感。心跳不快，脉搏浮紧。舌色青黄或青白。被毛逆立，弓腰怕冷，皮温不均，鼻寒耳凉，鼻流清涕，尿清长。

五、治疗

（一）治疗原则

解热镇痛，抗菌消炎，调整胃肠功能。

（二）治疗措施

1. 针刺疗法

刺玉堂、蹄头、耳尖、尾尖等穴位。

2. 解热镇痛

30%安乃近注射液，牛20~40ml，羊5~10ml，肌内注射，每日1~2次。复方氨基比林注射液，牛20~50ml，羊5~10ml，肌内注射，每日1~2次。柴胡注射液，牛20~40ml，羊5~10ml。

3. 抗生素或磺胺类药物

10%磺胺嘧啶钠100~150ml，加于5%~10%葡萄糖液中，静脉注射，每日1~2次。青霉素，牛每千克体重10 000~20 000IU，羊20 000~30 000IU，肌内注射，每日2~3次，连用2~3d。

4. 中兽医疗法

（1）风热感冒（表热型） 以辛凉解表为主，用银翘散、桑菊饮或桑菊银翘散合方；兼喘气用麻杏石甘汤；便干、结膜充血、舌色红用防风通圣散。

风热感冒出现体表灼热，鼻液黏稠，干痛咳嗽，黏膜潮红，尿短赤时，可用银翘散。

银翘散：银花45g，连翘45g，桔梗24g，薄荷24g，牛蒡子30g，豆豉30g，竹叶30g，芦根45g，荆芥30g，甘草18g，水煎灌服。上方如咳嗽较重，加杏仁、贝母。

桑菊饮：桔梗40g，连翘50g，杏仁30g，甘草18g，薄荷24g，芦根45g，石膏100g，煎服或研末服。

桑菊银翘散合方：桑叶25g，菊花25g，桔梗30g，连翘25g，杏仁25g，甘草20g，薄荷25g，芦根25g，石膏30g，银花30g，竹叶20g，荆芥穗20g，牛蒡子20g，豆豉15g，煎服或研末服。

防风通圣散：防风30g，大黄25g，芒硝30g，荆芥30g，麻黄20g，栀子20g，白芍25g，连翘20g，甘草20g，桔梗25g，川芎20g，当归25g，石膏30g，滑石粉25g，薄荷25g，黄芩20g，白术20g，煎服或研末服。

（2）风寒感冒（表寒型） 以辛温解表为主。

荆防败毒散：荆芥、防风、桂枝、柴胡、生姜、甘草各50g，茯苓、川芎、羌活、独活、前胡、枳壳、桔梗各30g，煎服。

杏苏散：杏仁18g，桔梗30g，紫苏30g，半夏15g，陈皮21g，前胡24g，甘草12g，枳壳21g，茯苓30g，生姜30g，大枣15g，水煎服或研末服。

九味羌活汤：羌活30g，防风40g，细辛20g，苍术30g，生姜30g，白芷30g，川芎25g，黄芩25g，生地黄30g，甘草20g，葱3根，煎服或研末服。

麻黄汤合平胃散：麻黄25g，桂枝30g，杏仁30g，甘草25g，苍术30g，厚朴30g，陈皮30g，生姜30g，大枣20g，煎服或研末服。

桂枝汤合平胃散：桂枝40g，白芍40g，甘草25g，生姜30g，大枣30g，苍术30g，厚朴30g，陈皮30g，煎服或研末服。

（3）半表半里型 外感病程延长，微热不退，精神不振，寒热往来。发冷时，腰弓毛立，耳鼻发凉，发热时耳鼻转温。食欲减半，舌苔薄白，脉弦。治宜和解少阳，用小柴胡汤合平胃散：柴胡35g，半夏20g，党参30g，甘草25g，黄芩30g，生姜30g，苍术30g，厚朴30g，陈皮25g，煎服或研末服。

（三）预防措施

病畜应充分休息，多给饮水；营养不良家畜应适当增加精料；增强机体耐寒性，防止家畜突然受寒。

第二节
支气管炎

支气管炎是动物支气管黏膜表层或深层的炎症，临床上以咳嗽、流鼻液和不定热型为特征，各种动物均可发生，但幼龄和老龄动物比较常见。寒冷季节或气候突变时容易发病，一般根据疾病性质和病程分为急性和慢性两种。

一、病因

（一）感染

主要是受寒感冒，导致机体抵抗力降低：一方面病毒、细菌直接感染；另一方面呼吸道寄生菌或外源性非特异性病原菌乘虚而入，呈现致病作用。也可由急性上呼吸道感染的细菌和病毒蔓延而引起。

（二）物理、化学因素

吸入过冷的空气、粉尘、刺激性气体（如二氧化硫、氨气、氯气、烟雾等）均可直接刺激支气管黏膜而发病。投药或吞咽障碍时由于异物进入气管，可引起吸入性支气管炎。

（三）过敏反应

常见于吸入花粉、有机粉尘、真菌孢子等引起气管—支气管的过敏性炎症。主要见于犬，特征为按压气管容易引起短促的干而粗的咳嗽，支气管分泌物中有大量的酸性细胞，无细菌。

（四）继发性因素

在流行性感冒、牛口蹄疫、恶性卡他热、羊痘、肺丝虫等疾病过程中，常表现支气管炎的症状。另外，有喉炎、肺炎及胸膜炎等疾病时，由于炎症扩展，也可继发支气管炎。

慢性支气管炎通常由急性支气管炎转化而成。此外，慢性心脏病引起的肺和支气管的长期淤血，慢性传染病和寄生虫病，普通病的肺水肿、慢性肺气肿等，也能继发慢性支气管炎。

（五）诱因

畜舍卫生条件差、通风不良、闷热潮湿以及饲料营养不平衡等，导致机体抵抗力降低，均可成为支气管炎发生的诱因。

二、发病机理

在病因作用下，呼吸道防御机能降低，呼吸道寄生的细菌乘机大量繁殖，刺激黏膜发生充血、肿胀，上皮细胞脱落，黏液分泌增加，炎性细胞浸润，刺激黏膜中的感觉神经末梢，使黏膜的敏感性增高，出现反射性的咳嗽；同时，炎性产物积聚，可使呼吸通气发生障碍，供氧不足，引起不同程度的缺氧，出现呼吸困难，随着气流的通过，在支气管内形成啰音；炎性产物及细菌毒素被吸收，可引起体温升高及精神沉郁等全身症状。

由于病因长期反复的刺激，炎症呈慢性经过，并侵害支气管黏膜下层组织，使结缔组织增生，黏膜变厚而粗糙。病变蔓延至细支气管及肺泡壁，可导致肺组织结构破坏或纤维结缔组织增生，进而发生阻塞性肺气肿和间质纤维化。

三、症状

（一）急性支气管炎

病的初期有短而痛的干咳，后变为长而无痛的湿咳。病初流浆液性鼻液，后变为黏液性或黏液脓性鼻液，咳嗽后流出量增多。胸部听诊肺泡呼吸音增强，可闻各种啰音，支气管黏膜肿胀并分泌黏稠的渗出物时，为干性啰音；支气管内有大量稀薄的渗出物时，可听到湿性啰音。全身症状轻微，体温稍升高0.5~1.5℃，一般持续2~3d后下降。呼吸、脉搏稍增数。

（二）细支气管炎

全身症状较重，病畜精神沉郁，食欲减少或废绝，体温升高1~2℃，脉搏增数，呼吸高度困难，结膜呈蓝紫色，有时咳嗽，胸部听诊，肺泡呼吸音增强，可听到干性啰音及小水泡音。胸部叩诊，声音比正常清朗。继发肺气肿时，呈过清音，肺叩诊界后移。

X线检查，肺纹理增强，无病灶性阴影。

（三）慢性支气管炎

病程长，病情不定，时轻时重，病畜常发干咳，尤其是在运动、采食、夜间或早晨气温较低时，咳嗽较多。气温剧变时，症状加重。胸部听诊可长期听到啰音。无并发症时，一般全身症状不明显。后期，由于支气管黏膜结缔组织增生变肥厚，支气管管腔变得狭窄，因而长期呼吸困难。

（四）腐败性支气管炎

除具有急性支气管炎症状外，全身症状重剧，呼出气带恶臭，流污秽不洁的并有腐败臭味的鼻液。

四、诊断要点

（一）症状诊断

1. 急性支气管炎

急性支气管炎的特点是全身症状轻，频发咳嗽，流鼻液，肺部出现干性或湿性啰音，叩诊一般无变化。

2. 慢性支气管炎

慢性支气管炎的特点是病程长，长期咳嗽，常拖延数月甚至数年。听诊肺部有干性啰音，极易继发肺气肿。

（二）在临床上应与下列疾病相鉴别

1. 喉炎

听诊胸肺部无变化，触诊喉部敏感、咳嗽，听诊喉部喉音增强或听到狭窄音。

2. 支气管肺炎

全身症状较重，呈弛张热型，叩诊胸部呈岛屿状浊音区，病灶处肺泡音微弱或消失。

3. 肺充血和肺水肿

突然发病，有激烈活动的病史，出现红色或淡黄色泡沫样鼻液。呼吸高度困难，肺部听诊有湿性啰音和捻发音。

4. 肺丝虫病

本病呈慢性经过，在畜群中往往大批发生，镜检粪便可找到虫卵。

5. 间质性肺气肿

气喘，咳嗽，皮下有气泡。

五、治疗

（一）治疗原则

主要是消除炎症，祛痰止咳，加强护理。

（二）治疗措施

1. 加强护理

畜舍内通风良好且温暖，供给充足的清洁饮水和优质的饲料。

2. 祛痰镇咳

对咳嗽频繁、支气管分泌物黏稠的病畜，可口服溶解性祛痰剂，如氯化铵，牛 10~20 g，羊 0.2~2 g，口服，每日 1~2 次。若分泌物不多，但咳嗽频繁且疼痛者，可选用镇咳剂，如复方樟脑酊，牛 30~50 ml，羊 5~10 ml，口服，每日 1~2 次。

3. 抑菌消炎

可选用抗生素或磺胺类药物。

青霉素，每千克体重牛 4 000~8 000 IU，羊 10 000~15 000 IU，肌内注射，每日 2 次，连用 2~3 d。

10% 磺胺嘧啶钠溶液，牛 100~150 ml，羊 10~20 ml，肌内注射或静脉注射，每日 1~2 次。

青霉素100万IU、链霉素100万IU、1%盐酸普鲁卡因溶液15～20ml，将抗生素溶于盐酸普鲁卡因内，直接向气管内注射，每日1次。或用水乌钙疗法（见咽炎）。

4.中药疗法

（1）紫苏散 紫苏、荆芥、防风、陈皮、茯苓、桔梗各25g，姜半夏20g，麻黄、甘草各15g，共研末，生姜30g，大枣10枚为引，牛（羊酌减）一次开水冲服。适用外感风寒咳嗽。

（2）款冬花散 款冬花、知母、浙贝母、桔梗、桑白皮、地骨皮、黄芩、金银花各30g，杏仁20g，马兜铃、枇杷叶、陈皮各24g，甘草12g，共研末，羊酌减，一次开水冲服。适用于外感风咳嗽热。

（三）预防措施

预防感冒，避免物理性或化学性刺激，合理使役。

第三节
肺脏疾病

一、支气管肺炎

支气管肺炎又称为小叶性肺炎，是病原微生物感染引起的以细支气管为中心的个别肺小叶或几个肺小叶的炎症。通常于肺泡内充满由上皮细胞、血浆与白细胞组成的卡他性炎症渗出物，故也称为卡他性肺炎，临床上以出现弛张热型、咳嗽、呼吸次数增多、叩诊有散在的局灶性浊音区、听诊有啰音和捻发音等为特征。各种动物均可发生，幼龄和老龄动物尤为多发。

（一）病因

1.原发性病因

主要是不良因素的刺激，如受寒感冒，饲养管理不当，某些营养物质缺乏，长途运输，物理化学因素，过度使役等，使机体抵抗力降低，特别是呼吸道的防御功能降低，导致呼吸道黏膜上的寄生菌或外源侵入病原微生物的大量繁殖，引起炎症过程。

能引起支气管肺炎的非特异性病原体，已发现的有肺炎球菌、坏死杆菌、多种化脓菌、大肠杆菌及流感病毒、疱疹病毒等。

2. 继发性病因

支气管肺炎大多是由支气管黏膜的炎症蔓延至肺泡而发病。因此，凡是引起支气管炎的原因，都可以引发支气管肺炎。一些化脓性疾病如牛的子宫炎、乳腺炎，以及阉割后的阴囊化脓等，其病原菌可以通过血循途径进入肺脏而致病。此外，支气管肺炎可继发或并发于许多传染病和寄生虫病的过程中，如结核病、牛恶性卡他热等。

（二）发病机制

在上述致病因素的作用下，机体抵抗力低特别是呼吸道的防御屏障功能降低，病原微生物首先在支气管内大量繁殖，引起支气管炎。支气管的炎症沿气管或支气管周围继续蔓延，则引起细支气管及肺泡充血、肿胀、渗出浆液、脱落上皮细胞，并积聚于细支气管及肺泡内，引起支气管肺炎。随着病程的发展，炎症过程逐渐向周围肺小叶蔓延，使几个或多个肺小叶发病，当多个肺小叶和炎灶互相融合成为较大的病灶时，肺的呼吸面积减少，机体呼吸加快，导致呼吸性酸中毒，而且在叩诊时出现岛屿状浊音区。

由于肺小叶炎症的发生和发展是不平衡的，在同一时期内，有的小叶炎症已经消退，有的小叶炎症才刚刚开始发生，当新的小叶开始发炎时，体温升高，而在部分小叶炎症消退时，体温会有所下降。可见炎症过程呈波浪式发展，所以支气管肺炎的热曲线呈弛张热型。本病如果机体抵抗力强，治疗及时，经过良好，2～3周可以治愈，否则继发化脓性肺炎或肺坏疽，往往在8～10 d死亡。也可转为慢性，发生肺肉变，长期气喘、消瘦，失去经济价值。

（三）症状

病初表现干而短的疼痛性咳嗽，逐渐变为湿而长的咳嗽，疼痛减轻或消失，并有分泌物被咳出。精神沉郁，食欲减退或废绝，结膜潮红或发绀，体温升高1.5～2.0℃，多呈弛张热型，脉搏60～100次/min、呼吸40～100次/min。发炎面积越大，呼吸困难越严重，可以出现呼吸性酸中毒，严重的出现肌肉抽搐、昏迷等症状。尿呈酸性。有些病例呈轻度脱水，有些病例有时便秘，有些病例牛、羊多站立不动，有些病例泌乳量下降。

胸部叩诊，当病灶位于肺的表面时，可发现一个或多个局灶性的小浊音区，融合性肺炎则出现大片浊音区；病灶较深时，则浊音区不明显。胸部听诊，在病灶部位，病初肺泡呼吸音减弱，可听到捻发音，当肺泡和支气管内充满渗出物时，则肺泡呼吸音消失。因炎性渗出物的性状不同，随着气流的通过，还可听到干啰音或湿啰音。病变周围健康的肺组织，肺泡呼吸音增强。

血液检查，白细胞总数增多，出现核左移现象。年老体弱、免疫功能低下者，白细胞数可能增加不明显，但中性粒细胞比例仍增大。

X 线检查，可见到散在的炎症病灶部呈现阴影，此种阴影大小不等，似云絮状。当病灶发生融合时，则形成较大片的云絮状阴影，但密度多不均匀。

（四）诊断

根据咳嗽、弛张热型，胸部叩诊有岛屿状浊音区，胸部听诊有捻发音、啰音，肺泡呼吸音减弱或消失；血液学检查，白细胞总数增多；X 线检查出现散在的局灶性阴影等，可以诊断。

但须与下列疾病鉴别。

1. 细支气管炎

呼吸极度困难，热型不定，胸部叩诊音高朗，肺泡呼吸音普遍增强并有各种啰音。

2. 纤维素性肺炎

本病呈高热稽留，病情发展迅速并有定型经过，胸部叩诊呈大片浊音区，听诊肺脏，肝变期时有较明显的支气管呼吸音，典型病例可见铁锈色鼻液。

3. 牛结核

本病发展缓慢，逐渐消瘦，鼻液检查可见结核杆菌，结核菌素试验阳性。

（五）治疗

1. 治疗原则

加强护理，抗菌消炎，祛痰止咳，防止渗出和促进炎性渗出物吸收，治疗继发性前胃弛缓。

2. 治疗措施

（1）加强护理　将病畜置于通风良好、光线充足、温暖的厩舍中，给予易消化的饲料及清洁的温水。

（2）抗菌消炎　可选用抗生素或磺胺类药物，有条件的可在治疗前取鼻内分泌物做细菌的药敏试验，以便对症用药。如青霉素 500 万 IU、链霉素 200 万~400 万 IU，肌内注射 2 次/d。

（3）解热镇痛　体温过高时，可加用解热药，如复方氨基比林、安痛定及安乃近等注射液。

（4）祛痰止咳 咳嗽频繁，分泌物黏稠时，可选用溶解性祛痰剂，如氯化铵30g；剧烈频繁的咳嗽，无痰干咳时，可选用镇痛止咳剂。口服，每日1~2次。也可用水乌钙疗法。

（5）增强抵抗力 治疗继发性前胃弛缓，增强全身抵抗力，静脉注射新促反刍液。

（6）中药治疗 中药用麻杏石甘汤合黄连解毒汤加味：麻黄20g，杏仁30g，石膏100g，甘草3g，黄连、黄柏、黄芩、栀子各30g，桑皮30g，栝楼50g，苦参50g，水煎服或研末服。

3. 预防措施

同支气管炎预防措施。

二、大叶性肺炎

大叶性肺炎是一种呈定型经过的肺部急性炎症，病变始于局部肺泡，并迅速波及整个或多个大叶。又因细支气管和肺泡内充满大量纤维蛋白性渗出物，故又称为纤维素性肺炎或格鲁布性肺炎。临床上以稽留热型、铁锈色鼻液和肺部出现广泛性浊音区为特征。本病常发生于牛，羔羊也可发生。

（一）病因

本病的病因迄今尚未完全清楚，目前有两种不同的认识，即传染性因素和非传染性因素。

1. 传染性因素

某些局限于肺脏的特殊传染病，如牛、羊巴氏杆菌病以及近年被证实由肺炎双球菌引起的大叶性肺炎。

2. 非传染性因素

即由变态反应所致，是一种变态反应性疾病，可因内中毒、自体感染或由于受寒感冒、过度疲劳、胸部创伤、有害气体的强烈刺激等因素引起。

（二）发病机制及病理变化

病原微生物主要经气源性感染，侵入机体的微生物沿支气管、血液循环或淋巴循环侵害大片的肺叶，使多数肺泡同时发生炎症。细菌毒素和炎症组织的分解产物被吸收后，引起动物机体的全身性反应，如高热、心脏血管系统紊乱等。

炎症一般位于肺前下部尖叶和心叶。典型炎症过程可分为以下4个时期。

1. 充血渗出期

肺毛细血管充血，肺泡上皮肿胀脱落，同时大量浆液、纤维蛋白、白细胞和红细胞渗出，沉积于细支气管和肺泡内。病变部体积肿大。持续 12~36 h。

2. 红色肝变期

红色肝变期见于第一天末或第二天初。主要病理变化是充塞于细支气管和肺泡内的渗出物发生凝固，使肺组织致密如肝样。由于病变呈红色，故称红色肝变期。持续约两昼夜。

3. 灰色肝变期

肺泡内凝固的渗出物开始发生脂肪变性和大量白细胞渗出，外观呈灰白色或灰黄色，故称灰色肝变期。通常持续两昼夜或更长时间。

4. 溶解吸收期

凝固的渗出物被溶解液化，部分被吸收，大部分在咳嗽时随痰液排出体外。之所以被溶解，是由于白细胞及组织液所形成的溶蛋白酶的作用。

由于临床上大量抗生素的应用，大叶性肺炎的上述典型经过已不多见，分期也不明显，病变的部位有局限性。有些病例，因机体反应性较弱，渗出物不能完全溶解吸收，从而使肺泡壁结缔组织增生，形成纤维组织，称为肉变。另外，在继发感染化脓菌时，又可引起肺组织坏死而形成肺脓肿。如果再感染腐败菌，则可引起坏疽性肺炎。

（三）症状

病初，体温迅速升高到 40℃以上，呈稽留热型，一般持续 6~9 d，以后迅速降至常温。脉搏加快，一般初期体温升高 1℃时，脉搏增加 10~15 次/min；体温继续升高 2~3℃时，脉搏则不再增加，后期脉搏逐渐变小而弱。呼吸迫促，呼吸频率可达 60 次/min，呈混合性呼吸困难，黏膜潮红或发绀。初期出现短而干的痛咳，溶解期则变为湿咳。病初，有浆液性、黏液性或黏液脓性鼻液，在肝变期鼻孔中流出铁锈色或黄红色鼻液。病畜精神沉郁，食欲减退或废绝，反刍停止，泌乳量降低，病畜因呼吸困难而采取站立姿势，并发出呻吟声或磨牙。

胸部叩诊，随着病程出现阶段性叩诊音，在充血渗出期，因肺脏毛细血管充血，肺泡壁弛缓，叩诊呈过清音或鼓音；在肝变期，由于细支气管及肺泡内充满炎性渗出物，肺泡内空气逐渐减少，叩诊呈大片性半浊音或浊音，可持续 3~5 d；在溶解期，因凝固的渗出物逐渐被溶解、吸收和排出，重新呈现清音或鼓音，随着疾病痊愈，叩诊音恢复正常。牛的浊音区常出现在肩前叩诊区。

大叶性肺炎继发肺气肿时，叩诊肺边缘呈过清音，肺界向后下方扩大。

肺部听诊，因疾病发展的时期的不同而有一定差异。充血渗出期，由于支气管黏膜充血肿胀，肺泡呼吸音增强，并出现干啰音。以后随肺泡腔内浆液渗出，听诊有湿啰音或捻发音，肺泡呼吸音减弱。当肺泡内充满渗出液时，肺泡呼吸音消失。肝变期，由于肺组织实变，出现支气管呼吸音。溶解期，渗出物逐渐溶解、液化和排出，支气管呼吸音逐渐消失，出现湿啰音或捻发音，最后随疾病的痊愈，呼吸音恢复正常。

血液学检查，白细胞总数显著增加，中性粒细胞比例增加，核左移。严重的病例，白细胞减少。

X线检查，充血期可见肺纹理增加，肝变期发现肺脏有大片均匀的浓密阴影，溶解期表现出散在不均匀的片状阴影，2~3周阴影完全消散。

（四）诊断

根据稽留热型，铁锈色鼻液，不同时期肺部叩诊和听诊的变化即可诊断。血液学检查，白细胞总数显著增加，核左移。X线检查肺部有大片浓密阴影，有助于确诊。

但应与胸膜炎、传染性胸膜肺炎区别。

1. 胸膜炎

呈无定型热，病的初期可听到胸膜摩擦音。当有渗出液积聚时，叩诊呈水平浊音。

2. 传染性胸膜肺炎

呈纤维素性胸膜肺炎变化，有较强的传染性，缓慢呈点状跳跃式传播，多呈地方性流行。往往在冬季或早春发生。

（五）防治

1. 治疗原则

主要是加强护理，促进溶解，消除炎症，控制继发感染，防止渗出和促进炎性产物吸收。治疗继发性前胃弛缓，增强全身抗病力。

2. 治疗措施

（1）加强护理　将病畜置于通风良好、光线充足、温暖的厩舍中，给予易消化的饲料及清洁的温水。

（2）抗菌消炎　可选用抗生素或磺胺类药物，有条件的可在治疗前取鼻中分泌物做细菌的药敏试验，以便对症用药。如青霉素320万IU、链霉素200

万~400万IU，肌内注射2次/d；或者应用四环素或土霉素，按每千克体重15~25 mg，溶于5%葡萄糖生理盐水500~1 000 ml，分2次静脉注射，疗效显著。

病的初期应用新胂矾纳明效果很好，按每千克体重0.015 g，溶于5%葡萄糖生理盐水200~500 ml，牛一次静脉注射，间隔3~4 d，再注射1次，常在注射0.5 h后体温便可下降0.5~1℃。最好在注射前0.5 h先行皮下或肌内注射强心剂（樟脑磺酸钠或安钠咖），待心功能改善后再注入新胂矾纳明。

（3）解热镇痛　体温过高时，可加用解热药，如复方氨基比林、安痛定及安乃近等注射液。

（4）祛痰止咳　咳嗽频繁，分泌物黏稠时，可选用溶解性祛痰剂，如氯化铵30 g；剧烈频繁的咳嗽，无痰干咳时，可选用镇痛止咳剂。口服，每日1~2次。

（5）三步疗法　治疗继发性前胃弛缓，增强全身抵抗力，用促反刍液，最好用三步疗法（见创伤性网胃腹膜炎）。

（6）中药治疗　麻杏石甘汤合黄连解毒汤加味（同小叶性肺炎）。

清瘟败毒散：石膏120 g，水牛角30 g，桔梗25 g，淡竹叶60 g，甘草10 g，生地黄30 g，山栀子30 g，牡丹皮30 g，黄芩30 g，黄连25 g，赤芍30 g，玄参30 g，知母30 g，连翘30 g，水煎取汁，候温一次灌服。

知贝散：知母30 g，贝母30 g，连翘30 g，柴胡40 g，马兜铃40 g，黄柏40 g，天花粉40 g，百合50 g，黄芩40 g，桔梗50 g，甘草30 g，研末，开水冲调，加蜂蜜250 g，一次内服。

3.预防措施

基本与支气管炎治疗方法相同。

三、异物性肺炎

异物性肺炎是动物将异物吸入肺部而引起的以肺坏死为特征的肺炎，又称吸入性肺炎或坏疽性肺炎。临床上以呼吸高度困难、鼻流脓性恶臭的鼻液和肺部出现明显啰音和全身症状为特征。各种动物均可发生。

（一）病因

1.给牛、羊强制性灌药或灌药方法不当

灌药时太快、头位过高、动物咳嗽及鸣叫等，均可使动物不能及时吞咽，将药物吸入呼吸道而发病。在西北的大多数地区，有每年在惊蛰或清明节前后给牛、羊灌清油萝卜的习惯，因操作不当呛入呼吸道而发病的现象极多。

2. 吞咽功能失调

吞咽功能失调也可发生异物性肺炎，如麻醉或昏迷的动物，也见于患迷走神经麻痹、急性咽炎、咽区脓肿、食管憩室或脑炎的动物。

3. 食管阻塞

当动物食管部分阻塞而又试图采食或饮水时，也容易导致异物吸入呼吸道，从而引起发病。

4. 洗胃不当

在洗胃过程中将牛头抬得过高等造成呕吐物进入气管。

5. 药浴操作不当

绵羊药浴时操作不当，可导致吸入药液，均可引起发病。

6. 胃管错投和取铁失误

胃管错投入气管，将药液直接灌入肺脏而发病；进行取铁时因牛呕吐而将呕吐物吸入肺部。

（二）发病机制

当动物吸入异物时，初期炎症仅局限于支气管内，逐渐侵害支气管周围的结缔组织，并且向肺脏蔓延。由于腐败细菌的分解作用使肺组织分解，引起肺坏疽，并形成蛋白质和脂肪分解产物。其中含有腐败性细菌、脓细胞、腐败组织与磷酸铵镁的结晶等，散发出恶臭味。病灶周围的肺组织充血、水肿，发生不同程度的卡他性和纤维蛋白性炎症。随着腐败细菌在肺组织的大量繁殖，坏疽病灶逐渐扩大，病情加剧，甚至引起败血症。如果肺脏的坏疽病灶与呼吸道相通，腐败性气体与肺内的空气混合，随同呼气向外排出，使病畜呼出的气体带有明显的腐败性恶臭味。当这些物质排出之后，在肺内形成空洞，其内壁附着一些腐烂恶臭的粥状物，在鼻孔中流出具有特异臭味和污秽不洁的渗出物。

（三）症状

病畜一般体温升高（40℃以上），脉搏加快，咳嗽低沉，声音嘶哑，呼吸迫促，随着呼吸运动胸腹部出现明显的起伏动作或呈腹式呼吸，严重者呼吸困难。食欲降低或废绝，精神沉郁。呼出带有腐败性恶臭的气体，初期仅在咳嗽之后或站立在病畜附近才能闻到，随着疾病的发展气味越来越明显。鼻孔流出黏脓性鼻液，呈棕红色或污绿色，在咳嗽或低头时常常大量流出，偶尔在鼻液或咳出物中见到吸入的异物，如食物残渣、油滴等。将鼻液收集在玻璃杯中，静置后发现可分为三层：上层为黏性液体，有泡沫；中层为浆性液体，并含絮状物；下层为脓液，混有大小不等的组织块。显微镜检查，可发现有肺组织碎片、脂肪滴、脂肪晶体、棕色至黑色的色素颗粒、红细胞及大量的微生物。渗出物加入10%氢氧化钾溶液中煮沸，离心后将沉渣涂片，在显微镜下检查。可观察到肺组织分解出的弹力纤维，这也是本病的重要特征。

1. 肺部听诊

初期出现支气管呼吸音、干啰音或水泡音，随后可听到喘鸣音和胸膜摩擦音，有时听到如皮下气肿的破裂音。后期因空洞与支气管相通，出现空瓮性呼吸音。

2. 胸部叩诊

初期多数病灶位于胸前下部，肺被浸润的面积较大时，呈半浊音或浊音。空洞周围被结缔组织包围时，叩诊呈金属音。空洞与支气管相通，叩诊时因空气受排挤，急剧地经过狭窄的裂隙而出现破壶音。如果病灶小，且位于肺脏深部时，叩诊则无明显变化。

3. 血液学检查

白细胞总数明显增加，中性粒细胞比例升高，初期呈核左移，后期因化脓引起毒血症而影响骨髓造血功能，使白细胞数降低，呈核右移。

4. X线检查

初期吸入的异物沿支气管扩散，在肺门区呈现沿肺纹理分布的小叶性渗出性阴影。随着病变的发展，在肺叶下部小片状模糊阴影发生融合，呈团块状或弥漫性阴影，密度不均匀；当肺组织腐败崩解，液化的肺组织被排出后，有大小不等的空洞阴影，呈蜂窝状或多发性虫蚀状阴影，较大的空洞可呈现环带状的空壁。

（四）诊断要点

1. 异物

有异物吸入的病史。

2. 呼吸

初期呼吸极度困难，呈腹式呼吸，后期呼吸深长，呼出气体有腐败臭味，牛患本病时，呼出气体具有氯仿味。初期咳嗽带有疼痛，后期常低头发出低湿咳嗽。

3. 鼻液

流恶臭呈灰褐污红色或淡绿色鼻液，将鼻液收集在玻璃杯内，可见三层：上层为黏液性的有泡沫，中层是浆液性的有絮状物，下层是脓性的混有肺组织碎块。做鼻液的弹力纤维检查时，镜检可见弹力纤维。

4. 叩诊

常于肺的前下方发现浊音或半浊音区。已形成空洞时，可呈现局限性鼓音。若其空洞与支气管相通时，可出现破壶音。在空洞周围被致密组织包围，并充满空气，叩诊呈现金属音。

5. 听诊

常于肺的前下方听到湿啰音、沸腾声。如肺空洞与支气管相通时，可听到空瓮呼吸音（吹瓶声样呼吸音）。

6. 体温

初期升高，呈弛张热。

7. 鉴别诊断

（1）支气管扩张　因渗出物积聚于扩张的支气管内，发生腐败分解，呼出气体及鼻液也可能有恶臭气味，但渗出物随剧烈咳嗽可排出体外，无弹力纤维，全身症状较轻。

（2）副鼻窦炎　因化脓多出现单侧性鼻液，呼出气体有臭味，但全身症状不明显，肺部叩诊和听诊无异常。

（五）治疗

治疗原则为加强护理，迅速排出异物，抗菌消炎，防止肺组织的腐败分解及对症治疗。

1. 加强护理

首先应使动物保持安静，即使咳嗽剧烈也应禁止使用止咳药，并尽可能让动物站在前低后高的位置，将头放低，便于异物向外咳出。为使气管分泌物增加，促使异物的排出，病初可皮下注射2%毛果芸香碱5 ml（注射后使病畜低头，便于异物排出）。此外，气管低位切开，对排出异物也有帮助。

2. 抗菌消炎

一旦确定动物吸入异物，不论是液体还是刺激性气体，均应立即用抗菌药物治疗。常用的有青霉素、链霉素、氨苄青霉素、四环素、10%磺胺嘧啶钠溶液等，严重者可用第一代或第二代头孢菌素。牛可将青霉素200万~400万

IU、链霉素 1~2 g 与 1%~2% 的普鲁卡因溶液 40~60 ml 混合，气管注射（羊酌减），每日 1 次，连用 2~4 次，效果较好。

3. 对症治疗

对症治疗包括解热镇痛、强心补液、调节酸碱和电解质平衡、补充能量、输入氧气等。为了防止自体中毒，可静脉注射樟酒糖液（含 0.4% 樟脑、6% 葡萄糖、30% 乙醇、0.7% 氯化钠的灭菌水溶液），剂量为牛 200~250 ml，羊酌减，每日 1 次。为了兴奋呼吸，肌内注射尼可刹米 2~4 ml，也可肌内注射盐酸山梗菜碱 30~100 mg。

（六）预防

由于本病发展迅速，病情难以控制，临床上疗效不佳，死亡率很高。因此，预防本病的发生就显得非常重要，其措施包括：

动物通过胃管投服药物时，必须判断胃管正确进入食管后，方可灌入药液。对严重呼吸困难或吞咽障碍的病畜，不应强制性经口投药。麻醉或昏迷的动物在未完全清醒时，不应让其进食或灌服食物及药物。取铁引起呕吐不安的病例不能强行取铁。

经口投服药物或食用油时，应尽量使头部放低，每次少量灌服，且不能太快，以使动物能及时吞咽，不至于呛入气管。

绵羊药浴时，浴池不能太深，将头压入水中的时间不能过长，以免动物吸入液体。

第九章
心血管疾病

第一节
心力衰竭

心力衰竭是指心肌收缩力减弱，心功能不全而引起全身血液循环障碍的一种疾病。

心力衰竭是各种心脏疾病和多种疾病发生的一种综合征或并发症。

一、病因

（一）原发性急性心力衰竭

原发性急性力心衰竭主要是过于剧烈的使役，或心脏突然受到剧烈的刺激以及心脏一时性负担过重，如触电、静脉输液（特别是静脉注射氯化钙）浓度过大、速度过快、剂量过大都可引起心衰。

（二）继发性急性心力衰竭

继发性急性心力衰竭见于多种传染病、寄生虫病，某些内科病、中毒病和热性病等经过中。

（三）慢性心力衰竭

慢性心力衰竭多继发或并发于心脏本身各种疾病，如心包炎、心肌炎、心脏瓣膜病等，以及导致血液循环障碍的慢性病，如慢性肺气肿、慢性肾炎等；此外长期服重役或心脏长期负担过重也可导致本病的发生。

二、症状

（一）急性心力衰竭

病畜由于病情轻重的不同而表现不同。食欲减退或废绝。呼吸困难或高度困难，黏膜淤血或高度淤血，静脉充盈或怒张，结膜呈不同程度的蓝紫色。病畜精神沉郁，或高度沉郁乃至晕厥倒地，痉挛抽搐，甚至死亡。

心搏动增强或高度增强，第一心音增强，第二心音减弱或消失。临近死亡时，心搏动和心音都减弱，脉搏相应减弱甚至不感于手。心率增快，每分100~120次，乃至140次以上（也有心动徐缓的）。急性心力衰竭往往心律不齐，经常出现房性或室性期前收缩（严重的可出现室性阵发性心动过速，临近死亡时，则可出现心室震颤或心室纤维性颤动）。

左心衰竭时，很快发生肺水肿，呼吸极度困难，从鼻孔流出大量无色细小泡沫状鼻液，胸肺部听诊有广泛性湿啰音。

（二）慢性心力衰竭

慢性心力衰竭病情发展缓慢，病程持久，病势弛张。病畜精神沉郁，食欲减退，不耐使役。呼吸困难，尤以运动时明显。可视黏膜发绀，甚至体表静脉怒张。常发心性水肿，于垂皮、腹下、四肢末梢出现对称性水肿，无热无痛。心音，尤其是第二心音减弱，脉细数，往往出现心内杂音和心律不齐。

右心衰竭时，除胸腔、腹腔、心包腔积液外，常引起脑、肝、肾、胃肠道淤血，出现意识障碍、肝功能异常、尿液异常、消化不良等症状。

三、诊断

（一）急性心力衰竭

根据发病原因，临床上突然呈现心音增强，心动过速或心动过缓，结膜高度淤血，很快出现肺水肿及意识障碍等可进行诊断。

（二）慢性心力衰竭

根据心音尤其是第二心音减弱，脉搏疾速或减弱，不耐使役，易出汗，体表静脉怒张以及心性水肿可进行诊断。

四、治疗

（一）治疗原则

以加强护理，减轻心脏负担，增强心肌收缩力和排血量以及对症治疗等为治疗原则。

使病畜充分休息。少量多次地喂给柔软易消化且富含营养的饲料。对出现心性水肿的病畜，则应适当限制饮水和食盐的摄入。

为减轻心脏负担，可根据病畜体质、静脉淤血程度，酌情从静脉放血1 000~2 000 ml（营养不良及贫血病畜禁止放血），随后静脉缓慢注射25%葡萄糖注射液1 000~1 500 ml，可增强心脏功能，改善心肌营养。

（二）增强心肌收缩力，根据不同情况选用不同的强心剂

当心搏骤停，为了使心脏复苏，可选用肾上腺素，如0.1%肾上腺素注射液3~5 ml，加入25%~50%葡萄糖注射液500 ml内，静脉滴注（最好在应用此药品的同时，皮下注射0.2%硝酸士的宁注射液5~10 ml，以防副作用的发生）。

针对急性心力衰竭，为了急救，应选速效、高效的强心剂，如毒毛花苷K，牛1.25~3.75 mg，用5%葡萄糖注射液稀释，缓慢静脉滴注，滴注后3~10 min显效；西地兰，牛1.6~3.2 mg，以5%葡萄糖注射液稀释，缓慢静脉滴注，滴注后约8 min显效；也可应用0.02%洋地黄毒苷注射液，5~10 ml，首次注射全效量的1/2，以后每隔2 h注射全效量的1/10。

（三）严重的心力衰竭的治疗

在发生肺水肿时，可用0.1%异丙肾上腺素注射液1~3 ml，加入25%葡萄糖注射液100 ml内，静脉滴注（但此药有加快心率的副作用）。

强心剂的使用，根据病情需要，也可适当选用咖啡因和樟脑制剂。

为了增强心肌收缩力，还可应用心肌能源物质，如葡萄糖—胰岛素—氯化钾注射液。

为减轻心脏负担，对出现心性水肿的病畜，除限制饮水量和补盐量的同时，还要适当应用利尿剂减慢心率，矫正心率。

对心率过快、心律不齐者可肌内注射复方奎宁注射液，牛10~20 ml，每日2~3次（配合洋地黄制剂静脉注射效果更好）。

慢性心力衰竭，可应用洋地黄末（牛）2~5 g，或洋地黄酊（牛）20~40 ml内服。首次投予全效量的1/2，6 h后投予全效量的1/4，然后每隔6 h服全效量的1/8。

第二节
贫血

全身血容量减少，或单位容积血液中，红细胞数、血红蛋白含量低于正常

标准时，均称为贫血。贫血是某些疾病伴有的一个综合症状，而不是一种独立的疾病。主要表现为皮肤和可视黏膜苍白，以及各器官由于组织缺氧而产生的各种症状。

一、病因

（一）失血性贫血

失血性贫血分外出血、内出血两种。外出血包括创伤、手术、流产、分娩等损伤出现的出血。内出血为寄生虫病过程中的反复少量失血，如消化、呼吸、生殖、泌尿系统等器官的急慢性出血，某种原因引起的肝、脾破裂出血。

（二）营养不良性贫血

营养不良性贫血是由于造血原料不足引起的贫血，如铁、铜、钴和蛋白质等的缺乏，以及胃肠的消化和吸收功能障碍引起。

（三）溶血性贫血

凡能导致溶血的疾病，都能发生溶血性贫血。如某些溶血性毒物中毒，如汞、铅、砷、铜和蛇毒；某些血源性寄生虫病和传染病，如锥虫病、梨形虫病、钩端螺旋体病等；某些代谢性疾病，如牛产后血红蛋白尿症等；不相合血型输血等。

（四）再生障碍性贫血

再生障碍性贫血是由于骨髓的造血功能衰竭引起的。见于某些有毒物质中毒，如汞、苯、砷、有机磷中毒，也见于某些药物中毒，如磺胺等中毒。在某些传染病和寄生虫病的经过中，也常出现，如结核病、梨形虫病、钩端螺旋体病等。此外，放射线的经常照射也能引起本病。

二、症状

贫血的共同症状，主要表现为体质虚弱，容易疲劳，多汗，心跳、呼吸加快，结膜苍白，血红蛋白量和红细胞总数减少，红细胞形态改变等。

（一）急性失血性贫血

急性失血性贫血病程发展迅速，病畜衰弱，精神萎靡，行走不稳，出冷黏汗，体温降低，鼻端、角、耳和四肢末端厥冷，可视黏膜急剧苍白，脉快而弱，呼吸加快。濒死期，瞳孔散大，昏睡甚至昏迷、休克，倒地痉挛死亡。

（二）慢性失血性贫血

慢性失血性贫血表现为出现渐进性消瘦及衰弱，嗜眠，脉搏快而弱，呼吸快而浅表，结膜逐渐苍白，病程长时在胸腹下部及四肢末端发生水肿，最终死于因贫血而引起的心力衰竭。

血液检查，血液稀薄、血沉加快，血红蛋白和红细胞数减少。病程长时，可见有核红细胞及淡染、大小不均的红细胞。

（三）营养不良性贫血

营养不良性贫血病程较长，可视黏膜逐渐苍白，全身状态进行性衰弱。往往出现颌下、胸腹下及四肢下部皮下组织水肿。

血液检查，由营养不良引起的贫血，除血红蛋白量和红细胞数降低外，血中可出现大量网织红细胞和异形红细胞。缺铁时，红细胞直径缩小、淡染。缺维生素 B_{12} 和叶酸时，红细胞直径增大。

（四）溶血性贫血

溶血性贫血表现为皮肤与可视黏膜苍白且黄染，血液中出现大量胆红素，粪便色深，尿中尿胆素原增多，甚至排血红蛋白尿。

（五）再生障碍性贫血

除继发于急性放射病外，一般再生障碍性贫血发病较缓慢，但可视黏膜苍白程度有增无减，全身症状越来越重，而且伴有出血性素质综合征，血液凝固变慢。常常发生难以控制的感染，预后不良。血液学检查，红细胞、粒细胞和血小板均显著减少。

三、诊断

急性出血性贫血，可根据临床症状和发病情况做出诊断。对内出血则需做各系统的详细检查，如为肝脾破裂，只做腹腔穿刺即可确定；有贫血症状，而且黄疸较重时，可考虑溶血性贫血；贫血的同时有渐进性营养不良现象，且出现红细胞淡染，网织红细胞、红细胞直径缩小等，可诊断为缺铁性贫血；如果出现出血性素质，血液中缺乏幼龄红细胞，同时白细胞和血小板皆减少，可考虑为再生障碍性贫血。

四、治疗

（一）失血性贫血

首先应查明并除去发病原因，保持病畜安静。若为外出血，可用外科方法止血或用止血药物；若为内出血，可及时使用促进血液凝固的药物，如静脉注射 10% 氯化钙注射液，牛 200~300 ml，羊 30~50 ml，或 10% 枸橼酸钠注射液，牛 100~150 ml，羊 20~50 ml，也可使用止血剂，如 0.5% 安络血注射液，牛 10~20 ml，羊 1~5 ml，肌内注射。同时，用 5% 葡萄糖生理盐水注射液进行输液。

（二）慢性贫血

除加强营养，促进消化、吸收及驱虫等外，若属缺铁性贫血，大家畜可用硫酸亚铁口服，每天 6~8 g，1 周后改为 3~5 g，连用 1~2 周为一个疗程。并同时使用稀盐酸 10~15 ml，加水 500 ml 内服，每日 1 次，以促进铁的吸收。若为缺铜性贫血，通常用硫酸铜口服，牛 3~4 g，羊 0.5~1 g，溶于适量水中灌服，每周 1 次，3~4 次为一个疗程，或用 0.5% 硫酸铜注射液，牛 100~200 ml，羊 30~50 ml，静脉注射，每周 1 次，3~4 次为一个疗程。若为缺钴性贫血，可应用维生素 B_{12} 或直接补钴，羊可用维生素 B_{12} 100~300 μg，肌内注射，每周 1 次，3~4 次为一个疗程。但为了经济、方便，通常应用硫酸钴，牛 30~70 mg，羊 7~10 mg，内服，每周 1 次，4~6 次为一个疗程。

（三）溶血性贫血

主要是控制感染，排除毒物，输液及使用利尿剂。

（四）再生障碍性贫血

由于难以治愈和经济价值问题，一般不予治疗。

（五）继发于传染病、寄生虫病、代谢性疾病及消化不良的贫血

应及时治疗原发病。

第十章
泌尿系统疾病

· ·

第一节
肾炎

肾炎是指肾小球、肾小管或肾间质组织发生炎症的统称。临床上以肾区敏感与疼痛，尿量减少，尿液中出现大量肾上皮细胞和各种管型，严重时伴有全身水肿为特征。

按其病程分为急性和慢性两种：急性肾炎是指肾实质的急性炎症病变，由于炎症主要侵害肾小球，故又称为肾小球肾炎；慢性肾炎是指肾小球发生弥漫性炎症，肾小管发生变性以及肾间质组织发生细胞浸润或是伴发间质结缔组织增生的一种慢性肾脏疾病。

一、病因

（一）急性肾炎的发病原因

急性肾炎的发病原因不十分清楚，目前认为与感染、中毒和变态反应等因素有关。

1. 感染性因素

多继发于某些传染病的经过之中，如炭疽、结核、传染性胸膜肺炎、败血症，羊的败血性链球菌病、牛病毒性腹泻等。

2. 中毒性因素

采食外源性毒物，如有毒植物（栎树叶），霉败变质的饲料，被农药和重金属（如汞、铅、镉、钼等）污染的饲料及饮水，或误食有强烈刺激性的药物（如松节油等）；内源性毒物主要是重剧性胃肠炎症、代谢障碍性疾病、大面积烧伤等疾病中所产生的毒素与组织分解产物，经肾脏排出时而致病。

3. 诱发因素

过劳、腰部创伤、营养不良和受寒感冒均为肾炎的诱发因素。

此外，本病也可由肾盂炎、膀胱炎、子宫内膜炎、尿道炎等邻近器官炎症的蔓延和致病菌通过血液循环进入肾组织而引起。

（二）慢性肾炎的原发性病因

基本上与急性肾炎相同，但作用时间较长，性质较为缓和。

二、发病机制

近年来研究认为，大约有 70% 临床肾炎病例属于免疫复合物性肾炎，约 5% 的病例属于抗基底膜性肾炎，其余为非免疫性肾炎。

（一）免疫复合物性肾炎

免疫复合物性肾炎是机体在外源性（病原微生物及其毒素）或内源性抗原（如自身组织被破坏而产生的变性物质）刺激下产生相应的抗体，当抗原与抗体在循环血液中形成可溶性抗原抗体复合物后，抗原抗体复合物随血液循环到达肾小球，并沉积在肾小球血管及肾小球囊内，引起变态反应性炎症。

（二）抗肾小球基底膜性肾炎

抗肾小球基底膜性肾炎产生的过程是：在感染或其他因素作用下，细菌或病毒的某种成分与肾小球基底膜结合，形成自身抗原，刺激机体产生抗自身肾小球基底膜抗原的抗体，该抗体可与该抗原物质反应，引起变态反应性炎症。

（三）非免疫性肾炎

非免疫性肾炎为病原微生物及其毒素，以及有毒物质或有害物质的代谢产物，经血液循环进入肾脏时直接刺激或阻塞、损伤肾小球或肾小管的毛细血管而导致的肾炎。

肾炎初期，因变态反应引起肾小球毛细血管痉挛性收缩或致使肾毛细血管壁肿胀，使肾小球滤过率下降，尿量减少或无尿。进一步发展，水、钠在体内大量蓄积而发生不同程度的水肿。

肾炎中后期，由于肾小球毛细血管的基底膜变性、坏死、结构疏松或出现裂隙，使血浆蛋白和红细胞漏出，形成蛋白尿和血尿，并使血液胶体渗透压降低，血液液体成分渗出，水肿更为严重。由于肾小球缺血，引起肾小管也缺血，结果肾小管上皮细胞发生变性、坏死甚至脱落。渗出、漏出物及脱落的上皮细胞在肾小管内凝集形成各种管型。肾小球滤过功能降低，水、钠潴留，血容量增加；肾素分泌增多，血浆内血管紧张素增加，小动脉平滑肌收缩，致使血压升高，主动脉第二心音增强。由于肾脏的滤过功能障碍，使机体内代谢产物（非蛋白氮）不能及时从尿中排出而蓄积，引起尿毒症（氮质血症）。

（四）慢性肾炎

由于炎症反复发作，肾脏结缔组织增生以及体积缩小导致临床症状时好时坏，终因肾小球滤过功能障碍，尿量改变，机体内代谢产物，滞留在血液中，引起慢性尿毒症。

三、症状

（一）急性肾炎

病畜食欲减退，精神沉郁，消化不良，体温微升。

1. 肾区疼痛

由于肾区敏感、疼痛，站立时腰背弓起，后肢叉开或集于腹下。病畜不愿走动，强迫行走时腰背弯曲，发硬，后肢僵硬，步样强拘，后肢举步不高，尤其向一侧转弯困难。肾区触诊，病畜有痛感，直肠检查，可感知肾脏肿大，触压肾脏敏感，病畜站立不安，甚至躺下或抗拒检查。

2. 排尿次数及尿液成分改变

病初，频频排尿，但每次尿量较少，严重者无尿。尿色浓暗，比重增高，甚至出现血尿。尿液中蛋白质含量增加。镜检尿沉渣，可见管型、白细胞、红细胞及大量的肾上皮细胞。

3. 水肿

重症病例，见有眼睑、下颌、胸腹下、阴囊部及牛的垂皮处发生水肿。

4. 尿毒症

病的后期，病畜血液非蛋白氮含量明显增高，呈现尿毒症症状，表现为呼吸困难、嗜睡、昏迷等症状。

5. 心血管综合征

动脉血压可升高达 29.26 kPa（正常时为 15.96～18.62 kPa），第二心音增强。病程较长时可出现血液循环障碍及全身静脉出血。

（二）慢性肾炎

病畜表现易疲劳，食欲不振，消化紊乱。血压升高，第二心音增强。病后期，眼睑、下颌、胸腹下或四肢末端出现水肿，重症者出现体腔积液。尿量不定，尿中有少量蛋白质，尿沉渣中有大量肾上皮细胞和各种管型。血中非蛋白氮含量增高，尿蓝母增多，最终导致慢性氮质血症性尿毒症。病畜有倦怠、消瘦、贫血、抽搐及出血倾向，直至死亡。

四、病理变化

急性肾炎病例的眼观病变为：肾体积轻度肿大，充血，质地柔软，被膜紧张，容易剥离，表面和切面皮质部见到散在的针尖状小红点。慢性病例，肉眼可见肾脏体积增大，色苍白，晚期肾脏缩小和纤维化。

五、病程及预后

急性肾炎的病程，一般可持续1~2周，经适当治疗和良好的护理，预后良好。慢性病例，病程可达数月或数年，若周期性出现时好时坏现象，多数难以治愈。重症者，多因肾功能不全或伴发尿毒症死亡。间质性肾炎，经过缓慢，预后多不良。

六、诊断

（一）症状诊断

少尿或无尿，肾区敏感、疼痛，第二心音增强，水肿，尿毒症。

（二）实验室检查

蛋白尿、血尿，尿沉渣中有大量肾上皮细胞和各种管型等。

（三）鉴别诊断

肾病是由于细菌或毒物直接刺激肾脏而引起的肾小管上皮的变性过程，临床上有明显水肿和低蛋白血症，尿中有大量蛋白质，但无血尿及肾性高血压现象。

七、防治

（一）治疗原则

消除病因，加强护理，消炎利尿，抑制免疫反应。

（二）治疗措施

1. 改善饲养管理

将病畜置于温暖、通风良好的畜舍内，充分休息，防止受寒感冒，不喂食盐和减少高蛋白饲料，给予易消化且无刺激性的饲料，并限制饮水。

2. 消除炎症、控制感染

一般选用青霉素，牛每千克体重1万~2万IU，羊、犊牛每千克体重2万~3万IU，肌内注射，3~4次/d，连用1周。其次可用链霉素、诺氟沙星、环丙沙星，合并使用可提高疗效。水乌钙疗法也具有良好疗效。

3. 抑制免疫反应

可用肾上腺皮质激素类药物。氢化可的松注射液，牛200~500mg，羊20~80mg，肌内注射或静脉注射，1次/d。

4. 利尿消肿

可用双氢克尿噻，牛0.5~2g，羊0.05~0.2g，加水适量内服，1次/d，连用3~5d。

5. 对症治疗

当心衰时，可用强心剂；当出现尿毒症时，可用5%碳酸氢钠注射液200~500ml，5%葡萄糖溶液500~1000ml，静脉注射。

6. 中药疗法

以清热利水、消肿止痛为主。用地骨皮200g、车前子150g、竹叶150g煎服。

八正散：木通、车前子、萹蓄、大黄、滑石、瞿麦、甘草梢、栀子各30g，灯芯10g，煎服或研末服。

尿血用秦艽散：秦艽、当归、白芍、黄芩、大黄、栀子、金银花、茵陈、车前子、瞿麦、泽泻、蒲黄各40g，煎服或研末服。

（三）预防措施

加强兽医防疫，控制奶牛常发的急性全身性传染病发生。加强管理，做好防寒保暖、防暑降温等工作，增强奶牛体质，提高免疫力。注意饲养管理，日粮要平衡。保证饲料的质量，禁止饲喂霉变的饲料。应用具有强烈刺激性和毒性的药物时，应严格控制剂量并遵守使用方法。

第二节
尿路疾病

一、膀胱炎

膀胱炎是膀胱黏膜及其黏膜下层的炎症。临床上以疼痛性尿频和尿中出现较多的膀胱上皮细胞、炎性细胞、血液和磷酸铵镁结晶为特征。多发于母畜，以卡他性膀胱炎多见。

（一）病因

膀胱炎的发生与细菌感染、机械性刺激或损伤、毒物影响或某种矿物质元素缺乏及邻近器官炎症的蔓延有关。

1. 细菌感染

除某些传染病的特异性细菌继发感染之外，主要是化脓杆菌和大肠杆菌，其次是葡萄球菌、链球菌、绿脓杆菌、变形杆菌等，经过血液循环或尿路感染而致病。有人认为，膀胱炎是牛肾盂炎最常见的先兆。

2. 机械性刺激或损伤

导尿管过于粗硬，插入粗暴，膀胱镜使用不当以致损伤膀胱黏膜。膀胱结石、膀胱内赘生物、尿潴留时的分解产物以及带刺激性药物，如松节油、乙醇、斑蝥等的强烈刺激。

3. 毒物影响或某种矿物质元素缺乏

缺碘可引起动物的膀胱炎；牛蕨中毒时因毛细血管的通透性升高，也会发生出血性膀胱炎。

4. 邻近器官炎症的蔓延

肾炎、输尿管炎、尿道炎，尤其是母畜的阴道炎、胎衣不下、子宫内膜炎等极易蔓延至膀胱而引起本病。

（二）发病机制

经血液或尿路侵入膀胱的病原微生物直接作用于膀胱黏膜，或经尿液到达膀胱的有毒物质以及尿潴留时产生的氨和其他有害产物对膀胱黏膜产生强烈的刺激，都可引起膀胱黏膜的炎症，严重者膀胱黏膜组织坏死。膀胱黏膜炎症发生后，其炎性产物、脱落的膀胱上皮细胞和坏死组织等混入尿中，引起尿液成分改变，即尿中出现脓液、血液、膀胱上皮细胞和坏死组织碎片。这种质变的尿液成分又成为病原微生物繁殖的良好条件，可加剧炎症的发展。发炎的膀胱黏膜受到炎性产物刺激后，其兴奋性、紧张性升高，膀胱频频收缩，故病畜出现疼痛性尿频，甚至出现尿淋漓。若膀胱黏膜受到过强刺激，引起膀胱括约肌肿胀及反射性痉挛，从而导致排尿困难或尿闭。当炎性产物被吸收后则呈现全身症状。

（三）症状

急性膀胱炎，病畜频频排尿，或屡做排尿姿势，但无尿液排出，病畜尾巴翘起，阴户区不断抽动，有时出现持续性尿淋漓，痛苦不安等症状。直肠检查，病畜抗拒，表现疼痛不安，触诊膀胱，手感空虚，若膀胱括约肌受炎性产物刺激，长时间痉挛性收缩时可引起尿闭，严重者可导致膀胱破裂。尿液检查，终末尿为血尿。尿液浑浊，尿中混有黏液、脓汁、坏死组织碎片和血凝块，并有强烈的氨臭味。尿沉渣镜检，可见到大量膀胱上皮细胞、白细胞、红细胞、脓细胞和磷酸铵镁结晶等。

慢性膀胱炎，由于病程长，病畜营养不良、消瘦，被毛粗乱，无光泽，其排尿姿势和尿液成分与急性者略相似。若伴有尿路梗塞，则出现排尿困难，但排尿疼痛不明显。

（四）诊断

急性膀胱炎可根据疼痛性频尿、排尿姿势变化以及尿液检查有大量的膀胱上皮细胞和磷酸铵镁结晶，进行综合判断。

鉴别诊断：肾盂炎表现为肾区疼痛，肾脏肿大，尿液中有大量肾盂细胞；尿道炎镜检尿液无膀胱上皮细胞。

（五）治疗

1. 治疗原则

加强护理，抑菌消炎，防腐消毒及对症治疗。

2. 治疗措施

（1）抑菌消炎 可选用抗生素或磺胺类药物，如青霉素、卡那霉素、四环素肌内或静脉注射，每日2次，连用1周。

（2）膀胱灌洗 用0.1%高锰酸钾或1%~3%硼酸，或0.1%的乳酸依沙吖啶溶液，或0.01%新洁尔灭液对膀胱反复冲洗后，在膀胱内注入青霉素生理盐水（青霉素100万~200万IU，生理盐水100ml），1~2次/d，3~5d为一个疗程。

对于膀胱麻痹或弛缓而继发的膀胱炎，可使用导尿管导出膀胱内的积尿，促进膀胱的排空，减少膀胱中炎性沉积物对膀胱的刺激。

（3）尿路消毒　可选用乌洛托品等，如40%乌洛托品，牛50~80ml，静脉注射。

（4）水乌钙疗法　该疗法具有良效，也可静脉注射0.5%黄色素100~200mg与10%葡萄糖液500ml混合液。

3. 预防措施

保持畜舍清洁，防止病原微生物感染；导尿时，应严格遵守操作规程和无菌观念；家畜患有其他泌尿器官疾病时，应及时治疗；对母畜生殖器官疾病，应及时采取有效的防治措施。

二、尿结石

尿结石又称尿石症，是指尿路中盐类结晶凝结成大小不一、数量不等的凝结物，刺激尿路黏膜而引起的出血性炎症和尿路阻塞性疾病。临床上以腹痛、排尿障碍和血尿为特征。

（一）病因

尿结石的成因普遍认为是伴有泌尿器官病理状态下的全身性矿物质代谢紊乱的结果，并与下列因素有关。

1. 饲喂高钙、低磷和富硅、富磷的饲料

长期饲喂高钙低磷的饲料和饮水可促进尿石形成。调查研究表明，尿石的形成也与饲料、品种关系密切。例如产棉地区，棉饼是牛、羊的主要饲料，而长期饲喂棉饼的牛、羊，极易形成磷酸盐尿石。小麦和玉米产区的家畜患尿石症，其原因是麸皮和玉米等饲料中富含磷。

2. 饮水缺乏

饮水不足，机体出现不同程度的脱水，使尿中盐类浓度增高，促使尿石的形成，如天气炎热，农忙季节或过度使役，易造成饮水不足，促进尿石的形成。

3. 维生素A缺乏

维生素A缺乏可导致尿路上皮组织角化，促进尿石形成。但实验性牛、羊维生素A缺乏病，未发生尿石症。

4. 感染因素

肾和尿路感染发炎时，炎性产物、脱落的上皮细胞及细菌积聚，可成为尿石形成的核心物质。

5. 其他因素

甲状旁腺功能亢进，长期周期性尿液潴留，大量应用磺胺类药物等均可促进尿石的形成。

（二）发病机理

经有关资料归纳显示，尿石不但受饲料品种的影响，而且尿石的化学成分因家畜种类不同，也不一致。牛、羊的结石多属碳酸钙、磷酸铵镁。一般认为尿石形成的条件是：有结石核心物质的存在，尿中保护性胶体环境的破坏，尿中盐类结晶不断析出并沉积。尿石的核心物质多为黏液、凝血块、脱落的上皮细胞、坏死组织碎片、红细胞、微生物、纤维蛋白等，以上均可作为尿石的核心物质，促使尿石的形成。尿中保护性胶体物质减少，晶体盐类与胶体物质之间的比例发生变化，某些盐类化合物过度饱和，以致从溶解状态中析出，附着于尿石核心物质上逐渐形成结石。尿液中的理化性质发生改变，可成为尿结石形成的诱因。如尿液的 pH 改变，可影响一些盐类的溶解度。尿液潴留或浓稠，因其中尿素分解产生氨，致使尿变为碱性，形成碳酸钙、磷酸铵和磷酸铵镁等沉淀。酸性尿容易促使尿酸盐尿石的形成。尿中的柠檬酸盐的含量下降，易发生钙盐的沉淀，形成尿石。

目前一般认为，尿石形成于肾脏，随尿转移至膀胱，并在膀胱增大体积，常在输尿管和尿道形成阻塞。尿石形成后，于阻塞部位刺激尿路黏膜，引起黏膜损伤、炎症、出血，并使局部的敏感性增高，由于刺激，尿路平滑肌出现痉挛性收缩，因而病畜会产生腹痛、尿频和尿痛现象。当结石阻塞尿路时，则出现尿闭，腹痛更加明显，甚至可发生尿毒症和膀胱破裂。

（三）症状

由于尿石发生的部位及损害的程度不同，所呈现的临床症状也不一样。

1. 肾结石

肾结石位于肾盂，呈现肾盂炎症状和血尿，特别是剧烈运动后，血尿加重。肾区疼痛，病畜极度不安，步态紧张。直肠触诊肾脏时，疼痛加剧。如肾结石移至两侧输尿管引起阻塞时，排尿点滴或停止。

2. 膀胱结石

结石位于膀胱腔时，有时不表现明显症状，大多数病畜表现出频尿或血尿。直肠触诊膀胱，膀胱敏感性增高，可能触到结石，压迫表现疼痛。公牛、公羊有时可见细小结石随尿排出附于尿道口周围的被毛上，形成沙粒结晶。尿石位于膀胱颈部时，病畜呈现明显的疼痛和排尿障碍，常呈现排尿姿势，但尿量较少或无尿排出。排尿时病畜呻吟，腹壁抽搐。

3. 尿道结石

当尿道不完全阻塞时，病畜排尿痛苦且排尿时间延长，尿液呈滴状或线状流出，有时有血尿或小结石（沙石）。当尿道完全阻塞时，则出现尿闭或肾性腹痛现象，患畜频频举尾，屡做排尿动作但无尿排出。尿路探诊可触及尿石所在部位，尿道外部触诊，病畜有疼痛感。直肠内触诊时，膀胱内尿液充满，体积增大。若长期尿闭，可引起尿毒症或发生膀胱破裂。膀胱破裂时，肾性腹痛现象突然消失，患畜转为安静。由于尿液大量流入腹腔，下腹部腹围迅速增大，此时施行腹腔穿刺，则有大量含有尿液的渗出液流出，液体一般呈棕黄色并有尿的气味。直肠触诊，膀胱空虚，缩小如拳头大。

（四）诊断

根据由尿石的刺激所产生的肾性腹痛、血尿及尿频现象，尿石阻塞尿路时所出现的排尿不畅甚至闭可做出初步判断。直肠内触诊及尿道探诊检查在本病的诊断上具有重要意义。

（五）防治

1. 治疗原则

消除结石，控制感染，对症治疗。

2. 治疗措施

（1）保守疗法　对尿石病畜应给予大量饮水，必要时可投予利尿剂，利尿通淋，减少或防止尿中晶体物的析出，以期形成大量稀释尿，通过结石的物理位移达到将其排出的目的。

（2）控制感染　一般选用抗生素或尿路消毒药物等。中药可用金钱草200 g、鸡内金60 g煎服，每日2次，连用7 d。

（3）对症治疗　对临床上出现血尿的现象，可用止血敏、安络血等全身止血药；出现剧烈腹痛的可用盐酸氯丙嗪注射液或安定类药物来缓解结石造成的剧痛。

（4）手术疗法　尿道结石：可用粗细合适的铁丝，其断端磨光，插入尿道（先阴茎根部局麻后拉出阴茎），发现结石后切开去除结石即可。膀胱结石：可于耻骨前缘切开。

3. 预防措施

充分注意饮水，饲料中注意钙、磷比例，使其维持在（1.5~2）：1。对泌尿器官疾病及时治疗，以免尿液潴留。

第十一章
神经系统疾病

第一节
脑膜脑炎

脑膜脑炎是软脑膜及脑实质发生炎症，伴有严重脑功能障碍的中枢神经系统疾病。临床上以一般脑症状和灶性脑症状为特征。

一、病因

根据病灶的性质分为化脓性脑膜脑炎和非化脓性脑膜脑炎。

（一）化脓性脑膜脑炎

化脓性脑膜脑炎是由头部创伤、邻近部位化脓灶的波及、败血症及脓毒血症经血行性转移所致。

（二）非化脓性脑膜脑炎

非化脓性脑膜脑炎一般起因是感染或中毒，其中病毒感染是主要的，如疱疹病毒、牛恶性卡他热病毒、绵羊的慢病毒等。其次是细菌感染，如葡萄球菌、链球菌、肺炎球菌、溶血性及多杀性巴氏杆菌、化脓杆菌、坏死杆菌、变形杆菌、化脓性棒状杆菌、昏睡嗜血杆菌、单核细胞增多性李氏杆菌等。中毒因素，主要见于食盐中毒、霉玉米中毒、铅中毒及各种原因引起的严重自体中毒。也见于一些寄生虫病，如脑脊髓丝虫病、脑包虫病、普通圆线虫病等。

凡能降低机体抵抗力的不良因素均可促使本病的发生，如受寒感冒、过劳、长途运输。

二、发病机制

病原微生物、有毒物质沿血液循环、淋巴途径，或因外伤、邻近组织炎症的直接蔓延扩散侵入脑膜及脑实质，引起炎性病理变化。软脑膜及大脑皮层血管充血、渗出，蛛网膜下腔有炎性渗出物积聚。脑实质出血、水肿，炎症蔓延至脑室时，炎性渗出物增多，发生脑室积水。由于蛛网膜下腔炎性渗出物聚积，脑水肿及脑室积液，造成颅内压升高，脑血液循环障碍，致使脑细胞缺血、缺氧和能量代谢发生障碍，产生脑功能障碍，加之炎性产物和毒素对脑实质的刺激，因而临床上会产生一系列的症状。

三、症状

因炎症的部位和程度不同而异。

（一）一般脑症状

一般脑症状病畜表现为先兴奋后抑制或交替出现。病初，呈现高度兴奋，体温升高，感觉过敏，反射机能亢进，瞳孔缩小，视觉紊乱，易于惊恐，呼吸急促，脉搏增数。行为异常，不易控制，狂躁不安，攀登饲槽，或冲撞墙壁或挣断缰绳，不顾障碍向前冲，或转圈运动。口流泡沫，头部摇动，攻击人畜。有的举仰头颈，抵角甩尾，跳跃，狂奔，其后站立不稳，倒地，眼球向上翻转呈惊厥状。后期，病畜转入抑制则呈嗜眠、昏睡状态，瞳孔散大，视觉障碍，反射机能减退及消失，呼吸缓慢而深长。常卧地不起，意识丧失，昏睡，有的四肢做游泳动作。

（二）灶性脑症状

灶性脑症状主要是痉挛和麻痹，如眼肌痉挛、眼球震颤、斜视、咬肌痉挛、咬牙。发生吞咽障碍，听觉减退，视觉丧失，味觉、嗅觉错乱。颈部肌肉痉挛或麻痹，角弓反张，倒地时四肢做有节奏运动。某一组肌肉或某一器官麻痹，或半侧躯体麻痹时呈现单瘫与偏瘫等。

（三）血液学变化

初期血沉正常或稍快，中性粒细胞增多，核左移，嗜酸性粒细胞消失，淋巴细胞减少。康复时嗜酸性粒细胞与淋巴细胞恢复正常，血沉缓慢或趋于正常。脊髓穿刺时，可流出浑浊的脑脊液。

四、病程及预后

本病的病情发展急剧，病程长短不一，一般 3~4 d，也有在 24 h 内死亡的。本病的死亡率较高，且预后不良。

五、诊断

根据神经症状，结合病史调查和分析，一般可做出诊断。若确诊困难时，可进行脑脊液检查。脑膜脑炎病例，其脑脊液中中性粒细胞数和蛋白质含量增加。必要时可进行脑组织切片检查。

六、防治

（一）治疗原则

抗菌消炎，阻止炎症扩散；安神、解除兴奋；促进渗出液吸收，降低颅内压。

（二）治疗措施

1. 减少应激

将病畜安置在安静、通风的地方，避免光、声刺激。若病畜体温升高、头部灼热时，可用冷敷头部的方法降温。

2. 抗菌消炎

可用广谱抗生素（如庆大霉素、氨苄青霉素、丁胺卡那霉素）或用窄谱抗生素、新促反刍液、水乌钙三步疗法（见创伤性网胃腹膜炎），也可用 10% 磺胺嘧啶钠 200~300 ml、40% 乌洛托品 50 ml、10% 葡萄糖 500 ml，一次静脉注射。

3. 降低颅内压

可选用 25% 山梨醇液、20% 甘露醇等静脉注射。

4. 对症治疗

当病牛狂躁不安时，可用镇静药，如氯丙嗪每千克体重 1~2 mg，一次肌内注射；水合氯醛每千克体重 0.08~0.12 mg，配成 10% 无菌液一次静脉注射；安定 5~10 mg，一次肌内注射，以调整中枢神经机能紊乱，增强大脑皮层保护性抑制作用。心功能不全时，可应用安钠咖和樟脑制剂等强心剂。

（三）预防措施

加强饲养管理，合理使役。畜舍保持清洁卫生。防止畜舍过热，防止中毒。

第二节
奶牛的热应激

热应激是指处于极端高环境温度中的机体对热环境提出任何要求所做的非特异性生理反应的总和。

一、发病机制

引起热应激的主要因素有环境温度、相对湿度、太阳辐射以及气流等，其主要的是气温。对于不同动物，引起热应激的气温不同。对温带品种的牛而言，气温大于21℃，对其恒温性就有不良影响。黑白花奶牛在环境温度超过21℃时，会对体温产生影响，26.5℃时，体温会显著升高。相对湿度是引起热应激的一个辅助因素。高温环境蒸发散热不能直接使皮肤冷却，相反，在高温环境中运动，它是引起机体热应激的一个额外因素。气流对应激的影响有两个方面的作用：当气温低于动物体温时，风可降低应激；当气温大于体温或接受太阳辐射，传导散热为负值时，风可增加热应激。除了上述气候因素外，动物因年龄、性别、品种不同以及被毛情况的差异和健康状况不同，引起热应激的程度也不同。

热应激条件下，动物的一般生理反应是体温升高、呼吸加快、脉搏增加、采食减少、消化能力下降、水盐代谢平衡失调、神经内分泌系统改变，从而降低体内各种酶活力，影响机体免疫力和家畜的生产能力。

黑白花奶牛在15.6℃时呼吸频率开始升高，21~27℃时急剧上升，35~40.6℃时呼吸频率为10℃时的4~5倍。动物受热后，经常引起热性喘息，呼吸频率为200~400次/min。动物在受热的情况下采食量下降，在持续受热条件下，黑白花奶牛在22~25℃时采食量开始下降，30℃时下降明显，40℃时的采食量通常不会超过18~20℃时的60%。热应激除了影响动物采食和饮水外，还会降低饲料营养的利用率及蛋白质的利用率。

（一）热应激对奶牛生理功能的影响

1. 热应激对奶牛采食量的影响

热应激影响奶牛采食量的因素主要有：甲状腺分泌有促进消化道蠕动、缩短食糜时间过长的功能。当外界环境温度超过舒适区的上限温度时，奶牛体内甲状腺激素分泌量大幅度下降，机体肠胃道的蠕动减慢，并延长食糜通过胃肠的时间，使胃内充盈，通过胃壁上的胃伸张感受器传到丘脑控制采食中枢，使采食量减少。温度升高，可直接通过温度感受器作用于丘脑，然后反馈抑制采食。温度升高，机体散热加强。使皮肤表面血管膨胀、充血，导致消化道内血流量不足，影响营养物质的吸收速度，使消化道内充盈，易导致胃的紧张度升高，从而抑制采食。当外界温度升高时，机体本能地为了减少热增耗而减少采食。温度升高时，使奶牛的饮水量急剧增加，饮水量增加会相对减少奶牛采食量，有报道认为，饮水量与采食量呈负相关。热应激情况下奶牛呼吸频率加快，甚至出现热性喘息，使奶牛减少采食时间，从而减少日采食量。

2. 热应激对奶牛瘤胃消化代谢的影响

热应激对消化系统的影响，首先表现为高温对胃的排空有抑制作用。热应激使消化腺分泌普遍抑制，在高温条件下工作，奶牛唾液减少，钾、钠含量降低，淀粉酶活性下降，胃液分泌减少，酸度降低。在急、慢性受热条件下，胃肠消化道活力降低，胰液、肠液分泌减少。热应激条件下消化功能的改变是奶牛整个身体热应激反应的一部分，受神经、内分泌系统的调节，热应激对瘤胃代谢的影响很大。

3. 热应激对奶牛免疫功能的影响

奶牛产生热应激后，机体免疫功能受到抑制，这种免疫抑制是通过脑对免疫功能的调控、肾上腺皮质激素和交感神经的免疫修饰作用来实现的。大脑受到应激刺激乃至破坏时，可导致机体免疫器官、组织和细胞功能抑制。淋巴因子在脑内合成，脑内的一些激素参与免疫功能的调节，这是脑向免疫器官传递信息的体液途径，以脑垂体为中心，经垂体—肾上腺途径进行调节，交感神经系统也通过其对脾脏、淋巴结、胸腺及骨髓等免疫组织器官的肾上腺能受体的作用，来直接抑制机体的免疫功能。奶牛产生热应激后，免疫机能降低，易发生感染。

4. 热应激对奶牛内分泌活动的影响

外界环境可影响奶牛的内分泌功能。在高温环境中，奶牛血液中促黄体激素、促甲状腺激素和生长素的水平下降，但催乳素的水平上升。由于甲状腺激素参与维持机体的基础代谢，糖皮质激素（皮质醇）参与维持机体正常代谢，并且是一种重要的应激，因而这两类激素与奶牛生产性能有关，故研究较多。

（二）热应激对奶牛生产性能的影响

奶牛是耐寒不耐热的畜种之一，普通奶牛适宜的温度为 10~15℃，温度高于 27℃，则泌乳开始受到影响。而黑白花奶牛的适宜温度为 0~20℃，高于 24℃时则泌乳量减少。大量报道已证实了高温对奶牛产奶量有不良影响。以气温 10℃的产奶量为 100%，升到 21℃、26.7℃、29.4℃和 38.0℃，产奶量分别降到 89.3%、75.2%、69.6% 和 26.9%。

热应激除了降低奶牛的产奶量，还导致牛奶质量的降低。牛奶的乳脂率、乳蛋白率、乳糖率及非脂固体均可因高温而下降。随着气温的升高，乳脂含量下降，但在严重的热应激时，由于奶产量急剧下降，乳脂含量反而迅速升高，但此时乳脂总产量仍然下降，乳脂总产量和气温呈显著负相关。

热应激对奶牛繁殖性能有显著的影响。热应激对母牛的影响主要表现为受胎率降低、胚胎死亡率增加、容易引起流产等。热应激对母牛发情持续期和强度有影响，当日平均气温由 33℃升高到 41.7℃，牛的受胎率由 61.5% 下降到 31%。另外，由于热应激会引起母牛的激素分泌失调及代谢紊乱，因此经常造成胚胎的早期死亡和一些繁殖疾病。据报道，夏季分娩的母牛胎衣不下发病率高于其他季节 26% 以上。

二、夏季奶牛的饲养管理

奶牛是一种耐寒而怕高温的动物。奶牛适宜温度为 5~25℃，在该温度条件下，奶牛热交换处于平衡状态。而到了夏季，盛夏高温高湿，会导致机体平衡失调或破坏，出现全身反应，这种现象称为热应激。

（一）热应激的主要表现

呼吸速度加快，有明显的腹式呼吸现象；采食量明显下降；产奶量下降 10%~20%；繁殖率降低，引起流产；严重时引起牛死亡。

（二）夏季奶牛饲养管理特点

夏季奶牛饲养管理的主要目标是采取合理对应措施，有效降低奶牛热应激反应。

1. 创造凉爽的牛舍环境

牛舍一般在 5 月底之前应做好以下几点。

（1）通风　打开牛舍所有通风孔和门窗，促进舍内空气流动，降低舍内温度。

（2）刷白 牛舍屋顶刷白（石灰水），增加日光反射。

（3）搭凉棚 牛舍连接处搭设凉棚，减少日光直射。

2.疏散牛群

降低牛舍奶牛的饲养密度，一般饲养100头奶牛的牛舍可减少10%。

3.采取有效的降温措施

（1）喷雾风扇 牛舍配备喷雾风扇接力送风，保证每头牛都能吹到风。

（2）电风扇 轻度热应激时以电风扇排风为主。

（3）喷淋加风扇 中度热应激时可喷淋加风扇。

（4）淋浴 严重热应激时可淋浴。一般在牛吃料前0.5h冲牛身，每日2~3次，对热应激反应严重的奶牛可多冲几次。

（5）屋顶喷淋 降低室内温度。

4.夏季实行夜间放牧

有条件的可以搭建遮阴棚，实行夜间放牧。

5.供应充足清洁饮水

舍内舍外都要有充足的清洁饮水供应。

6.消灭蚊蝇

盛夏季节，蚊子、苍蝇叮咬牛体影响奶牛休息，也会造成产奶量下降和疫病传播，应定期喷洒杀虫液驱杀蚊蝇。

7.搞好卫生和绿化

搞好牛舍周围环境卫生，舍外种植高大又通风的树木遮阴，为奶牛创造一个舒适的生活环境。

但要记住：任何形式的防暑降温措施，最终都要设法保持牛舍干燥，以防奶牛发生乳腺炎、肢蹄病和关节炎等疾病。

（三）夏季奶牛的日粮及饲喂技术

夏季高热，奶牛受到热应激影响，采食量明显下降，营养不能满足，这对夏季奶牛日粮及饲喂技术是一种极大的挑战。为了奶牛健康，产奶量相对稳定，确保奶牛安全度过盛夏，夏季日粮必须调整，饲喂方式必须改变。

1.夏季奶牛日粮调整

（1）提高日粮营养浓度 在合理的精料比例条件下适当增加高蛋白质、高能量的饲料，如全棉籽、膨化大豆、豆粕等，保持瘤胃正常pH，防止酸中毒。提供易消化的、优质粗饲料，如甜菜粕、干草等。增加日粮中的矿物质、维生素。夏季奶牛受高热影响，机体损耗多，矿物质、维生素要及时补充。钾从1%增加到1.5%，钠从0.2%增加到0.45%，镁从0.2%增加到0.35%，维生素也要增加。

（2）添加抗热应激的添加剂　抗热应激添加剂的作用有：增强奶牛对高温、高湿环境的抵抗力；改善奶牛的消化功能，提高采食量；提高奶牛对饲料的消化吸收功能，降低热耗，有效调节机体体温的平衡；有效缓解奶牛在热应激条件下的机体矿物质失衡。

2. 夏季奶牛的饲喂技术

适时调整日粮的精粗比例，精料比常规增加5%；饲喂顺序灵活机动，粗料与精料合理搭配，以保证牛多采食优质易消化的饲料；提高夏季日粮的水分，保证适口性。

第三节
日射病及热射病

日射病和热射病是由于急性热应激引起的体温调节功能障碍的一种急性中枢神经系统疾病。日射病是牛、羊在炎热的季节中，头部持续受到强烈的日光照射而引起脑及脑膜充血和脑实质的急性病变，导致的中枢神经系统功能障碍性疾病。热射病是牛、羊所处的外界环境气温高，相对湿度大，产热多，散热少，体内积热而引起的严重中枢神经系统功能紊乱的疾病。临床上日射病和热射病统称为中暑。

一、病因

在高温天气和强烈阳光下使役、驱赶、奔跑、运输等常常可使牛、羊发病。集约化养殖场饲养密度过大，潮湿闷热，通风不良，牛、羊体质衰弱或过肥，出汗过多，饮水不足，缺乏食盐等，是引起本病的常见原因。

二、发病机制

日射病。因动物头部持续受到强烈日光照射，日光中红外线穿过颅骨直接作用于脑膜及脑组织，即引起头部血管扩张，脑及脑膜充血、水肿，乃至广泛性出血，随着脑组织缺血、缺氧和代谢活动的改变，可产生一系列中枢神经系统功能紊乱，直至发生运动中枢和呼吸中枢的麻痹。

热射病。在高温条件下，血液循环和汗腺功能对调节体温起主要作用。高温超过一定限度，产热量大于散热量时，体温调节中枢失控，可突然出现高热而发生热射病。此时汗腺功能发生障碍，出汗减少可加重高热。

高温对中枢神经系统有抑制作用，导致动作准确性和协调性差。

由于散热的需要，皮肤血管扩张，血液重新分配，同时心脏排血量增多，结果心脏负荷加重。最终导致心脏功能减弱，心脏排血量降低，输送到皮肤血管的血液量减少而影响散热。

热射病发生后，机体温度高达 41~42℃，体内物质代谢加强，氧化产物大量蓄积，导致酸中毒。同时因热刺激，反射性地引起机体大量出汗，致使病畜脱水。由于脱水和水、盐代谢失调，组织缺氧，脑脊髓与体液间的渗透压急剧变化，影响中枢神经系统对内脏的调节作用，心、肺等脏器代谢机能衰竭，最终导致病畜窒息和心脏麻痹。

三、症状

在临床实践中，日射病和热射病常同时存在，因而很难精确区分。

日射病。突然发生，病初精神沉郁，四肢无力，步态不稳，共济失调，突然倒地，四肢做游泳样运动。病情发展急剧，呼吸中枢、血管运动中枢、体温调节中枢机能紊乱，甚至麻痹。心力衰竭，静脉怒张，脉微弱，呼吸急促而节律失调，结膜发绀，瞳孔初散大，后缩小。皮肤、角膜、肛门反射减退或消失，腱反射亢进，常发生剧烈的痉挛或抽搐而迅速死亡。

热射病。突然发病，体温急剧上升，高达 41℃以上，皮温增高，出现大汗或剧烈喘息。病畜站立不动或倒地张口喘气，两鼻孔流出粉红色、带小泡沫的鼻液。心悸亢进，脉搏疾速，达 100 次/min 以上。眼结膜充血。后期病畜呈昏迷状态，意识丧失，四肢划动，呼吸浅而疾速，节律不齐，脉不感手，第一心音微弱，第二心音消失，血压下降。

四、病程及预后

日射病和热射病病情发展急剧，病畜常常因来不及治疗而发生死亡。早期采取急救措施可望痊愈，若伴发肺水肿，多预后不良。

五、诊断

根据发病季节、病史资料、体温急剧升高、心肺功能障碍和倒地昏迷等临床特征，可以确诊。

六、防治

（一）治疗原则

加强护理、促进降温、减轻心肺负荷、镇静安神、纠正水盐代谢和酸碱平衡紊乱。

（二）治疗措施

1. 消除病因和加强护理

应立即停止一切应激，将病畜移至荫凉通风处，若病畜卧地不起，可就地搭起荫棚，保持安静。

2. 降温疗法

不断用冷水浇洒全身，或用冷水灌肠，口服1%冷盐水，或于头部放置冰袋，亦可用乙醇擦拭体表。

3. 泻血

体质较好者可适量泻血（牛1 000~2 000 ml，羊100~300 ml），同时静脉注射等量生理盐水，以促进机体散热。

4. 缓解心肺机能障碍

对心功能不全者，可注射安钠咖等强心剂。为防止肺水肿，静脉注射地塞米松。

5. 镇静

当病畜烦躁不安或出现痉挛时，可口服或直肠灌注水合氯醛黏浆剂，或肌内注射氯丙嗪或少量静松灵。

6. 缓解酸中毒

当确诊病畜已出现酸中毒，可静脉注射5%碳酸氢钠注射液，牛300~600 ml，羊50~100 ml。

7. 其他措施

可用西瓜5 000 g、白糖250 g，混合灌服。

（三）预防措施

炎热夏季使役不能过重，时间不能过长，防止日光直射头部。长途运输不能拥挤，注意通风。

第十二章
生殖系统疾病

第一节
不孕症

不孕症是指母畜暂时或永久不能繁殖。有先天性不育，如种间杂交、幼稚病、生殖器官畸形等；饲养性不育，多因饥饿，或维生素、矿物质等缺乏引起；管理利用性不育，多由过度使役或泌乳过多而引起；气候水土性不育，是由于母畜突然更换地方，对气候、水土尚不能适应而暂时发生不育；衰老性不育，是指未达到绝情期的母畜，未老先衰，生殖功能过早停止；疾病性不育，是由于家畜生殖器官和其他器官的疾病或者机能异常引起的。不育是这些疾病的一种症状，在接产、手术助产及进行其他产科操作处理过程中，因消毒不严引起生殖道感染，可以造成疾病性不育。除了生殖器官的疾病及功能异常外，许多其他疾病，如心脏疾病、肾脏疾病、消化道疾病、呼吸道疾病、神经疾病及某些全身性疾病，也可引起卵巢机能不全及持久黄体而导致不育；有些传染性疾病和寄生虫病也能引起不育。本节主要介绍引起不孕症的生殖器官疾病。

一、卵巢囊肿

卵巢囊肿包括卵泡囊肿和黄体囊肿两种。

卵泡囊肿为卵泡上皮细胞变性，卵泡壁增生变厚，卵细胞死亡，致使卵泡发育中断，而卵泡液未被吸收或增生所形成。呈单个或多个存在于一侧或两侧卵巢上，壁较薄。

黄体囊肿是由于未排卵的卵泡壁上皮黄体化而形成，或排卵后黄体化不足，黄体的中心出现充满液体的腔体而形成囊肿黄体。黄体囊肿一般多为单个，存在于一侧卵巢上，壁较厚。

奶牛的卵巢囊肿多发生于第4~6胎产奶量最高期间,而且以卵泡囊肿居多,黄体囊肿只占25%左右。肉牛则发病率较低。

（一）病因

引起卵巢囊肿的原因目前尚未完全研究清楚。涉及的因素包括:

1. 饲料中缺乏维生素A或含有大量的雌激素

饲喂精料过多而又缺乏运动,故舍饲的高产奶牛多发,且多见于泌乳盛期。

2. 垂体或其他激素腺体功能失调或雌激素用量过多

这两种情况均可造成卵巢囊肿。

3. 子宫内膜炎、胎衣不下及其他卵巢疾病而引起卵巢炎

可致使排卵受阻,也与本病的发生有关。此外,本病的发生也与气候骤变、遗传有关。

（二）症状

牛卵巢囊肿常发生于产后60 d以内,15~40 d为多见,也有在产后120 d发生的。卵泡囊肿的主要特征是无规律的频繁发情和持续发情,甚至成为慕雄狂;黄体囊肿则长期不表现发情。

患卵泡囊肿的母牛,发情表现反常,如发情周期变短,发情期延长,以至发展到严重阶段,持续表现强烈的发情行为,而成为慕雄狂,性欲亢进并长期持续或不定期的频繁发情,喜爬跨或被爬跨。严重时,性情粗野好斗,经常发出犹如公牛般的吼叫。对外界刺激敏感,一有动静便两耳竖起。荐坐韧带松弛下陷,致使尾椎隆起。外阴部充血、肿胀,触诊呈面团感。卧地时阴门开张,经常伴有"噗噗"的排气声。阴道经常流出大量透明黏稠分泌物,但无牵缕状（正常发情母畜的分泌物呈牵缕状）。少数病畜阴门外翻,极易引起感染而并发阴道炎。

直肠检查时,发现母畜单侧或双侧卵巢体积增大,有数个或一个囊壁紧张而有波动的囊泡,表面光滑,无排卵突起或痕迹;其直径通常为2~5 cm;囊泡壁薄厚不均,触压无痛感,有弹性,坚韧,不易破裂。子宫肥厚,松弛下垂,收缩迟缓。如伴发子宫积液,触之则有波动感。

为与正常卵泡区别,可间隔2~3 d再进行一次直肠检查,正常卵泡届时均已消失。

（三）诊断

通过了解母畜繁殖史,配合临床检查,如果发现有慕雄狂的病史、发情周

期短或不规则及乏情时，即可怀疑患有此病。

直肠检查，发现卵巢体积增大，有数个或一个突出表面的、囊壁紧张而有波动、表面光滑、触压有弹性、坚韧、不易破裂的囊泡时，即可确诊。

（四）治疗

在改善饲养管理的同时，可选用以下疗法。

1. 激素疗法

（1）人绒毛膜促性腺激素　具有促黄体素的效能，对本病有较好的疗效。牛静脉注射 2 500～5 000 IU，或肌内注射 10 000～20 000 IU。一般在用药后 1～3 d，外表症状逐渐消失，9 d 后进行直肠检查，可见卵巢上的囊肿卵泡破裂或被吸收，且无黄体生长。只要有效，即应观察一段时间，不可急于用药，以防产生持久黄体。如不见效，可再注射，亦可用孕马血清。

（2）其他激素疗法　经人绒毛膜促性腺激素治疗 3 d 无效，可选用下列药物。黄体酮：50～100 mg，肌内注射，每日 1 次，连用 5～7 d，总量为 250～700 mg。肾上腺皮质激素、地塞米松：10～20 mg，肌内或静脉注射，隔日 1 次，连用 3 次。促性腺激素释放激素：牛 0.25～1.5 mg，肌内注射，效果显著。

2. 碘化钾疗法

碘化钾 3～9 g 粉末或 1% 水溶液，内服或拌入料中饲喂，每日 1 次，7 d 为一个疗程，间隔 5 d，连用 2～3 个疗程。

3. 假妊娠疗法

将特制的橡胶气球或子宫环，从阴道送入子宫，造成人为的假妊娠，促使卵巢产生黄体，一般经 10 d 左右直肠检查，若囊肿变小或已形成黄体，则证明有效，此后再存放 10 d，以巩固疗效。

4. 中药疗法

以行气活血、破血去瘀为主。可用肉桂 20 g、桂枝 25 g、莪术 30 g、三棱 30 g、藿香 30 g、香附子 40 g、益智仁 25 g、甘草 15 g、黄芪各 30 g，研末服。

5. 手术疗法

在上述疗法无效时，可考虑采用手术疗法。

（1）囊肿穿刺术　一手经直肠握住卵巢，并将卵巢拉到阴道前端的上方固定后，另一手将消毒过并接有细橡胶管的 12 号针头从阴道穹隆部穿过阴道壁刺入囊肿。或一手在直肠内固定卵巢，另一手（或助手）用长针头从体表软部刺入囊肿，抽出囊肿液后再注入人绒毛膜促性腺激素 2 000～5 000 IU 于囊肿腔内。

（2）挤破囊肿　从直肠内用中指及食指夹住卵巢系膜并固定卵巢，拇指逐渐向食指方向挤压，挤破后持续压迫5 min以达到止血的目的。

（五）预防

供给全价并富含维生素A及维生素E的饲料，防止精料过多；适当运动，合理使役，防止过劳和运动不足；对正常发情的母畜，要适时配种或授精；对其他生殖器官疾病，应及早合理治疗。

二、持久黄体

持久黄体也称永久黄体或黄体滞留，是指母牛在分娩后或性周期排卵后，妊娠黄体或发情周期黄体及其功能长期存在而不消失。

从组织构造和对机体的生理作用来看，性周期黄体、妊娠黄体无区别。由于黄体滞留，黄体分泌黄体酮的作用持续，抑制了卵泡的发育，因而母牛表现性周期停止，常不发情。

（一）病因

1.饲养管理不当

饲料单纯，品质低劣，母牛营养不足；日粮配合不平衡，特别是矿物质、维生素A、维生素E不足或缺乏。

2.子宫及全身疾病

子宫慢性炎症、胎衣不下、子宫复旧不全等，子宫内存有异物如胎儿干尸、子宫蓄脓、子宫积液、子宫肿瘤及胎儿浸溶等，都会使黄体吸收受阻，而成为持久黄体。结核病、布鲁氏菌病等也可能促使本病的发生。

3.过度加料

高产奶牛在分娩后，由于大量饲喂精料，致使乳产量高而持续，由于营养消耗严重，血中促乳素水平增高，不仅表现出发情延滞，而且也易导致本病的发生。

从临床观察，持久黄体发生的原因较为复杂，它不仅与机体状况如营养过肥或过瘦、泌乳量的过高等有密切关系，而且也与子宫、卵巢的状况和功能有关，因此，在了解其病因时，不能单纯认为只是黄体滞留，而应视本病是机体全身状况和卵巢功能不全的综合临床表现。

（二）诊断要点

持久黄体的症状特征是母牛性周期停滞，长期不发情。直肠检查时，一侧或两侧卵巢体积增大，卵巢内有持久黄体存在，并突出于卵巢表面；由于黄体所处阶段不同，有的呈捏粉感，有的较硬，其大小不一，数目不定，有一个或两个以上；间隔5~7d进行一次直肠检查，经2~3次检查，如黄体的大小、位置、形态及质地均无变化，且子宫内不见妊娠，即可确诊为持久黄体。

（三）治疗

持久黄体不伴有子宫疾患时，治疗后黄体消退，性周期恢复，预后良好。如伴有子宫疾患并发胎儿干尸，以及患全身疾病，奶牛体弱，则预后可疑。

为提高疗效，应加强管理，改善饲养条件，调整饲料比例，减少挤奶量等。常用的方法有以下几种。

1. 药物治疗

（1）氯前列烯醇　500ug，一次肌内注射。

（2）垂体促性腺激素　200~400IU，一次肌内注射，隔2d1次，连续3次。

（3）孕马血清　第一次量20~30mg，一次皮下或肌内注射，7d后再注射一次，量为30ml。

（4）雌二醇　4~10mg，一次肌内注射。

（5）催产素　50万IU，一次肌内注射，隔日1次，连用2~3次。

2. 卵巢按摩法

即用手隔直肠按摩卵巢，使之充血，每日1次，每次5min，连续2~3次。

3. 黄体穿刺或挤破法

手伸入直肠内，握住卵巢，使卵巢固定于大拇指与其余四指之间，轻轻挤破黄体。

4. 氦氖激光照射交巢穴

距离50~60cm，每日1次，每次照射8min，7d为一个疗程，对治疗持久黄体有较好疗效。

5. 子宫治疗

伴发子宫炎时，应肌内注射雌二醇4~10mg，促使子宫颈开张，再用庆大霉素80万IU或土霉素2g或金霉素1~1.5g，溶于蒸馏水500ml内，一次注入子宫内，每日或隔日1次，直至阴道分泌物清亮为止。

（四）预防

1. 加强产后母牛的饲养管理，尽快消除能量负平衡

产后母牛一般都处于能量负平衡状态，泌乳早期的能量负平衡可能降低黄体功能，使孕酮水平降低；严重的能量负平衡将引起奶牛出现持久黄体，因此对产后母牛要加强饲养，饲料品质要好，并供应充足的优质青干草，促进食欲，提高机体采食量；严禁为追求产奶量而过度增加精料。

2. 加强对产后母牛检查，发现疾病应及时治疗

（1）产后母牛易患营养代谢病　如酮病、缺钙症等，影响繁殖。生产中应建立监控制度，定期对血、尿、乳进行酮体检查，对牛的食欲、泌乳情况要逐日观察，异常者应及时处置。

（2）对母牛繁殖应进行监控　对产后母牛性周期停止、乏情期延长者，要仔细检查。对异常者采取针对性措施，予以处置，防止病情加重。

三、子宫内膜炎

子宫内膜炎是子宫黏膜的炎症，是常见的一种母畜生殖器官疾病，也是导致母畜不育的重要原因之一。本病多见于乳用家畜，尤以奶牛常见。

（一）病因

配种、人工授精及阴道检查时消毒不严；难产、胎衣不下、子宫脱出及产道损伤之后，细菌（双球菌、葡萄球菌、链球菌、大肠杆菌等）侵入引起本病；阴道内存在的某些条件性病原菌，在机体抗病力降低时，亦可发生本病。此外，存在布鲁氏菌病、副伤寒等传染病时，也常并发子宫内膜炎。

（二）诊断要点

1. 急性化脓性子宫内膜炎

病牛会从阴道内排出脓样不洁分泌物，所以是很容易被发现的一种疾病。一般在分娩后胎衣不下、难产、死产时，由于子宫收缩无力，不能排出恶露；病牛表现弓背努责，体温升高，精神沉郁，食欲、产奶量明显下降，反刍减少或停止。

2. 黏液性脓性子宫内膜炎

病牛临床表现为排出少量白色混浊的黏液或黏稠脓性分泌物，排出物可污染尾根和后躯；病牛体温略高、食欲减退、精神沉郁、逐渐消瘦等全身症状；阴道检查，宫颈外口充血、肿胀；直肠检查，子宫角变粗，若有渗出液积留时，压之有波动感。本病往往并发卵巢囊肿。

3. 隐性子宫内膜炎

病牛临床上不表现任何异常，发情正常，但屡配不孕，发情时的黏液稍微浑浊或混有很小的脓片。子宫的轻度感染是造成受精卵和胚胎死亡，致使其屡配不孕的原因。

4. 慢性脓性子宫内膜炎

病畜阴门中经常排出少量稀薄、污白色或混有脓液的分泌物，排出的分泌物常粘在尾根部和后躯，形成干痂；直肠检查可发现子宫壁增厚，宫缩反应微弱或消失。

（三）治疗

在改善饲养管理的同时，及早进行局部处理，常能取得较好疗效。

1. 子宫冲洗

选用 0.1%~0.3% 高锰酸钾溶液，0.1%~0.2% 乳酸依沙吖啶溶液，0.1% 复方碘溶液，1%~2% 等量碳酸氢钠溶液，1% 明矾溶液，每日或隔日冲洗子宫，至冲洗液变清为止。为促进子宫收缩，减少和阻止渗出物的吸收，可用 5%~10% 氯化钠溶液 500~2 000 ml，每日或隔日冲洗子宫 1 次。随渗出物的逐渐减少和子宫收缩力的提高，氯化钠溶液的浓度应渐降至 1%，其用量亦随之渐减。发生隐性子宫内膜炎时，可用糖—碳酸氢钠—盐溶液 500 ml 冲洗子宫。

2. 子宫灌注抗生素

每次冲洗完子宫后，可选用以下药液灌注于子宫内。

0.5% 金霉素或青霉素、链霉素溶液 50~100 ml，或青霉素、链霉素各 50 万~100 万 IU，溶于 50~200 ml 鱼肝油中，再加入垂体后叶素或催产素 10 万~15 万 IU，每日 1 次，4~6 d 后隔日用 1 次。

碘仿醚（1∶10）30~50 ml，隔日 1 次。

隐性子宫内膜炎，在配种前 1~2 h，先用生理盐水或 1% 碳酸氢钠溶液 500 ml 冲洗子宫后，待配种前 1 h，用青霉素 40 万~100 万 IU，加在高渗葡萄糖溶液 30 ml 中，或青霉素、红霉素、垂体后叶素的混悬液 50 ml 灌注于子宫内，亦可在配种后 24 h 再灌注一次青霉素、链霉素或四环素溶液，都可提高受胎率。

为临床应用方便，子宫冲洗和子宫灌注抗生素可同步进行：土霉素 3 g 或庆大霉素 80 万 IU 或丁胺卡那霉素 3 g，生理盐水 500~1 000 ml。

3. 应用子宫收缩剂

为增强子宫收缩力，促进渗出物的排出，可给予己烯雌酚、垂体后叶素、氨甲酰胆碱、麦角制剂等。

4. 硬膜外腔封闭

在第 1、3、5 日，分别在 1、2 尾椎间，用 2% 盐酸普鲁卡因溶液 10 ml，进行硬膜外腔封闭后，用 0.5% 金霉素溶液 200 ml 灌注子宫，第 2、4、6 日，分别肌内注射己烯雌酚注射液 50 mg，间隔 5 d 后，再重复一次，对牛子宫内膜炎有较好疗效。对子宫内膜炎的治疗，要根据疾病的情况、病畜个体的特点和全身状态，正确选用上述方法。

5. 局部和全身治疗

当感染严重而引起败血症时，应在实施局部治疗的同时，配合全身治疗，即水乌钙、新促反刍液、抗生素三步疗法（见创伤性网胃腹膜炎）。

（四）预防

在临产前和产后，对产房、产畜的阴门及其周围都应进行消毒，以保持清洁卫生。

配种、人工授精及阴道检查时，应注意器械、术者手臂和外生殖器的消毒，且操作要轻，不能硬顶、硬插。

对正常分娩或难产时的助产以及胎衣不下的治疗，要及时、正确，以防损伤和感染。

加强饲养管理，做好传染病的防治工作。

第二节
流产

流产是指胚胎或胎儿与母体之间的正常生理关系被破坏，致使母畜妊娠中断，胚胎在子宫内被吸收；或排出不足月的胎儿、死亡未经变化的胎儿。流产不是一种独立的疾病，而是由于各种不良因素作用于机体所产生的临床表现。它可以发生在妊娠的各个阶段，但以妊娠早期较为多见，可以排出死亡的胎体，也可以排出存活但不能独立生存的胎儿。各种家畜均能发生流产。奶牛流产的发病率约在 10%。流产所造成的损失是严重的，它不仅能使胎儿夭折或发育受到影响，而且还能危害母畜的健康，使产奶量减少，母畜的繁殖效率也常因并发生殖器官疾病造成不孕而受到严重影响，使畜群的繁殖计划不能完成，因此必须特别重视对流产的防治。如果母畜在怀孕期满前排出成活的成熟胎儿，可称为早产；如果在分娩时排出死亡的胎儿，则称为死产。

一、病因

流产的原因极为复杂，根据引起流产的原因不同，可分为非传染性流产、传染性流产和寄生虫性流产。

（一）非传染性流产

1. 饲养性流产

饲料数量严重不足和维生素及微量元素含量不足均可引起流产；饲料品质不良或饲喂方法不当，如喂给发霉、腐败变质的饲料，或饲喂大量饼渣，含有亚硝酸盐、农药以及有毒植物的饲料，均可使孕畜中毒而流产，饲喂方式的改变，如孕畜由舍饲突然转为放牧，饥饿后喂以大量可口饲料，可引起消化紊乱或疝痛而发生流产。

2. 损伤性及管理性流产

这是造成散发性流产的一个最重要因素，主要由于管理及使役不当，使子宫和胎儿受到直接或间接的机械性损伤，或孕畜遭受各种逆境的剧烈危害，引起子宫反射性收缩而流产。如对腹壁的碰撞、抵压和蹴踢，母畜在泥泞、结冰、光滑或高低不平的地方跌倒摔伤，以及出入圈门时过度拥挤均可造成流产；剧烈迅速地运动、跳越障碍及沟渠、上下陡坡等，都会使胎儿受到振动而流产。此外，粗暴地鞭打头部和腹部，或打冷鞭、惊群，可使母畜精神紧张，肾上腺素分泌增多，反射性地引起子宫收缩，导致流产。

3. 医疗错误性流产

全身麻醉，大量放血，手术，服入过量泻剂、驱虫剂、利尿剂，注射某些可以引起子宫收缩的药物（如氨甲酰胆碱、毛果芸香碱、槟榔碱或麦角制剂），误给大量堕胎药（如雌激素制剂、前列腺素等）和孕畜忌用的其他药物，注射疫苗，以及对某些穴位长期针灸刺激，粗鲁的直肠、阴道检查等均有可能引起流产。

4. 习惯性流产

多因内分泌失调所致，如孕酮在妊娠早期胚胎的着床和发育中起重要作用，当分泌不足或产生不协调时，均可引起胚胎死亡和流产。

5.疾病性流产

常继发于子宫内膜炎、阴道炎、胃肠炎、疝痛病、热性病及胎儿发育异常等病过程中。

（二）传染性流产和寄生虫性流产

很多病原微生物和寄生虫都能引起牛、羊流产，且危害比较严重。它们不是侵害胎盘及胎儿引起自发性流产，就是以流产作为其中一种症状，而发生症状性流产。具体详见第一、第二篇的有关章节。

二、诊断要点

由于流产的发生时期、原因及母畜反应能力不同，流产的病理过程及所引起的胎儿变化和临床症状也很不一样。可归纳为以下4种：

（一）隐性流产

隐性流产发生在怀孕初期，胚胎尚未形成胎儿，死亡组织液化，被母体吸收。或在母畜再发情时随尿排出，未被发现。一般在胚胎形成1~1.5个月后，经直肠检查确定已怀孕，但过一段时间后母牛又重新发情，同时直肠检查原怀孕现象消失，即可诊断为隐性流产。

（二）早产

早产即排出不足月的活胎儿。流产前2~3d，母牛乳房突然胀大，乳头内可挤出清亮液体，阴门稍微肿胀，并向外排出清亮或淡红色黏液。流产胎儿体小、软弱，如果胎儿有吸吮反射并能吃奶，精心护理仍有成活的可能。流产前的症状与正常生产相似，如胎动频繁，母牛腹痛不安，时时开张后肢，阴门外翻，弓背努责，有时从阴门流出血水。

（三）小产

小产即排出死亡而未经变化的胎儿。这是流产中最常见的一种。胎儿死后，它对母体好似异物一样，可引起子宫收缩反应，于数天之内将死胎及胎衣排出。

妊娠初期的流产，因为胎儿及胎衣很小，排出时不易发现，有时可能被误认为是隐性流产。妊娠前半期的流产，事前常无预兆。妊娠末期流产的预兆和早产相同。

（四）延期流产

延期流产也叫死胎停滞，即胎儿死亡后由于阵缩微弱，子宫颈口未开张或开张不大，死胎长期停留于子宫内。根据子宫颈是否开放，其结果有以下3种。

1. 胎儿浸溶

怀孕中断后，死亡胎儿的软组织被分解，变为液体流出，而骨骼留在子宫内。多见于牛。病牛常表现精神沉郁，食欲减废，体温升高，常见腹泻或肚胀，阴道内流出棕褐色恶臭液体，病牛逐渐消瘦，经常努责。阴道检查，发现子宫颈开张，在子宫颈内或阴道内有时可发现骨片。直检子宫如一圆球，可摸到参差不平的胎骨，并有骨片互相摩擦的感觉。

2. 胎儿腐败分解

胎儿在子宫内死亡后，腐败菌通过开张的子宫颈口侵入，引起胎儿腐败分解，产生气体。此时母畜表现为严重的全身症状，如精神沉郁，食欲减废，体温升高，腹围增大，呻吟不安，频频努责，阴门中流出污红色恶臭液体，如不及时治疗，胎儿多因败血性腹膜炎而死亡。

3. 胎儿干尸化

怀孕中断后，胎儿死亡，但未排出（与黄体不萎缩有关），其组织中水分及胎水被吸收，胎儿变为棕黑色，像干尸一样（由于子宫颈不开放，细菌未能侵入子宫，胎儿未发生腐败和分解）。母牛全身症状不明显，但如确定母牛已经怀孕，在孕期由于某种原因母牛怀孕现象渐渐消退，肚腹渐渐变小，直检发现宫颈细硬，子宫呈球状，子宫内有坚硬感，无波动，压之无胎动，卵巢上有黄体，母牛不发情，即可确定为本病。有的干尸化胎儿在母牛再次发情时而被排出或卡在产道，在直检或产道检查时被发现。

三、治疗

首先应确定属于何种流产以及妊娠能否继续进行，在此基础上根据症状再确定治疗原则。

（一）先兆流产的治疗

临床上见到孕畜腹痛不安，时时排尿、努责，并有呼吸、脉搏加快等现象时，可能要引起流产。但阴道检查，子宫颈口紧闭，子宫颈塞尚未流出，直检胎儿还活着。治疗以安胎为主，使用抑制子宫收缩的药保胎。

1. 西药疗法

（1）肌内注射孕酮　牛50~100 mg、羊10~30 mg，每日1次，连用4次（为预防习惯性流产，可在流产前1个月，定期注射本品），牛也可用0.5%

硫酸阿托品 2~6 ml，皮下注射。

（2）给以镇静剂　如静脉注射安溴注射液 100~150 ml，或肌内注射 2% 静松灵 1~2 ml。

2. 中药疗法

以补气、养血、固肾、安胎为主。可用党参 25 g、白术 30 g、炙甘草 20 g、当归 25 g、川芎 25 g、白芍 30 g、熟地黄 25 g、紫苏 25 g、黄芩 25 g、砂仁 25 g、阿胶珠 25 g、陈皮 25 g、生姜 25 g，研末服。

如果先兆流产经上述处理，病情仍未稳定下来，阴道排出物继续增多，孕畜起卧不安加剧；阴道检查，子宫颈口已开张，胎囊已进入阴道或已破水，流产已难避免，则应尽快促进胎儿排出，以免胎儿死亡腐败引起子宫内膜炎，影响母畜以后受孕。

（二）胎儿浸溶的治疗

先皮下注射或肌内注射己烯雌酚 0.02~0.03 g，以促进子宫颈口开张，然后逐块取净胎骨（操作过程中术者须防自己受到感染），术后用 10% 氯化钠溶液冲洗子宫，排出冲洗液后，子宫内放入抗生素；肌内注射 0.25% 氯贝胆碱 10 ml 等子宫收缩药品，以促进子宫内容物的排出，并根据全身情况的好坏，进行强心补液、抗炎疗法。

（三）胎儿腐败分解的治疗

先向子宫内灌入 0.1% 雷夫诺尔或高锰酸钾溶液，再灌入液体石蜡作滑润剂，然后拉出胎儿（如胎儿气肿严重，可在胎儿皮肤上做几道深长切口，以缩小体积，然后取出；如子宫颈口开张不全时，可连续肌内注射己烯雌酚或雌二醇 10~30 mg；静脉滴注地塞米松 20 mg）。也可用 2% 盐酸普鲁卡因 80~100 ml，分 4 点注射于子宫颈周围，后用手指逐步扩大子宫颈口，并向子宫内灌入温开水，等待数小时。如拉出有困难，可施行截胎术。拉出胎儿后，子宫腔冲洗、放药及全身处理同上。

（四）胎儿干尸化的治疗

如子宫颈口已开张，可向子宫内灌入润滑剂（如液体石蜡、温肥皂水）后拉出胎儿，有困难时可进行截胎后拉出胎儿；如子宫颈口尚未开张，可肌内注射己烯雌酚或雌二醇 10~30 mg，每日 1 次，经 2~3 d，可自动排出胎儿。如无效，可在注射己烯雌酚 2 h 后再肌内注射催产素 50 万 IU，或用 5% 盐水 2 500 ml 灌入子宫，每日 1 次，连用 3 次有良效。

四、预防

由于引起流产的因素较复杂，流产后又无典型的病理特征，特别是散发性，这就给诊断、防治带来了困难，加上生产单位条件所限，化验检测手段欠缺，致使真正流产原因不明，为了能使流产尽量减少，应采取如下预防措施。

（一）加强饲养管理，增强母牛体质

日粮供应要合理，特别要注意饲料中维生素和微量元素的供给，以防营养缺乏症的发生。饲料品质要好，严禁饲喂发霉、变质饲料。

加强责任心，提高管理技术水平。兽医、配种员要严格遵守操作规程，防止技术事故的发生。

对临床病牛要做出正确诊断，并及时采取有效治疗方法，尽早促进其康复，防止因治疗失误或拖延病程而引起继发感染。

（二）加强防疫

定期进行疫病普查，保证牛群健康、无疫病。

（三）加强对流产牛及胎儿的检查

对流产母牛应单独隔离，全身检查，胎衣及产道分泌物应严格处理，确系无疫病时，再回群混养。

对流产胎儿及胎衣，应检查有无出血、坏死、水肿和畸形等，详细观察、记录。为了解确切病因与病性，可采取流产母牛的血液（血清）、阴道分泌物及胎儿的皱胃、肝、脾、肾、肺等器官，进行微生物学和血清学检查，从而真正了解其流产的原因，并采取有效方法，予以防治。

第三节
难产

难产是由于各种原因，使正常分娩过程受阻，母畜不能顺利排出胎儿的产科疾病。

难产如果处理不当，不仅会危及母体及胎儿的性命，而且往往能引起母畜生殖道疾病，影响以后的繁殖力。因此，积极防止和正确处理难产，是兽医产科工作者的一项极为重要的任务。

一、难产的原因

（一）产力异常

产力是分娩的动力，由母畜腹肌的收缩和子宫阵缩形成。由于母体营养不良、疾病、疲劳、分娩时外界因素的干扰，以及不适时给予子宫收缩剂等，均可使母畜阵缩及努责微弱。

（二）产道异常

骨盆畸形、骨折，子宫颈、阴道及阴门的瘢痕、粘连和肿瘤，以及发育不良，都可造成产道的狭窄和变形。

（三）胎儿异常

胎儿异常见于胎儿过大、胎儿活力不足、胎儿畸形、胎儿姿势（即胎儿各部分之间的关系）不正、胎向（即胎儿身体纵轴与母体纵轴之间的关系）不正和胎位（即胎儿背部与母体背部或腹部之间的关系）不正等。

二、难产检查

救治难产的目的是确保母体的健康和以后的生育能力，而且能够挽救胎儿的生命。难产时手术助产的效果如何，与诊断是否准确有密切关系。因此，只有在术前进行详细检查，确定母畜及胎儿的情况并通过全面的分析和判断，才能正确拟订切实可行的助产方案，采用合理的助产方法，准确判断预后。然后还要把检查的结果，预定的手术方法以及预后向畜主说明，争取在手术过程中取得畜主的积极支持和密切配合。因此，难产的检查是救治难产的一项重要环节。

难产检查包括以下几个方面。

（一）询问病史

需要了解清楚妊娠的时间及胎次，分娩开始的时间及分娩时产畜的表现，胎膜是否破裂，羊水是否排出，是否做过何种处理及处理后的效果如何等。同时，还应了解过去发生过的疾病，如阴道、阴门损伤，骨盆骨折及腹部的外伤等均对胎儿的排出有阻碍作用。

（二）全身检查

全身检查包括产畜的精神状况、体温、呼吸、脉搏、努责程度及能否站立等。

（三）产畜外阴部的检查

检查阴门、尾根两旁及荐坐韧带后缘是否松弛，能否从乳头中挤出初乳等，以推断妊娠是否足月，骨盆及阴门是否扩张。

（四）产道及胎儿的检查

先以消毒手臂伸入产道，检查阴道黏膜的松软滑润程度、子宫颈的扩张程度和骨盆的大小等，进而判定胎儿的生死、胎位、胎向及胎势，以便决定助产的方法。

1. 胎儿生死的判定

可间接（胎膜未破时）或直接（胎膜已破时）触诊胎儿的前置部分对胎儿生命情况进行判断。正生时，手指伸入胎儿口内或压迫眼球和牵拉前肢，以感知其有无活动，也可触诊胸壁以感觉有无心跳；倒生时，手指伸入胎儿肛门以感知有无收缩，或用手触摸脐动脉以感知其是否有搏动。但要注意，虚弱胎儿反应微弱，应耐心细致地从多方面进行检查。

2. 胎位、胎向及胎势的判定

胎头向着产道为正生，胎儿臀尾向着产道为倒生。

难产时的胎位，有正生下位、倒生下位、正生侧位、倒生侧位；胎向有腹部前置横向、背部前置横向、腹部前置竖向、背部前置竖向；胎势有正生时的头颈侧弯、头颈下弯、腕关节屈曲及肩关节屈曲，倒生时的髋关节屈曲和附关节屈曲等。

三、助产前的准备

（一）场地的选择和消毒

助产时应在宽敞、明亮、温暖的室内进行，亦可在避风、清洁的室外进行。助产场地要用消毒液喷洒消毒，为避免术者手臂与地面接触，减少感染，应在产畜后躯下面铺垫清洁的垫草，并在其上加盖宽大的消毒油布或塑料布。

（二）产畜的保定

最好使产畜保持前低后高的站立姿势。当产畜不能站立时，可使产畜保持前低后高的侧卧姿势（牛左侧卧），并予以适当保定。

（三）术部及术者手臂的消毒

用 1% 煤酚皂溶液或 0.1% 新洁尔灭溶液清洗外阴部及后躯，再以乙醇棉球擦拭外阴部。术者手臂按常规消毒，戴长臂薄膜手套，涂液体石蜡润滑。

（四）常用的产科器械

1. 拉出胎儿的器械

（1）产科绳　一般应用质地柔软结实的棉绳，其直径 0.5~0.8 cm，长 2~2.5 cm，绳的一端有套环。

（2）绳导　当用手难以将绳套套住胎儿的某一部分时，可将产科绳或线锯条一端缚在绳导上带入产道，绕过所需套绳的部位固定。常用的绳导有长柄绳导和环状绳导。

（3）产科钩　用于牵引死胎，有单钩和复钩：单钩可钩住眼眶、下颌骨、耳道、骨盆及其他坚固组织；复钩用于钩住两眼窝或两眼角内、脊椎、颈部、荐部等。

（4）产科钳　用于钳住胎头拉出胎儿。

2. 推退胎儿的器械

产科用于推退胎儿的器械，以便于矫正胎儿。

3. 减胎用器械

如隐刃刀、产科刀、产科线锯等，主要用于肢解胎儿。

四、难产助产原则

难产助产的目的是保全母子两者生命和避免产畜生殖器官与胎儿损伤感染，故难产助产必须及早进行；当有困难时，多保全母畜。

难产助产是一项艰苦细致的工作，需要花大气力和较长时间。因此，要不怕脏，不怕累，并严格遵守操作规程。

拉出胎儿前，必须矫正胎儿任何反常部分，并应在子宫颈完全开张时进行；矫正胎儿异常部分时，应尽可能把胎儿推回子宫内，然后再行矫正。

拉出胎儿时，为使胎儿易于通过母体骨盆，除顺着母体骨盆轴向外拉，还应使胎儿肩部（正生）成斜位或臀部（倒生）成侧位，并随产畜努责徐徐拉出。

使用产科器械时，要固定牢靠，并注意保护锐部以防损伤产道。

产道干燥时，用灭菌液体石蜡或温肥皂水灌注，以润滑产道。

产畜外阴部、术者手臂、产科器械，均须严格消毒。

五、常用助产术

救治难产时，可供选用的方法很多，但大致可分为用于胎儿的手术（如牵引术、矫正术、截胎术）和用于母体的手术（如剖宫产术）两大类。

（一）牵引术

牵引术又称拉出术，是指用外力将胎儿拉出母体产道的一种方法，是救治难产最常用的一种助产术。

1.应用

（1）胎位、胎向、胎势正常　产道松弛开张，就是因母畜产力不足而无法自行排出胎儿时，或胎儿相应过大而排出困难时。

（2）胎儿倒生　为防止脐带受压而引起胎儿死亡时，可用牵引术加速胎儿排出。

2.方法

（1）正生时　在胎儿两前肢球节之上拴上绳子，由助手拉腿，术者拇指伸入口腔握住下颌，羊还可将中、食指弯起来夹住下颌骨体后用力拉头。拉腿时先拉一腿，再拉另一腿，轮流进行，或拉成斜向之后，再同时拉两腿，这样既可缩小肩宽又容易通过骨盆腔。当胎头通过阴门时，拉的方向应略向下，并由一人用双手保护母畜阴唇上部和两侧壁，以免撑破，另一人用手将阴唇从胎头前面向后推挤，帮助通过。

（2）倒生时　也可在两后肢球节之上拴上绳子，轮流拉两后腿，以便两髋结节稍斜着通过骨盆。如果胎儿臀部通过母体骨盆入口受到侧壁的阻碍（入口的横径较窄）时，可利用母体骨盆入口的垂直径比胎儿臀部的最宽部分（两髋结节之间）大的特点，扭转胎儿的后腿，使其臀部成为侧位，以便胎儿通过。

3.注意事项

牵引术必须在产畜生殖道（尤其子宫颈口）完全开张，胎位、胎向、胎势正常或已矫正为正常难产的情况下实施。

拉出时，应配合产畜的努责，并沿骨盆轴的方向缓慢牵引，严禁粗暴、强行直拉，以免引起胎儿、产道的损伤。

施行牵引术时，必须向产道内灌注大量润滑剂。

（二）矫正术

矫正术是指通过推、拉、翻转、矫正或拉直胎儿四肢的方法，将异常的胎位、胎向、胎势矫正到正常的手术。

1.应用

胎势、胎位、胎向异常。

2. *方法*

（1）胎儿姿势异常的矫正

①胎头不正。主要有胎头侧弯、胎头下弯等。

胎头轻度侧弯时，可用手握住嘴部或眼眶稍抬胎头即可拉正胎儿头部。

胎头重度侧弯时，尽量推送胎儿至腹腔内，腾出空间将绳套套在胎儿下颌并拉紧，术者用拇指和中指掐住胎儿两眼眶或握住嘴部向对侧压迫胎头，助手拉绳即可将头拉正。也可用产科绳打一活结，套住胎儿下颌并拉紧，术者手握住唇部向对侧压迫胎头，助手拉绳，即可矫正胎头。如胎儿已死亡，可用产科钩钩住胎儿眼眶或耳道矫正。

胎头下弯是指胎儿的头部弯于两前肢之间或一侧。根据胎头下弯的程度不同，又有额部前置、枕部前置和颈部前置之分。

额部前置：将头向上抬并向后拉，即可将唇部拉到骨盆入口，或将头向上抬，用拇指向前压迫鼻梁，将唇部拉入骨盆腔内。

枕部前置：用产科绳拴下颌，由助手向外拉，术者用手握住耳朵向前推，或用产科梃向上、向内推，同时手握唇部向上、向外拉，即可矫正。

颈部前置：先用产科梃顶住颈基部与一侧前肢向上、向前推；然后推回另一前肢，使其呈腕关节屈曲；握住下颌，将头向上抬、向外拉，即可矫正；最后矫正腕部前置，拉出胎儿。

②胎儿四肢不正。主要有正生时的前肢腕关节弯曲、肩关节弯曲；倒生时的跗关节弯曲、髋关节弯曲。

腕关节弯曲：矫正时将胎儿推回子宫，再用手握住弯曲肢的掌部，一边尽力往里推，一边往上抬，趁势手下滑将蹄子握于手心，同时边尽力向上抬边向外拉，即可拉直。

肩关节弯曲：将胎儿推回子宫的同时，用手握住腕部，向上抬并向外拉，使其成为腕部前置（腕关节弯曲），再按上法处理。

跗关节弯曲、髋关节弯曲的矫正基本同前肢腕关节弯曲、肩关节弯曲的矫正。

（2）胎儿位置异常的矫正　胎儿正常的位置为上位，即胎儿的背部朝向母体的背部，胎儿伏卧于子宫内。异常的胎位主要有侧位和下位。

矫正时先将胎儿从骨盆腔中推回到腹腔内。如果是侧位，术者在产道内翻转，向后、向下牵引胎儿，即可矫正轻度的侧位异常；如果胎儿是正生下位，在两前肢腕关节处拴上绳子，由两助手交叉牵引，在牵引前先依胎儿所处下位的程度决定向哪侧翻转，再将一侧前腿先向上拉，然后水平向左或向右拉；另一条腿则先拉到前一条腿的下方，然后斜向右或向左拉，术者的手臂在胎儿的鬐甲或在其身体之下，以骨盆为支撑点，将胎儿抬高到接近耻骨前缘的高度，向左或向右斜着推胎儿，这样随着牵引即可矫正成上位或轻度侧位。倒生时的翻转方法与此基本相同。如果矫正确有困难，无效时应及早施行剖宫产术。

（3）胎向异常的矫正　胎向不正是指胎儿的纵轴与母畜的纵轴不平行（正常的胎向是纵向，即胎儿纵轴与母体纵轴相平行），可分腹部前置横向和竖向及背部前置横向和竖向。前者是胎儿腹部面向产道出口，呈横卧或犬坐姿势，分娩时，两前肢或两后肢伸入产道，或四肢同时挤入产道。

助产时，先用绳子拴住头部与两前肢，同时将后肢及后躯推回子宫，或拉后肢推回前躯，使变为正常胎向后拉出；后者是胎儿背部朝向产道出口，呈横卧或犬坐姿势；分娩时，无任何肢体露出，产道检查时在骨盆前缘可摸到胎儿的背脊或顶颈部，助产时，可将绳子拴于头颈与前肢往外拉，同时向里推送后躯，或拉后躯，向里推送前躯。无法矫正时，可施行剖宫产术或截胎术。

3. 注意事项

矫正术必须在子宫内进行，在子宫松弛的情况下操作较容易。为了抑制母畜的努责，便于矫正，可肌内注射静松灵，使子宫松弛，以免它紧裹胎儿妨碍操作。

矫正时也同样向子宫内灌注大量润滑剂，使胎儿体表润滑，以便进行推、拉或转动，同时还能减少对产道的刺激。

（三）截胎术

截胎术是术者借助于隐刃刀、线锯、铲或绞断器等器械，为缩小胎儿体积而肢解或除去胎儿身体某部分，便于取出胎儿的手术。截胎术可分为皮下法和开放法两种。

皮下法也叫覆盖法，是在截除胎儿的某一部分以前，首先将皮肤剥开，截除后皮肤留在躯体上，盖住断端，这样既可避免损伤母体，又可用来拉出胎儿；开放法就是直接截除胎儿某一部分，但不留皮肤。

1. 应用

胎儿已死亡且过大（包括畸形怪胎）而无法拉出。

胎儿的胎势、胎向、胎位严重异常而无法矫正拉出。

2. 方法

（1）头颈部截除术　主要适用于胎儿头颈严重侧弯、下弯、后仰等。

截除时，可用绕上法，即把线锯套在头颈部，锯管的前端抵于颈基部，最好位于肩关节与颈部之间，将颈部截断，然后用产科钩钩住断端并拉出头部，再拉出胎体。

（2）前肢腕关节、后肢跗关节的截除术　截除时，用导绳将线锯绕过腕关节，锯管前端抵在腕部之上，将线锯装好后从蹄尖套到腕部，锯管前端在其屈曲面上，尽可能使线锯从腕关节锯断。

跗关节的截除术基本和腕关节截除术相同。

3. 注意事项

截胎术是重要的助产手术，常见的胎儿反常都可用截胎术顺利解决。为了使手术获得良好的效果，应注意以下几点。

如果矫正术遇到很大困难，而且胎儿已经死亡时，须及早考虑截胎，以免继续矫正刺激阴道水肿和子宫进一步缩小，妨碍以后的操作，并加重子宫及阴道的炎症。坚持矫正还会使术者消耗体力，不能完成比较复杂的截胎手术。

截胎术应尽可能在母畜站立的情况下进行，以便操作，如母畜不能站立，应尽可能将后躯垫高而便于操作。

操作时须随时防止损伤子宫及阴道，并注意严格消毒。

截除胎儿时，靠近躯体部分的骨质断端应尽可能短一些，而且在拉出胎儿时，对骨骼断端须用其皮肤、大块纱布或手护住。

（四）剖宫产术

剖宫产术是指通过切开母体腹壁及子宫取出胎儿的手术。

1. 应用

骨盆发育不全（交配过早）、骨折、畸形、肿瘤等使骨盆狭窄。

子宫颈狭窄无继续扩张的迹象或闭锁。

胎儿过大无法拉出，胎儿畸形而难以施行截胎术；胎势、胎位、胎向严重异常而无法矫正等均可采用剖宫产术。

母畜妊娠期满，因患其他疾病生命垂危，须剖腹抢救仔畜时。

2. 准备

（1）确定术部　可根据具体情况，采取以下几种切口。

①右侧乳静脉与腹白线之间平行腹白线的切口。切口后端自乳房基部前缘

向前做一平行腹白线的纵切口，切口长度25~30cm，利于拉出胎儿。

②左侧乳静脉与腹白线之间平行腹白线切口。当左侧子宫角怀孕时，可做此切口，利于拉出胎儿，肠管也不易从切口内脱出。

③肋弓下斜切口。距肋骨弓20~25cm处，平行肋弓做一后上前下的斜切口，行此切口手术时，需将子宫向切口处移动后切开子宫拉出胎儿。该方法闭合腹壁切口比腹底部切口容易。

④右乳静脉背面平行乳静脉切口。此切口距胎儿较近，手术方便。

⑤肷部中下切口。切口上端距腰椎横突15~20cm，向下做25~30cm切口，此切口拉出胎儿困难，但腹壁切口容易闭合。

为了防止腹腔打开后肠管的脱出，牛、羊一般在左侧瘤胃正常穿刺点向下做垂线17~40cm，由此开始按肋骨弓方向向前下方做25~30cm长的切口，终点一般在10~11肋软骨下8~9cm处，羊约10cm。

（2）保定　右侧卧保定。

（3）消毒　术部剪毛、剃毛，2%煤酚皂液清洗，涂以碘酒，用乙醇脱碘即可；一切器械等均用煮沸消毒，术者手与手臂常规消毒。

（4）麻醉　肌内注射静松灵或846合剂进行全麻，配合局部浸润麻醉。

3. 术式

（1）用纱布堵切口　常规切开腹壁后用灭菌温生理盐水浸湿的大块纱布堵住切口，以防肠管、网膜脱出。

（2）拉出子宫　一手先伸入腹腔，向前推移盖在孕角子宫大弯上的网膜（牛必要时可切开），两手伸于子宫之下，隔着子宫壁握住胎儿的一部分，小心地将孕角子宫大弯拉出腹壁切口。然后用大块纱布隔离腹壁切口，以防切开子宫后胎水流入腹腔。

（3）切开子宫　在拉出孕角子宫大弯上，牛、羊避开胎盘纵行切开子宫壁，切口长度以拉出胎儿为度。

（4）拉出胎儿　先撕破胎膜，然后握住胎儿两后肢或两前肢，慢慢拉出胎儿（如切口长度不够，可用剪刀剪开）。

（5）剥离胎衣　牛、羊剥离胎衣比较费时，一般能剥离者就剥离，剩余部分待其自行从产道排出。

（6）子宫内放入抗生素　如土霉素或四环素3g，以防感染。

（7）缝合子宫　用纱布彻底清拭子宫壁后，第一层用肠线或丝线进行全层连续缝合，第二层进行内翻缝合。

（8）将子宫壁还纳腹腔　用生理盐水清洗子宫壁后还纳于腹腔，再用灭菌纱布拭去腹腔内的凝血块及血水后，倒入油剂青霉素 300 万 IU。

（9）缝合腹膜　用连续螺旋缝合法缝合腹膜，撒布青霉素粉，结节缝合肌肉和皮肤。

（10）其他　术中根据情况采取强心、输液治疗。

4. 术后治疗

术后如母畜体温下降、脉搏微弱，应采取升温升压措施。牛可用 25% 葡萄糖 500~1 000 ml，低分子和中分子右旋糖酐各 500 ml、10% 氯化钙 100 ml，加入维生素 B_1 100~400 mg、维生素 C 0.5~4 g 混合静脉注射，对虚脱和休克有良好疗效（静脉注射药液须稍加温）。

肌内注射青霉素 480 万 IU、链霉素 200 万 IU，6 h 注射 1 次，连用 3 d。抗生素腹腔注射对预防腹膜炎有良效。

每天静脉注射 10% 水杨酸钠 50~150 ml，40% 乌洛托品 20~60 ml，10% 氯化钙 50~150 ml，连用 3 d，可预防术后败血症。结合应用新促反刍液疗效更好。

用复方盐水 1 000 ml，5% 葡萄糖氯化钠注射液 1 000 ml，10% 维生素 C 20 ml，混合每日 2 次进行补液。

肌内注射缩宫素 50~100 IU 或麦角新碱 10~20 mg，以促进子宫收缩和促进胎衣排出。

5. 术后护理

术后的护理对于母畜生产力和繁殖力的恢复至关重要，尤其是繁殖能力的恢复与术后的护理密切相关。

术后应每日检查全身状况 1~2 次，按常规应用抗菌消炎药物，如发现异常变化，则要及时分析原因并及时处置。

将母畜置于温暖、宽敞、清洁的环境，圈舍内要勤换垫草，以减少创口感染机会。

饲喂富含营养且易消化的饲料。对食欲不振的母畜可静脉注射一定量的糖盐水、安钠咖以及应用健胃药物。

为促进子宫内残留物的排出，以利子宫的恢复，可使用子宫收缩剂，并于术后 3~5 d 肌内注射青霉素、链霉素，防止子宫感染的发生。

一般情况下，于术后 20~30 d 拆除皮肤缝合线。

六、常见难产的助产方法

（一）母畜阵缩及努责微弱

分娩时子宫肌及腹肌收缩无力，收缩时间短，间歇时间长，叫阵缩及努责微弱。

1. 诊断要点

母畜已到预产期，阵缩及努责短而无力，间歇长，无明显不安现象，迟迟不见胎囊露出和破水，分娩时间延长。检查产道，颈口开张不全，可摸到未破的胎囊或胎儿前置部分。

2. 助产

（1）催产　牛一般不用药物催产。羊确认子宫颈口已全部开张，胎势正常，可用脑垂体后叶素注射液，10~50 IU，或催产素注射液 50~100 IU，一次肌内注射，也可静脉注射 10% 盐水和 25% 葡萄糖液。

（2）牵引拉出胎儿　颈口已全部开张，胎势无异常，按一般助产方法（牵引术）拉出胎儿。

（二）子宫颈狭窄

分娩时子宫颈扩张不全或完全未扩张而不能排出胎儿，称子宫颈狭窄。

1. 诊断要点

母畜妊娠期满，具备了全部分娩预兆，阵缩努责正常，但长久不见胎囊及胎儿露出阴门。产道检查，触摸子宫颈时，感到松软和弛缓不充分，有时可摸到瘢痕、无弹性等变化。

2. 助产

子宫颈扩张不全，阵缩、努责微弱，胎囊未破时，应稍加等待。或肌内注射己烯雌酚 20~40 mg，然后再注射催产素 30~100 IU，也可静脉注射 10% 氯化钠注射液 300~500 ml，以促进子宫收缩，扩张子宫颈口。也可向阴道内灌注 45℃ 温水，或涂颠茄流浸膏，或 5% 可卡因，或盐酸普鲁卡因溶液，然后术者用手指逐渐扩张子宫颈口。当子宫颈口扩张到一定程度，胎囊和胎儿一部分已进入子宫颈时，可向颈管内注入液体石蜡，以润滑产道，再施行牵引术。

如子宫颈狭窄而不能扩张时，可施行剖宫产术。

（三）子宫捻转

子宫捻转是整个怀孕子宫、一侧子宫角或子宫角的一部分围绕自己的纵轴发生扭转。

子宫捻转多发生于临产或分娩开始时，临床上一般也是在母牛分娩时发现的。也可发生在怀孕中期以后的任何时间，所以它也是母牛孕期疾病之一。在散放和运动较多的牛群中发生较多。

1. 病因

母牛发生子宫捻转的原因可能和子宫解剖构造及牛的起卧特点有密切关系。怀孕末期孕角很大，大弯显著地向前扩张，但小弯扩张不大。而子宫阔韧带仅附着于子宫颈、子宫体及子宫角基部的小弯上，它固定住的主要是孕角的后端，而前端大部分子宫是游离的，不能保持固定，加上牛起卧时都有一个阶段是前躯低后躯高，子宫在腹腔内呈悬垂状态，这时如果母牛急剧转动身体，胎儿因重量大，不随腹部转动，即可使孕角向一侧发生扭转。由于母牛的腹腔左侧被庞大的瘤胃所占，怀孕子宫被挤向右侧，所以，子宫扭向右侧的多见。

此外，饲养管理失当和运动不足，可使子宫支持组织弛缓，腹壁肌肉松弛、胎水减少等均可成为子宫捻转的诱因。

2. 诊断要点

（1）子宫捻转发生在怀孕后期　母牛表现不安和腹痛，如起卧、后肢踢腹，反刍停止、食欲废绝、腹部膨胀，体温正常，脉搏、呼吸加快，易误诊为胃肠疾病，因此，必须通过阴道检查和直肠检查，才能确诊。

（2）子宫捻转发生在分娩或临产前　母牛出现分娩预兆，并且开始阵缩，但经久不见胎囊及胎儿排出，这时须进行阴道检查和直肠检查。捻转发生在阴道前部时，可发现一侧阴唇稍微缩入阴道内，甚至有皱缩；阴道腔变狭窄，呈漏斗状，从前端黏膜形成粗大的皱襞。

捻转发生在子宫颈前时，阴道的变化不明显。直肠检查可摸到子宫体上扭转的皱襞和紧张的子宫壁。一侧子宫阔韧带较紧张且血管怒张，子宫中动脉异常强盛，如果扭转严重者则无搏动。哪一侧子宫阔韧带紧张，即为哪一侧扭转。

3. 治疗

首先将扭转的子宫转正，然后拉出胎儿（临产时的扭转）或转正子宫后等待胎儿足月时自然产出（产前扭转）。

矫正子宫的方法通常有以下几种。

（1）产道矫正法　适用于扭转程度较轻而胎儿肢体挤入阴道皱襞内时。应向子宫内灌注大量温肥皂水，然后握住胎儿肢体，向子宫扭转的相反方向扭转胎儿。矫正时，母牛站立保定，取前低后高的姿势；并用静松灵轻度麻醉，但不可过量，以免母牛卧下。手进入子宫后，伸到胎儿的捻转侧之下，把握住胎儿的某一部位向上向对侧翻转，也可以边翻转边用绳牵拉位置在上的前腿。如果是活胎儿，用手指掐眼窝的同时向捻转的对侧转，这样可借胎动使捻转得到复位。

（2）直肠矫正法　如果向右捻转时，用右手伸至左侧子宫下方向上、向左侧翻转，同时一个助手用肩部或背部顶在右侧腹下向上抬，另一个助手在左侧胘窝向上抬时，由上向下快速施加压力。如果捻转程度较轻，可望得到矫正。如果向左捻转，则用左手伸至左侧子宫下侧方，向上、向右侧翻转。助手则从左侧向上抬，右侧向下按压。

（3）翻转母体法　子宫向哪一侧扭转，使母畜卧于哪一侧。分别捆住母畜前后肢，并设法保持前低后高姿势，两助手站于母畜背侧，分别牵拉前后肢上的绳子，稍抬起，一人抓头部，准备好后，猛然同时拉前后肢和翻转头部，急速把母畜仰翻过去，有时可以复位。每翻转一次，必须进行检查1次。如未成功，将母畜复位，重新翻转。

如果分娩时发生扭转，手能伸入子宫颈时，最好把胎儿的一条腿弯起来抓住，并牢牢固定住，再翻转母体。或将母畜仰卧，用手抓住胎儿的一部分再整复。

（4）腹壁加压翻转法　用一块长约3 m、宽约20 cm的木板，将其中部放在牛肋腹部的最高点上，另一端着地，由一人站于木板着地的一端上，然后将母畜慢慢向对侧仰翻，母畜头部也同时翻转。

（5）剖宫矫正或剖腹产　上述几种方法无效时可施行剖宫术。当子宫复位后，从产道内拉出胎儿。如翻转有困难时，可切开子宫壁，取出胎儿，再使子宫复位，然后按剖宫产术处理。

（四）骨盆狭窄

分娩过程中，软产道及胎儿无异常，产力正常，只因骨盆大小和形态异常，或胎儿相对过大，妨碍胎儿排出时，称骨盆狭窄。

1. 诊断要点

阵缩和努责正常，但不见胎儿排出。检查产道，可发现骨盆窄小或骨盆变形。

2. 助产

骨盆发育不全的病例，应按胎儿过大的方法施行牵引术，拉出胎儿。骨盆变形，拉出胎儿有困难，可施行剖宫产或截胎术。

（五）胎儿过大

1. 诊断要点

母体的软、硬产道无异常，胎位、胎向、胎势正常，而胎儿较大，充塞于产道内不能排出。

2. 助产

充分润滑产道后，牵引拉出胎儿。拉出胎儿有困难时，可施行剖宫产或截胎术。

（六）双胎难产

怀双胎时，两胎儿同时挤进骨盆入口而造成难产。

1. 诊断要点

双胎难产往往是一个正生，一个倒生（或两个都是正生、倒生）。检查时可发现一个胎头和四肢，其中蹄底两个朝下（前肢），两个向上（后肢），或一个胎头和一个前肢及另一胎儿的两个后肢，或一个胎头和另一胎儿的两后肢等。诊断时应注意与双胎畸形、裂体畸形和腹部前置的横向、竖向相区别。

2. 助产

助产的原则是先推回一个胎儿，再拉出另一个胎儿。应当先推回后面的胎儿，再拉前面（进入产道较深）的胎儿。

（七）胎头不正

1. 头颈侧弯

胎儿的两前肢伸入产道，而头歪向一侧，无法娩出。这是最常见的一种胎犊异常。

（1）诊断要点　阴门外伸出一长一短的两前肢，不见胎头露出。产道检查，可在盆腔前缘或子宫内摸到转向胸侧的胎头和胎颈，通常是转向伸出较短前肢的一侧。

（2）助产　按矫正术矫正后拉出胎儿。

2. 胎头下弯

胎儿的头部弯于两前肢之间或一侧。根据胎头下弯的程度不同，又有额部前置、枕部前置和颈部前置之分。

（1）诊断要点　有时两蹄尖露出阴门。产道检查，可摸到堵塞于骨盆入口处或抵在耻骨前缘上的额部、枕部，或摸到在两前肢之间下弯的颈部。

（2）助产　按矫正术矫正后拉出胎儿。

（八）胎儿四肢不正

1. 腕部前置

指一侧或两侧的腕关节弯曲而朝向产道，致使胎儿不能排出。

（1）诊断要点　两侧腕部前置，事先如未拉过，在阴门部什么也看不到；一侧腕部前置可看到一个前蹄。产道检查时，可摸到正常的胎头和屈曲的腕关节位于耻骨前缘附近。

（2）助产　按矫正术矫正后拉出胎儿。

2. 肩部前置

指一侧或两侧的肩关节屈曲而肩部朝向产道，致使胎儿不能排出。

（1）诊断要点　胎头已经进入产道，不见前肢，能摸到屈曲的肩关节，前腿自肩端以下位于躯干之下。

（2）助产　按矫正术矫正后拉出胎儿。

3. 坐骨前置

指一侧或两侧的髋关节屈曲而坐骨朝向产道，致使胎儿不能排出。

（1）诊断要点　一侧坐骨前置时，阴门内可见一蹄底向上的后蹄尖；如为坐生（两侧坐骨前置），阴门内什么都看不到。产道检查时，在骨盆入口处可以摸到胎儿的尾巴、坐骨粗隆、肛门，再向前能摸到大腿向前伸。

（2）助产　按矫正术矫正后拉出胎儿。

（九）胎位不正

有下位和侧位两种。前者是胎儿仰卧于子宫内，后者是胎儿侧卧于子宫内。

1. 诊断要点

（1）下位　有正生下位和倒生下位两种。正生下位时，阴门外露出两个蹄底向上的前蹄，产道检查可摸到腕关节、口唇及颈部；倒生下位时，阴门外露出两个蹄底向下的后蹄，产道检查可摸到跗关节和尾巴。

（2）侧位　有正生侧位和倒生侧位两种。正生侧位时，两前肢以上下的位置伸出阴门，蹄底朝向一侧，产道检查可摸到侧位的头颈；倒生侧位时，两后肢以上下的位置伸出阴门，产道检查可摸到胎儿的臀部、肛门及尾部。

2. 助产

按矫正术矫正后拉出胎儿。

七、难产的预防

母畜配种年龄不宜过早，牛、羊一般不宜早于 12 月龄，否则由于母畜尚未发育成熟，容易发生骨盆狭窄，造成难产。

对怀孕的母畜要加强饲养管理，除供给富含营养的饲料外，还应给以适当的运动，特别是舍饲的牛、羊。

对怀孕后期快接近预产期的母畜，应在产前一周送入产房，适应环境，以免因改变环境造成的惊恐和不适。

在分娩过程中，要保持环境的安静，并配备专人护理和接产。接产人员不宜过多干扰，对于分娩过程中出现的异常要仔细观察，并注意临产检查，以免使比较简单的难产变得复杂。

对于气血虚弱的孕畜应及早给予治疗。

第四节
胎衣不下

胎衣不下又称胎膜停滞，是指母畜分娩后不能在正常时间内将胎膜完全排出。一般正常排出胎衣的时间大约在分娩后，牛为 12 h、山羊为 2.5 h、绵羊为 4 h。

本病多发生于具有结缔组织绒毛膜胎盘类型的反刍动物，尤以不直接哺乳或饲养不良的奶牛多见。

一、病因

（一）产后子宫收缩无力

日粮中钙、镁、磷比例不当，运动不足，消瘦或肥胖，致使母畜虚弱和子宫弛缓；胎水过多，双胎及胎儿过大，使子宫过度扩张而继发产后子宫收缩微弱；难产后的子宫肌过度疲劳，以及雌激素不足等，都可导致产后子宫收缩无力。

（二）胎儿胎盘与母体胎盘粘连

由于子宫或胎膜的炎症，都可引起胎儿胎盘与母体胎盘粘连而难以分离，造成胎衣滞留。其中最常见的是感染某些微生物，如布鲁氏菌、胎儿弧菌等；

维生素 A 缺乏，会降低胎盘上皮的抵抗力而易感染。

（三）与胎盘结构有关

牛的胎盘是结缔组织绒毛膜型胎盘，胎儿胎盘与母体胎盘结合紧密，故易发生。

（四）环境应激反应

分娩时，受到外界环境的干扰而引起应激反应，可抑制子宫肌的正常收缩。

二、诊断要点

有全部不下和部分不下两种。

（一）全部胎衣不下

停滞的胎衣悬垂于阴门之外，呈红色—灰红色—灰褐色的绳索状，且常被粪土、草渣污染。如悬垂于阴门外的是尿膜羊膜部分，则呈灰白色膜状，其上无血管。但当子宫高度弛缓及脐带断裂过短时，也可见到胎衣全部滞留于子宫或阴道内。牛全部胎衣不下时，悬垂于阴门外的胎膜表面有大小不等的稍突起的朱红色的胎儿胎盘，随胎衣腐败分解（1~2 d）发出特殊的腐败臭味，并有红褐色的恶臭黏液和胎衣碎块从子宫排出，且牛卧下时排出量显著增多，子宫颈口不完全闭锁。部分胎衣不下时，其腐败分解较迟（4~5 d），牛耐受性较强，故常无严重的全身症状，初期仅见弓背、举尾及努责，当腐败产物被吸收后，可见体温升高，脉搏增数，反刍及食欲减退或停止，前胃弛缓，腹泻，泌乳减少或停止等。

（二）部分胎衣不下

残存在母体胎盘上的胎儿胎盘仍存留于子宫内。胎衣不下能伴发子宫炎和子宫颈延迟封闭，且其腐败分解产物可被机体吸收而引起全身性反应。

三、治疗

（一）药物疗法

可选用以下促进子宫收缩的药物。

垂体后叶注射液或催产素注射液。牛 50 万~100 万 IU，羊 10 万 ~50 万 IU，皮下或肌内注射。也可用马来酸麦角新碱注射液，牛 5~15 mg，羊 5 mg，肌内注射。

己烯雌酚注射液。牛 10~30 mg，羊 1~3 mg，肌内注射，每日或隔日 1 次。

10%氯化钠溶液。牛300~500 ml,静脉注射;或3 000~5 000 ml子宫内灌注。也可用水乌钙、抗生素、新促反刍液三步疗法,具有良好的疗效。

胃蛋白酶20 g、稀盐酸15 ml、水300 ml,混合后子宫灌注,以促进胎衣的自溶分离。

为预防胎衣腐败及子宫感染,可向子宫内注入抗生素(土霉素、四环素等均可)1~3 g,隔日1次,连用1~3次。

（二）手术剥离

手术剥离是用手指将胎儿胎盘与母体胎盘分离的一种方法,适用于牛。术前保定病畜,阴门及其周围、手臂和长臂手套等均应消毒。剥离时,以既不残存胎儿胎盘,又不损伤母体胎盘为原则。术后应送入适量抗菌防腐药。

牛的手术剥离宜在产后10~36 h内进行。过早,由于母子胎盘结合紧密,剥离时母畜不仅因疼痛而强烈努责,而且易于损伤子宫造成较多出血;过迟,由于胎衣分解,胎儿胎盘的绒毛易于断离在母体胎盘小窦中,不仅会造成残留,而且易于继发子宫内膜炎,同时可因子宫颈口紧缩而无法进行剥离。剥离时,一手握住悬垂的胎衣并稍牵拉,一手伸入子宫内,沿子宫壁或胎膜找到子叶基部,向胎盘滑动,以无名指、小指和掌心挟住胎儿胎盘周围的绒毛膜成束状,并以拇指辅助固定子叶;然后以食指及中指剥离开母子胎盘相结合的周缘,待剥离半周以上后,食指、中指缠绕该胎盘周围的绒毛膜,以扭转的形式将绒毛膜从小窦中拔出。若母子胎盘结合不牢或胎盘很小时,可不经剥离,以扭转的方式使其脱离。子宫角尖端的胎盘,手难以达到,可握住胎衣,随病畜努责的节律轻轻牵拉,借子宫角的反射性收缩而上升后,再行剥离。

为了防止子宫感染和胎衣腐败而引起子宫炎及败血症,在手术剥离之后,应放置或灌注抗菌防腐药,如金霉素、四环素,亦可用土霉素、乳酸依沙吖啶等。

（三）中药疗法

以活血散瘀清热理气止痛为主,可用"加味生化汤":当归100 g、川芎40 g、桃仁40 g、红花25 g、炮姜40 g、炙甘草25 g、党参50 g、黄芪50 g、苍术30 g、益母草100 g,共研末,开水冲调,加黄酒300 ml,童便一碗灌服。或用车前子250~300 g,用白酒或者75%的乙醇浸湿点燃,边燃边搅拌,待乙醇燃尽后,冷却研碎,再加温水适量,一次灌服。

四、预防

加强饲养管理，增加母畜的运动，注意日粮中钙、磷和维生素 A 及维生素 D 的补充，做好布鲁氏菌病、沙门菌病和结核病等的防治工作，分娩时保持环境的卫生和安静，以防止和减少胎衣不下的发生。产后灌服所收集的羊水，按摩乳房；让仔畜吸吮乳汁，均有助于子宫收缩而促进胎衣排出。

第五节
阴道及子宫脱出

一、阴道脱出

阴道的一部分或全部脱出于阴门之外，称为阴道脱出。本病多发生于妊娠中后期，少见于产后。尤以年老体弱多病的母畜多发。

（一）病因

日粮中缺乏常量及微量元素；运动不足，过度使役，阴道损伤及年老体弱等，使固定阴道的结缔组织松弛，是引起本病的主要原因；饱食后使役、瘤胃鼓胀、便秘、腹泻、阴道炎、长期处于向后倾斜过大的床栏，以及分娩及难产时努责等，致使腹压增高，成为本病的诱因。

（二）诊断要点

一般无全身症状，多见病畜不安、弓背、回头顾腹和做排尿姿势。当继发感染时，则出现全身症状。

1. 部分脱出

病牛卧下时，常在阴门开张处见到形如鹅卵至拳头大的红色或暗红色的半球状突出物，站立时缓慢缩回。但当反复脱出后，则难以自行缩回。

2. 完全脱出

多由部分脱出发展而成。可见形似排球至篮球大的球状物突出于阴门外，其末端可看到子宫颈外口，尿道外口常被压在脱出阴道部分的底部，故虽能排尿，但不流畅。脱出的阴道，初呈粉红色，后因空气刺激和摩擦而淤血水肿，渐成紫红色肉冻样，表面常有污染的粪土，进而出血、干裂、结痂、糜烂等。

（三）治疗

因脱出的程度不同而异。

1. 部分脱出的治疗

病牛站立时能自行缩回的，一般不需整复和固定。在加强运动、增强营养、减少卧地，并使其保持前低后高的基础上，灌服具有补虚益气的中药方剂，多能治愈。当站立时不能自行缩回者，则应进行整复固定，并配以药物治疗。

2. 完全脱出的治疗

必须进行整复固定，并配以药物治疗。整复时，将病畜保定在前低后高的地方，裹缠尾巴并拉向体侧，选用2%明矾水、1%食盐水、0.1%高锰酸钾溶液、0.1%乳酸依沙吖啶溶液，清洗局部及其周围。水肿严重时，热敷挤揉或划刺以使水肿液流出。然后用消毒的湿纱布或涂有抗菌药物的油布把脱出的阴道包盖，趁家畜不甚努责的时候用手掌将脱出的阴道托送还纳后，取出纱布，或在两侧阴唇黏膜下蜂窝组织内注入70%乙醇30~40 ml，或以栅状阴门托或绳网给予固定，亦可用消毒的粗缝线将阴门上2/3做减张缝合或纽孔状缝合。当病畜剧烈努责而影响整复时，可做硬膜外腔麻醉或尾骶封闭。脱出的阴道有严重感染和坏死时，应施以全身疗法。必要时可行阴道部分切除术。

（四）预防

加强饲养管理，给予营养全面而足够的日粮；加强运动，防止过度使役和损伤阴道，预防和及时治疗增加腹压的各种疾病。

二、子宫脱出

子宫脱出是子宫角的一部分或全部翻转于阴道内（子宫内翻），或子宫翻转并垂脱于阴门之外（完全脱出）。常在分娩后1 d之内子宫颈尚未缩小和胎膜还未排出时发病。

（一）病因

体质虚弱，运动不足，胎水过多，胎儿过大和多次妊娠，致使子宫肌收缩力减退和子宫过度伸张所引起的子宫弛缓，是本病的主要原因。

分娩过程延滞时，子宫黏膜紧裹胎儿，随着胎儿被迅速拉出而造成宫腔减压；难产和胎衣不下时强烈努责；产后长期站立于向后倾斜的床栏，以及便秘、腹泻、疝痛等引起的腹压增大，是本病的诱因。

（二）诊断要点

1. 子宫内翻

即子宫部分脱出，多发生于孕角。病牛表现为不安、努责、举尾等类似疝痛的症状，阴道检查，则可发现翻入阴道的子宫角尖端。

2. 子宫完全脱出

在阴门外可看到呈不规则的长圆形囊状物体垂吊于阴门外，有时可达跗关节。脱出的子宫，表面布满圆形或半圆形的海绵状母体胎盘，且分为大小两堆（大者为孕角，小者为非孕角），二者之间有一光滑的子宫体，胎盘极易出血；羊脱出的子宫，近似于牛，但其胎盘呈圆形，且中央有一凹陷。脱出的子宫黏膜表面常附着尚未脱落的胎膜，剥去胎膜或自行脱落后呈粉红色或红色，后因淤血而变为紫红色或深灰色。脱出时间久则子宫黏膜充血、水肿，呈黑红色肉冻状，且多被粪土污染和摩擦而出血，后结痂、干裂、糜烂、坏死等。

3. 症状

一般开始无全身症状，仅有弓腰、努责、不安等表现。久则脱出的子宫发生糜烂、坏死，甚至感染而引起败血症，而表现出全身症状：精神沉郁，体温升高，呼吸、脉搏加快；反刍减少或消失，食欲减少或废绝；产奶量下降；病牛逐渐消瘦而衰竭死亡。

（三）治疗

以整复为主，配以药物治疗，但当子宫严重损伤、坏死及穿孔而不宜整复时，应实施子宫截除术。

整复必须及早施行。病畜取前低后高的姿势站立保定（病畜不能起立时取前低后高的伏卧保定，此时应在子宫下面垫上塑料布），用温热的淡盐水或2%明矾水或0.1%高锰酸钾溶液充分清洗脱出的子宫，以除净其表面的污物；如水肿严重，则用3%温明矾水浸泡或温敷，以缩小体积；如有出血时应进行结扎止血，有伤口时进行缝合，然后涂以油剂青霉素或碘甘油，进行整复。整复方法有两种：

一是令两助手用消毒布或用瓷盘将子宫兜起抬高（同阴门等高或稍高于阴门），整复可以先从靠阴门的部分开始，先将其内包着的肠道压回腹腔，然后将手指并拢或用拳头向阴门内压迫子宫壁。整复也可从下部开始，就是将拳头伸入子宫角的凹陷中，顶住子宫角的尖端推入阴门，先推进去一部分，然后令助手压住子宫，术者抽出手来，再向阴门压迫其余部分。全部送入后，术者手臂尽量伸入其中,将子宫深深推入腹腔内,然后向宫腔内放入抗生素,以防感染。在整复过程中,病畜努责时,应及时将送回的部分顶住,以免又脱出来。同时,助手须及时协作,四面向一起压迫,才能取得应有的效果。

二是用宽6cm双层灭菌纱布或用同样规格的白布,从子宫角尖端呈螺旋式缠绕,每缠绕一圈,压住前一圈的1/2,一直缠到阴门口,使其呈直棒状。术者从靠近阴门端边拆一圈布带,边往里推送子宫,直至将脱出的子宫全部送回阴道内。术者手伸入阴道内顶住子宫角尖端,送入腹腔内恢复原位,为防止努责,术者手在阴道内停留片刻,同时,为防止感染,可向子宫内放入抗生素,最后装置阴门固定器以防其再脱出。

第十三章
乳房疾病

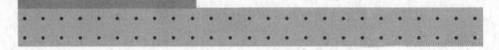

第一节
乳腺炎

乳腺炎是由各种致病因素引起的乳腺组织的炎症，其特点主要是乳汁发生理化性质及细菌学变化，乳腺组织发生病理学变化。乳汁最重要的变化是颜色发生改变，乳汁中有凝块及大量白细胞。

乳腺炎是奶牛最常见的疾病之一。凡饲养奶牛的地方均有此病发生，是危害养牛业发展的主要疾病之一。

一、病因

（一）病原微生物感染是引起本病的主要原因

病原微生物的种类繁多，其中主要是细菌，如链球菌、葡萄球菌、大肠杆菌、化脓棒状杆菌、结核杆菌等。当圈舍不洁时，牛的乳头、乳房被粪尿污染，病原体通过乳管口或创伤侵入乳腺组织而引起感染。

（二）管理不当

使乳房受到摩擦、打击、挤压、冲撞、刺划等机械伤害，尤其是幼畜吮乳时用力顶撞或挤乳方法不当，致使乳腺受损。

（三）饲养不当

泌乳期饲喂精料过多使乳腺分泌功能过强，或应用激素治疗生殖器官疾病而引起的激素平衡失调，成为本病的诱因。

（四）其他疾病引起

某些传染病（布鲁氏菌病、结核病等）、子宫炎、胎衣不下、胃肠炎等也常并发乳腺炎。

二、诊断要点

（一）临床型乳腺炎

有明显的临床症状，乳房患病区域红肿、热痛，泌乳减少或停止。诊断要点为乳汁变性，体温升高，食欲不振，反刍减少或停止。根据炎症性质的不同，乳汁的变化亦有所差异。

1.浆液性乳腺炎

常呈急性经过，由于大量浆液性渗出物及炎性细胞游出而进入乳小叶间结缔组织内，所以乳汁变稀薄并含有絮片。

2.卡他性乳腺炎

乳腺腺泡上皮及其他上皮细胞变性脱落。如果是输乳管及乳池卡他性炎症时，先挤出的奶含有絮片，后挤出的奶不见异常；如果是腺泡卡他性炎症时，则表现患区红肿热痛，乳汁水样，含絮片，可能出现全身症状。

3.纤维素性乳腺炎

由于乳房内发生纤维素性渗出。挤不出乳汁或只能挤出少量乳清或挤出带有纤维素的脓性渗出物。为重剧炎症，有明显的全身症状。

4.化脓性乳腺炎

乳房中有脓性渗出物流入乳池和输乳管腔中，乳汁呈黏脓样，混有脓液和絮状物。

5.出血性乳腺炎

输乳管或腺泡组织发生出血，乳汁呈水样淡红或红色，并混有絮状物及凝血块。全身症状明显。

6.症候性乳腺炎

常见于乳房结核、口蹄疫及乳房放线菌病等。

（二）非临床型（隐性）乳腺炎

此种乳腺炎无临床症状。乳汁亦无肉眼可见异常，但是通过实验室对乳汁检验，可发现被检乳汁中的病原菌及白细胞数量增加。

三、治疗

对乳腺炎的治疗，应根据炎症类型、性质及病情等，分别采取相应的治疗措施。

（一）改善饲养管理

为了减少对发病乳房的刺激，提高机体的抵抗力，厩舍要保持清洁、干燥、注意乳房卫生。为了减轻乳房的内压，限制泌乳过程，应增加挤奶次数，及时排出乳房内容物。减少多汁饲料及精料的饲喂量，限制饮水量。每次挤奶时按摩乳房 15~20 min，根据炎症类型不同，分别采取不同的按摩手法：浆液性乳腺炎可采取自下而上按摩；卡他性乳腺炎可采取自上而下按摩；纤维素性乳腺炎、化脓性乳腺炎、出血性乳腺炎等应禁用按摩。

（二）局部治疗

1. 冷敷热疗

在急性乳腺炎初期可进行冷敷，2 d 后可改为温热疗法，每次 30 min，每日 2~3 次。

2. 仙人掌疗法

可以用仙人掌，去刺捣碎成泥，将病乳区洗净擦干，按摩并挤净腐败乳汁，再将药泥涂敷于患部，每日 2 次。

3. 乳房冲洗

挤净乳汁后，可用 0.1% 乳酸依沙吖啶溶液和 1% 磺胺溶液 100~300 ml 注入乳房内，2~3 h 后，再慢慢挤出。每日注射 1~2 次。对于纤维素性乳腺炎效果较好。

4. 乳房内封闭

青霉素 200 万 IU，用 0.5% 盐酸普鲁卡因溶液 200 ml 稀释，然后挤净乳汁，用乳导管注入乳叶内，每个乳叶内注入 30~50 ml，每日注射 1~2 次。

也可采用乳房基部封闭，即在乳房前叶或后叶基部之上，紧贴腹壁刺入 8~10 cm，每个乳叶注入普鲁卡因青霉素溶液 100~200 ml。

（三）会阴神经封闭

部位是在阴唇下联合，即坐骨弓上方正中的凹陷处。局部消毒后，左手拇指按压在凹陷处，右手持封闭针头向患侧坐骨小切迹方向刺入 10~13 cm，注入 0.25% 盐酸普鲁卡因溶液 10~20 ml（内含青霉素 80 万 IU）。如两侧乳房患病，应依法向两侧注射。本法不但对临床型乳腺炎有效，对隐性乳腺炎也有良好效果。

（四）盐酸左旋咪唑

简称左咪唑，是一种免疫功能调节剂，以每千克体重 7.5 mg 拌精料中任牛自行采食，每日 1 次，连用 2 d，效果较好。

（五）出血性乳腺炎

除抗菌消炎外，适当肌内注射止血药，如维生素 K_3 20～40 mg；或用 0.1% 肾上腺素注射液 3～5 ml，皮下注射，每日 1 次，连用 2～4 次。

（六）全身治疗

根据病情在局部治疗的同时，积极配合全身治疗。如青霉素、链霉素混合液肌内注射，或磺胺类药物及其他抗生素类药物静脉注射等。此外，也可用 10% 水杨酸钠注射液 50～200 ml、40% 乌洛托品注射液 40～60 ml、10% 氯化钙注射液 50～150 ml，混合一次静脉注射，每日 1 次。也可用 0.5% 黄色素注射液 100～150 ml，5% 葡萄糖注射液 500 ml，静脉注射；或静脉注射磺胺嘧啶加乌洛托品。

（七）中药治疗

治以清热解毒、疏肝行气、消肿散瘀为主。可选用仙方活命饮和消黄散等。

1. 仙方活命饮

金银花 60 g，连翘 30 g，当归尾、甘草、赤芍、乳香、没药、天花粉、贝母各 15 g，防风、白芷、陈皮各 20 g，研细末，黄酒 100 ml 为引，同调灌服。适用于急性乳腺炎。

2. 消黄散

贝母、知母各 20 g，黄药子、白药子各 20 g，金银花 20 g，连翘 30 g，水牛角 20 g，羊角 20 g，大黄 20 g，天花粉 20 g，郁金 20 g，生地黄 20 g，薄荷 15 g，蝉蜕 10 g，僵蚕 10 g，蒲公英 30 g，山甲珠 15 g，山豆根 15 g，紫花地丁 15 g，射干 15 g，黄连 15 g，黄芩 15 g，黄柏 15 g，栀子 20 g，桔梗 15 g，甘草 15 g，研末开水冲，凉后加鸡蛋清 4 个，蜂蜜 150 g，童便为引灌服。

3. 黄芪散

生黄芪、全当归、玄参各 30 g，肉桂 15 g，连翘、金银花、乳香、没药各 25 g，生香附、青皮各 25 g，煎汁灌服（牛）。适用于慢性乳腺炎。

4. 降痛饮

当归 90 g，生黄芪 60 g，甘草 30 g，酒煎灌服（大家畜），日服 1 剂，连服 2～8 剂。对一切肿毒（包括乳腺炎），不论其急性或慢性，有脓或无脓，都有较好疗效。

5. 冲和膏

炒紫荆皮 15 g，独活 90 g，炒赤芍 60 g，白芷 120 g，石菖蒲 45 g，共为末，用葱汁、酒调，敷于患部。适用于慢性乳腺炎。

四、预防

（一）干乳期预防

主要是向乳房内注入长效抗菌药物，杀灭病原体，有效期可达 4~8 周。

（二）保持清洁

保持厩舍、运动场、挤奶人员的手和挤奶用具的清洁，以创造良好的卫生条件。

（三）正确进行挤奶

挤奶前先用温水将乳房洗净并进行按摩，挤奶时用力均匀并尽量挤尽乳汁，先挤健畜后挤病畜。

（四）正确处理停乳

停乳后要注意乳房的充盈及收缩情况。发现异常立即检查处理。

（五）调节饲料和饮水

停乳的后期和分娩之前，乳房明显膨胀时，要减少多汁饲料和精饲料的饲喂，分娩后，应适当控制饮水量，增加运动和挤奶次数。

（六）做好传染病的防控工作

如有乳腺炎征兆时，除采取医疗措施外，还要根据情况隔离患畜。

第二节
无乳症

无乳症是指母牛产后乳腺功能异常，分泌乳汁显著减少或完全无乳的现象。检查母牛全身和局部无明显症状，母羊亦可发生此病，以初产和老年牛、羊多见。

一、病因

本病的病因较多，常见的有以下几种。

（一）饲养管理性因素

主要是指饲料中缺乏蛋白质、维生素、矿物质等营养物质，这多由于重视泌乳牛而忽视对青年牛的饲喂，致使营养不良，乳腺发育受阻；管理不良，如圈舍内混乱嘈杂、饲养人员动作粗暴、惊吓、饲养无规律，天气过热、寒冷以及变更挤奶时间、场所和挤奶员等，均可影响泌乳反射，从而使乳腺发育受阻。

（二）生理性因素

主要是指机体神经、内分泌功能失调。垂体机能紊乱，分泌激素机能受阻，催乳素不足等，可使乳腺发育受阻，分泌乳汁能力降低。

（三）其他疾病的影响

全身性疾病或乳腺本身的疾病，均可使泌乳能力降低或丧失泌乳能力。

二、诊断要点

主要是产后奶量减少或无奶。检查乳房时，乳房、乳头柔软缩小，乳房皮肤松弛，挤不出奶，或仅能挤出少量奶；全身无症状，食欲、精神正常；乳房局部无任何异常。头胎母牛产后无奶，若不是乳房发育不良或无其他疾病时，在加强饲养管理的同时，坚持定时挤奶，按摩乳房，乳汁可望出现。但其他原因引起的无奶，一般预后可疑或不良。

三、治疗

对产后无奶的牛，应加强饲养管理，日粮中必须供应富含蛋白质的可消化精料、青饲料和多汁饲料，提高进食量。

促进乳房血液循环，每次挤奶前，用温水充分擦洗、按摩乳房。

可选用雌二醇 $10 \sim 20 \, mg$，一次肌内注射，或催乳素 60 万 IU，一次静脉注射，每日 1 次，连续注射 4 d。

四、预防

加强对青年牛的培育，特别是妊娠后期，要加强饲养。仔细观察乳房发育情况，对妊娠青年牛乳房发育不好、肿大不明显者，在及时调整日粮结构，补加蛋白质、多汁饲料和青饲料，增加运动的同时，于临产前 3 周，用 $45 \sim 50 \, ℃$ 热水清洗按摩乳房，每日 1 次，每次 $5 \sim 10 \, min$。其一能使牛习惯，便于产后挤奶；其二是温热刺激和按摩作用，可促使乳房血液循环加强，增进乳房膨胀。

第三节
乳房水肿

乳房水肿即乳房浆液性水肿，是由于乳房局部、后躯静脉的血液循环和乳房淋巴循环障碍，致使乳腺间质组织液体过量蓄积，乳房明显肿胀。其临床特征是肿胀的乳房无热、无痛，按压有凹陷。

一、病因

确切病因尚不明，但已证实临产前乳房水肿与乳静脉血压升高和乳房血流量减少有关，盐类物质、产前精料喂量过多以及运动不足等因素也与本病有关。产前限制饮水和食盐可降低初产牛的发病率。

二、诊断要点

根据乳房水肿出现的时间和临床症状，可分为急性生理型和慢性病理型两类，前者发生于分娩前，后者多发生于泌乳期间。

全身无症状，乳汁也无明显异常，仅限于乳房的皮下及间质发生浸润性肿胀，以乳房下半部较为明显。乳房皮肤发红光亮、无热无痛、触压留有指压痕。严重者可波及乳房基底部前缘、下腹、胸下、四肢，甚至乳镜、乳上淋巴结和阴门。乳头基部发生水肿时，影响机器挤奶。

三、治疗

大部分病例产后可逐渐消肿，不需治疗。适当增加运动，每日按摩乳房和冷热水交换擦洗各 3 次，减少精料和多汁饲料，适量减少饮水等都有助于水肿的消退。

药物治疗可采取以下方法。

（一）涂布轻刺激剂，以促进血液循环

涂布 20%~50% 乙醇鱼石脂软膏、樟脑软膏、松节油、碘软膏等于患区乳房上，每日 1 次，连续数日。

（二）增强心脏功能，降低血管渗透压，以减少渗出

静脉注射 5% 氯化钙注射液 500 ml（加在 50% 葡萄糖内）；或用 10% 安钠咖注射液 30 ml、50% 葡萄糖注射液 500 ml、25% 硫酸镁注射液 100 ml，一次静脉注射。

（三）使用利尿剂

1. 氢氯噻嗪

250 mg，每日 1 次，肌内注射，或口服 0.5～1 g。如为慢性水肿，除肌内注射外，配合静脉注射 100～200 mg，效果更好。

2. 呋塞米

500 mg，肌内注射，每日 1 次。

（四）激素类药物治疗

保泰松 1 份、异比林 2 份，混合，取 25～30 ml，一次肌内注射。

氯地孕酮 1 g，一次灌服，连服 3 d，或用其 40～300 mg，肌内注射，也有良效。

（五）激素与利尿药合用

三氯甲噻嗪 200 mg，地塞米松 5 mg，一次内服。

四、预防

加强对干奶母牛的饲养管理，控制精料喂量，加强运动，防止发生低镁血症，增加干草进食量，降低日粮中钾的含量等对预防乳房水肿都有一定的预防作用。

第四节
乳头管狭窄及闭锁

由于乳头管黏膜的慢性炎症，致使乳头管黏膜下结缔组织增生形成瘢痕而收缩，导致乳头管腔狭窄，发生挤奶困难，称为乳头管狭窄。乳头管括约肌或黏膜损伤后发生粘连，致使乳头管不通，挤不出乳汁，称为乳头管闭锁。本病主要发生于奶牛。

一、病因

本病多由慢性乳腺炎、乳头管炎引起。如粗暴挤奶或乳头挫伤可造成乳池

基底部及其附近结缔组织增生、瘢痕、肿瘤，以及卧地起立时后肢踏伤均可引起此病。

二、诊断要点

乳头管狭窄时，挤乳困难，乳汁呈线状射出；仅乳头管口狭窄，挤出的乳汁则偏向一侧或向周围喷射。捏住乳头末端捻动时，可感到乳头管粗硬，末端有硬结；乳头管闭锁时，乳池内充满乳汁，但挤不出乳汁。

三、治疗

治疗原则是剥开粘连部分，扩大乳头管腔。

乳头管括约肌肥厚或收缩过紧，可用圆锥形的乳头管扩张器进行扩张，其方法是：于挤奶前将灭菌的乳头管扩张器涂上滑润剂，插入乳头管中停留30 min 左右，先小后大逐渐扩张。

当乳头管内有严重的瘢痕收缩时，则实施乳头管切开术。先于乳头管基部做皮下浸润麻醉，局部消毒后，根据乳头的大小及乳头管狭窄的程度，插入适宜宽度的双刃乳头管刀或用锋利三棱针，用一只手抓紧固定增生物，另一只手同时捻转双刃乳头管刀或三棱针，以切开瘢痕组织，扩大管腔，但切口不宜过大。然后在管腔内插入带有蛋白溶解酶的棉棒或注入油剂青霉素；或者用2 mm 直径的针棒蘸上硫酸铜细粉，连续插入患部 3~4 次，最后插入软塑料管，用胶布固定，直至无炎症时取出软塑料管。

为了限制肉芽组织过度生长并保证手术效果，手术后必须插入带有螺丝帽的乳头导管或乳头扩张器。挤奶时只将螺丝帽取下，不必抽出乳头导管，直至完全愈合为止。

四、预防

挤奶人员要遵守操作规程，技术要熟练；牛舍内不要过于拥挤，防止踏伤乳头，牛舍及运动场围栏高低、质量均应符合标准，以防发生乳房及乳头损伤。

第五节
酒精阳性乳

酒精阳性乳（APM）是指牛新挤出的奶在20℃下与等量的70%（68%~72%）乙醇混合，轻轻摇动，产生细微颗粒或絮状凝块的奶的总称。酒精阳性乳根据酸度的差异，可分为高酸度酒精阳性乳和低酸度酒精阳性乳。前者是牛奶在收藏、运输等过程中，由于微生物污染，迅速繁殖，乳糖分解为乳酸致使牛奶酸度增高，加热后凝固，实质为发酵变质乳。后者加热不凝固，但奶的稳定性差，质量低于正常乳，称为二等乳或生化异常乳，为不合格乳，因而给乳牛业和乳品生产带来巨大经济损失。

本病主要以突然发生，病牛精神、食欲正常，乳房乳汁无肉眼可见变化，仅乳汁乙醇试验呈阳性反应为主要特征。持续时间有短（3~5 d）有长（7~10 d），后自行转为阴性。有的可持续1~3个月，或反复出现。

一、病因

APM发生的确切机制尚不清楚，据对分泌APM牛的血液和乳的细胞学、生物化学测定，以及与饲料、气象因素的相关分析，APM的发生与以下因素有关。

（一）APM不是隐性乳腺炎乳

同一乳区挤出的奶，乙醇试验呈阳性反应的，与CMT试验结果之间无任何关系。虽然分泌酒精阳性乳的病牛有46.1%~50.7%患隐性乳腺炎，但酒精阳性乳不是隐性乳腺炎乳。

（二）应激反应

据研究，APM病牛血液中嗜酸性粒细胞显著升高，同时血液中钾、氯、尿素氮、总蛋白、游离脂肪酸增高，钠减少。血液中嗜酸性粒细胞显著升高是过敏反应的标志；高血钾、高血氯和低血钠则是应激反应的生理标志。故有人提出APM是一种无典型临床症状的慢性过敏反应或慢性应激综合征的一种表现。

（三）乳中盐类成分和氨基酸含量异常

APM乳中钙、镁、氯离子含量高于正常乳。正常乳中酪蛋白与大部分钙、磷结合、吸附，一部分呈可溶性。APM乳中的酪蛋白与钙、磷结合较弱，胶体疏松、颗粒较大，对乙醇的稳定性较差，遇 70% 乙醇时，蛋白质水分丧失，蛋白颗粒与钙相结合而发生凝集。

（四）饲养和管理因素

加料催奶，日粮中可消化粗蛋白质过多；或饲料单纯，仅喂青草和混合料都可引起 APM。有的饲料中几乎不补食盐，血和乳中钠浓度低于健康牛，钾高于健康牛。有的因饲料中骨粉中断而发生，在补钙或补骨粉后即转为阴性。此外，APM 的发生还与药物有关，健康牛给泼尼松龙后，乳中钠减少，乳汁乙醇试验呈阳性；在给予能增加乳中钠的药物后，乳汁乙醇试验又转为阴性。

（五）潜在性疾病和内分泌因素

APM 的产生与酮尿、肝脏和胃肠功能障碍、乳腺炎、繁殖障碍、软骨病等有一定关系，而与肝脏功能障碍关系更密切。另外，发情奶牛也产生 APM，可能与雌激素亢进有关。

（六）气象因素

APM 的出现与气温急降、忽冷忽热，或高温高湿、低气压，以及厩舍中有害气体有关。

二、乳的利用和防治

（一）加工利用

酒精阳性乳是二等乳，不是乳腺炎乳，不应废弃，应加以利用，减少损失。如加工成酸奶饮料，或加入微量柠檬酸钠、碳酸钠后利用。

（二）调整饲养管理

日粮要平衡，粗精料比例合适，严格控制精料。饲料多样化，尽量保证维生素、矿物质、食盐等的供应，添加微量元素。根据气候情况，采取对应措施，做好保温、防暑工作。

（三）药物治疗

无特效疗法，可试用以下方法：

内服抗乳凝，每头 70 g，混入精料中喂给，每日 1 次，7 d 为一个疗程。

10% 氯化钠注射液 500 ml、5% 碳酸氢钠注射液 500 ml、25% 葡萄糖注射液 500 ml，混合一次静脉注射。也可静脉注射磷酸二氢钠 70 g，每日 1 次，连用 7 d。

25% 葡萄糖注射液 250~500 ml、20% 葡萄糖酸钙注射液 250~500 ml，一

次静脉注射。每日1次，连用3~5 d。产乳量高者，效果较好。

挤奶后给乳房内注入0.1%柠檬酸液50 ml，每日1~2次；或注入1%碳酸氢钠溶液50 ml，每日2~3次；也可喂服碘化钾8~10 g，每日1次，连喂3~5 d；或肌内注射2%甲硫酸脲嘧啶20 ml，与维生素B_1合用，以改善乳腺内环境和增进乳腺机能。

对发情时出现的APM，可肌内注射孕酮。

第十四章
肢蹄疾病

第一节
关节疾病

一、关节扭伤

关节扭伤是指关节在突然受到间接的机械外力作用下，瞬间过度伸展、屈曲或扭转而发生的关节损伤。牛、羊常发生膝关节、肩关节和髋关节扭伤。

（一）病因

牛、羊常由于在不平道路上急转、急停、跌倒、失足蹬空、一肢嵌夹于缝隙而急速拔腿，或者跳跃障碍、不合理保定等使关节的伸、屈或扭转超出其生理活动范围，引起关节周围韧带和关节囊的纤维剧伸，发生部分断裂而导致本病。

（二）症状

突然发生，常表现出疼痛、跛行、肿胀、温热和骨质增生等症状。由于患病关节、损伤组织程度和病理发展阶段不同，症状表现也不同。

1. 疼痛

一般而言，动物发病后立即有疼痛症状。表现为触诊敏感，特别是当触及被损伤的关节侧韧带时，有明显压痛点，甚至拒绝检查。

2. 跛行

扭伤后立即出现跛行，上部关节扭伤时为悬跛，下部关节扭伤时为支跛。如骨组织受损（骨折）时则表现为重度跛行，呈三肢跳跃前进或拖拉前进。

3. 肿胀

病初因关节滑膜出血、渗出而表现为炎性肿胀，当该病慢性经过，形成骨赘时，表现硬固肿胀。如四肢上部关节扭伤，常因肌肉丰满而肿胀不明显。

4. 温热

一般伤后经过 0.5~1 d 时，温热和炎性肿胀、疼痛和跛行并存。但在慢性过程中，关节周围纤维性增殖和骨性增殖阶段仅有肿胀、跛行，而无温热。

5. 骨质增生

当转为慢性经过时，可继发骨化性骨膜炎。常在韧带、关节囊与骨的结合处形成骨赘，病畜长期跛行。

（三）诊断

根据临床症状和触诊进行诊断。

（四）治疗

原则为制止溢血和渗出，促进吸收，镇痛消炎，防止结缔组织增生，避免遗留关节发生功能障碍，恢复关节功能。

1. 制止溢血和渗出

急性炎症初期 1~2 d，应进行冷敷和安装压迫绷带。可选用饱和硫酸镁盐水或 10%~20% 硫酸镁溶液以及 2% 乙酸铅溶液等，亦可用冷醋泥贴敷（黄土用醋调成泥，加 20% 食盐）进行冷敷。症状严重时，可静脉注射 10% 氯化钙溶液或肌内注射维生素 K_3 等。也可用水乌钙疗法（见咽炎）。

2. 促进吸收

当急性炎症缓和、渗出减轻后，及时改用温热疗法，如温敷、温脚浴等，每日 2~3 次，每次 1~2 h，可用鱼石脂乙醇溶液、10%~20% 硫酸镁溶液、热乙醇绷带等。亦可涂抹中药四三一合剂（大黄 4 份、雄黄 3 份、冰片 1 份，研成细末，蛋清调敷）、扭伤散（膏）、鱼石脂软膏；或用热醋泥疗法等。

如关节内积血过多不能吸收时，在严格消毒无菌条件下，可行关节腔穿刺排出，同时向腔内注入 0.5% 氢化可的松溶液或 1%~2% 盐酸普鲁卡因溶液 2~4 ml 并加入青霉素 40 万 IU，而后进行温敷，配合使用压迫绷带；不穿刺排液，直接向关节腔内注入上述药液亦可。

3. 镇痛消炎，注射镇痛剂

局部疗法同时配合封闭疗法，可用 0.25%~0.5% 盐酸普鲁卡因溶液 30~40 ml，加入青霉素 80 万~160 万 IU，在患肢上方穴位注射；或肌内或穴位注射安痛定或安乃近 20~30 ml。也可在患部涂擦弱刺激剂，如 10% 樟脑乙醇、碘酊樟脑乙醇合剂（处方：5% 碘酊 20 g、10% 樟脑乙醇 80 ml）；或注射乙酸氢化可的松。在用药的同时适当牵遛运动，加速促进炎性渗出物的吸收。

局部炎症转为慢性时，除继续使用上述疗法外，亦可涂擦刺激剂，如碘樟脑醚合剂（碘片20 g、95%乙醇100 ml、乙醚60 ml、精制樟脑20 g、薄荷脑3 ml、蓖麻油25 ml）、松节油、四三一合剂等，用毛刷在患部涂擦5~10 min，若能配合温敷，则效果良好。

4. 避免关节发生功能障碍、恢复功能

韧带、关节囊损伤严重或怀疑有软骨、骨损伤时，应根据情况包扎绷带。如蹄形不正时，应在药物疗法的同时进行合理的削蹄或装蹄。

此外，应用自体血液疗法、红外线或氦—氖激光照射、碘离子透入及特定电磁波疗法等均有良好效果。

（五）预后

除重症者外，绝大部分病例预后良好。但是该病常引起关节周围的结缔组织增生，关节的运动范围变窄，多数病畜不能完全恢复功能。重症者，由于关节内外的病变，留下长期的关节痛，外伤性关节水肿、变形性骨关节病及关节僵直等后遗症。

二、关节错位

关节错位又称脱臼，是由于外力作用，使关节头脱离关节窝，失去正常接触而出现移位的现象。该病常突然发生，有的间歇发生，或继发于某些疾病。牛常发于球关节、肩关节和髋关节。

（一）病因

主要是由于突然强烈的间接外力作用于关节，使关节韧带和关节囊被破坏所致，直接外力有时也可导致脱臼。少数情况下由先天性因素引起，也可因关节存在解剖学缺陷，或者继发于结核病、产后虚弱、维生素缺乏等疾病。病理性脱位指因关节炎等疾病而引发扩延性脱位、破坏性关节脱位、变形性关节脱位和麻痹性脱位。

（二）症状

关节错位的共同症状包括关节变形、异常固定、关节肿胀、肢势改变和功能障碍等。

1. 关节变形

脱臼关节骨端向外突出，局部呈异常隆起或凹陷。

2. 异常固定

由于关节头离开关节窝而卡住，有关韧带和肌肉高度紧张，使其在异常位置而失去正常活动性。

3. 关节肿胀

脱臼关节常有肿胀、疼痛及增温表现。

4. 肢势改变

患肢可出现内收、外展、屈曲或伸展等姿势。另外，患肢可表现延长或缩短，全脱臼时患肢缩短，不全脱臼患肢延长。

5. 功能障碍

伤后立即出现，表现为患肢发生程度不同的运动障碍，甚至不能运动。

（三）诊断

依据病史和现症可以确诊，但须注意与关节骨端骨折鉴别。被动运动检查，关节脱臼时呈基本不动或活动不灵状态，并在被动运动后仍恢复异常固定状态，带有弹拨性。而骨折脱位时无此特征。关节端骨折的特征是患部剧痛，可有断骨端相互摩擦音，患肢失去运动功能，且不能站立负重。

（四）治疗

原则是整复、固定、恢复功能和避免外界强力刺激。

1. 整复

整复应在麻醉状态下实施，以减少阻力。可肌内注射二甲苯胺噻唑或做传导麻醉，再灵活运用按、踹、揉、拉和抬等整复方法，使脱出的骨端复原，恢复关节的正常活动。整复后应安静 1~2 周，限制活动。

整复膝盖骨上方脱臼时，可使病畜骤然急剧后退，在关节伸展时自然复位。或在臀部猛击一鞭，可在突然前进中复位。上法无效时，可用一条圆绳一端在颈部绕圈打结，另一游离端绳套在患肢系部，用力向前方牵引；同时术者以手掌用力向下推压移位的膝盖骨，与此同时使病畜做急剧后退运动（或后坐），使膝关节伸展向前挺出。牵、压、退三者配合使其复位。也可使患肢在上侧卧保定，行全身麻醉后，采用后肢前方转位的方法，用力向前牵引患肢，同时另一人用手推压膝盖骨，使其复位。然后按上述方法进行固定。如整复困难，可切断膝内直韧带，使膝盖骨恢复原位，但役用牛应慎用。

2. 固定

目的在于防止复发。整复后，下肢关节可用固定绷带包扎 3~4 周，上肢关节可涂擦强刺激剂或在关节周围分点注射 5% 盐水 5~10 ml 或乙醇 5 ml 或自体血液 20 ml，抑制关节周围急性炎症肿胀，达到固定的目的。

第二节
黏液囊炎

黏液囊炎即黏液囊由于机械作用引起的浆液性、浆液纤维素性及化脓性炎症。临床上家畜四肢的皮下黏液囊炎较多见，腕前皮下黏液囊炎俗名"膝瘤"或"冠膝"，主要发生于牛。

一、病因

主要是黏液囊长期受机械刺激所致，如地面的压迫、摩擦、跌打、冲撞，以及挽具、饲槽、墙壁等的压迫与摩擦，当牛厩舍不平、牛栏狭小时，牛起卧时腕关节前面不免反复遭受挫伤而更易发生"膝瘤"。此外，副伤寒、布鲁氏菌病可并发或继发腕前皮下黏液囊炎。

二、症状

黏液囊炎的共同症状一般为：急性经过时，黏液囊紧张膨胀，容积增大，热痛，波动，有功能障碍。皮下黏液囊炎的肿胀轻微，界线不清，常无波动，功能障碍显著。慢性炎症时，患部呈无热无痛的局限性肿胀，功能障碍不明显。若为浆液性炎症时，黏液囊显著增大，波动明显，皮肤可移动；若为浆液纤维素性炎时，肿胀大小不等，在肿胀突出处有波动，有的部位坚实微有弹性；若纤维组织增多时，则囊腔变小，囊壁明显肥厚，触诊硬固坚实化。

就牛的"膝瘤"而言，病牛腕关节前面发生局限性肿胀，无痛无热，时日较久，患病皮肤被毛卷缩，皮下组织肥厚膨大可增至排球大小，上皮角化，呈鳞片状。肿胀的内容物多为浆液性，混有纤维素小块，有时带有血色。如有化脓菌侵入，则形成化脓性黏液囊炎。若腕前皮下黏液囊由于炎症积液多而过度增大，运步时出现功能障碍。

三、诊断

根据临床症状，结合穿刺检查。

四、治疗

原则是除去病因，抑制渗出，促进吸收，可采取滑膜炎的疗法。

若肿胀过大，渗出不易消除时，可穿刺抽出后，注入10%碘酊或5%硫酸铜溶液或5%硝酸银溶液等进行腐蚀。若囊壁肥厚硬结时，可行手术摘除。化脓性黏液囊炎时，应早期切开，彻底排脓后，再按化脓创伤处理。

就牛"膝瘤"而言，可实行姑息疗法，即穿刺放液后注入适量的复方碘溶液或可的松，局部装置压迫绷带。对特大的腕前皮下黏液囊炎部位，可施行手术切开或摘除。在肿大的前面正中略下方，做梭形切口。将黏液囊整体剥离。结节缝合手术创口。对过多的皮肤做数行平行的结节缝合。皮肤皱褶于一侧，装置压迫绷带。以后每5d拆除一行结节缝合（先从靠近肢体的一行开始），最后拆除手术创口的结节缝合。同时肌内注射青霉素及链霉素，或投以磺胺类药物。

五、预后

治疗及时则预后良好，很少有转为化脓性者。若为布鲁氏菌病并发或继发，预后要慎重。

六、预防

注意地面、牛床的平整，铺垫干燥而柔软的垫草，并加强饲养管理工作。对布鲁氏菌病应定期检查。

第三节
骨折

骨折指机体的骨骼在外力强烈作用下，完整性被破坏。根据骨折部是否与外界相通，可分为开放性骨折和非开放性骨折。根据骨折的损伤程度可分为完全骨折、不完全骨折和粉碎性骨折。

一、病因

多由外界的各种机械性暴力作用于骨骼，或肌肉的强烈收缩引起。如强烈碰撞、蹴踢、滑倒、压迫、坠落，急剧的停站或跳障碍的急降，负重物体的快速下压，失足踏入地穴等都可引起骨折。本病也可继发于骨软症、骨髓炎、骨癌等骨质疾病。

二、症状

骨折的特有症状为肢体变形、异常活动和骨摩擦音，其他症状有出血与肿胀、疼痛和功能障碍等，有的可出现全身症状。

（一）肢体变形

患肢出现弯曲、短缩，延长、折断等异常姿势，完全骨折及骨折部组织内大量溢血时最明显。不完全骨折则无明显变形。

（二）异常活动

正常情况下，肢体完整而不活动的部位，在骨折后负重或做被动运动时，出现屈曲、旋转等异常活动。但肋骨、椎骨、蹄骨、干骺端等部位的骨折，异常活动不明显或缺乏。

（三）骨摩擦音

肢体发生全骨折时，两断端在运动时相互摩擦而发出噼啪音或沙沙音，以后随着时间的增加逐渐减弱或消失。

（四）出血与肿胀

骨折时骨膜、骨髓及周围软组织的血管破裂出血，经创口流出或在骨折部发生血肿，加之软组织水肿，造成局部肿胀。血管管径大小、出血多少、时间长短以及软部组织及骨组织损伤程度等不同，局部肿胀的程度也不一致。不完全骨折或极轻微的骨折，肿胀不明显或不出现肿胀，可用一个手指按压检查，当手指压迫在轻微骨折的上方时，病畜常有疼痛表现。

（五）疼痛

在发生骨折的当时以及骨折后出现剧烈疼痛，以后逐渐减轻或消失。但在自动或他动运动以及触诊骨折部时，则出现剧痛。

（六）功能障碍

多突然发生，出现相应功能障碍：四肢骨骨折，出现跛行，患肢屈伸困难，不敢负重，运步时其他三肢跳跃前进；肋骨骨折，出现呼吸困难，呈腹式呼吸；脊椎骨骨折则可发生截瘫或神经麻痹。

（七）全身症状

轻度骨折一般全身症状不明显。严重的骨折伴有内出血、肢体肿胀或者内脏损伤时，可并发急性大失血和休克等一系列综合症状。闭合性骨折于损伤2~3 d，因组织破坏后分解产物和血肿的吸收，可引起轻度体温上升。骨折部若继发细菌感染时，体温升高，局部疼痛加剧，食欲减退，继发前胃弛缓。

三、诊断

完全骨折依症状结合临床检查可确诊，不完全骨折及蹄骨骨折可通过 X 线透视或拍片检查确诊。

四、治疗

须采取综合疗法，即局部整复、固定、病灶上方封闭、固定绷带、内服药物、物理疗法、营养疗法以及设法增强病畜身体抵抗力等。另外要做好病期的饲养管理与护理工作。

治疗步骤为：整复时，取侧卧保定，做全身浅麻醉或局部浸润麻醉，及早使骨折断端正确接触复位；整复后用石膏绷带或夹板绷带固定。开放性骨折，则须进行外科处理后再装固定绷带，打绷带时应在骨折处留一孔，以便处理创伤。消除肿胀，加速骨折部愈合，可外敷中药白及膏，再打夹板绷带。另外，适当补充钙剂，配合内服中药接骨散，以促进骨新生。为了防止感染，可全身和局部运用抗生素：骨折部可用普鲁卡因青霉素溶液进行封闭，可用青霉素、链霉素肌内注射，每日2~3次，连用3~5 d。最好用水乌钙疗法（见咽炎），每日1次，连用3 d。后期要注意进行恢复性的功能锻炼，以利康复。

五、预防

平时要加强饲养管理工作，尤其注意维生素 D 及钙、磷的补充。须及时治疗骨质病，以避免继发本病。

第四节
屈腱挛缩

一、病因

屈腱挛缩有先天性与后天性两种。

先天性的主要是由屈腱先天性过短，同时伸肌虚弱造成，常发生于犊牛的两前肢，后肢基本不发生；后天性的主要是幼畜在发育期间完全舍饲、运动不足、全身肌肉不发达、消化障碍、营养不良引起的。

二、症状

犊牛的屈腱挛缩根据程度不同，表现多种多样。轻度先天性屈腱挛缩，以蹄尖负重，行走时容易猝跌。重度屈腱挛缩球节基本不能伸展，球节前面接触地面行走。

后天性屈腱挛缩，初期以蹄尖负重，随着病势的发展，球节向前方突出。球节前面接触地面后，不久便引起创伤，损伤关节，往往并发化脓性关节炎。

三、治疗

先天性幼畜屈腱挛缩，可包扎石膏绷带或夹板绵带进行矫正。在打绷带时应将患肢的球节拉开至蹄面完全着地，用石膏绷带固定。后天性屈腱挛缩，可试用石膏板固定矫正，并根据具体发病原因进行治疗。

第五节
蹄病

一、蹄变形

蹄变形是由于各种不良因素的作用，蹄角质异常生长，蹄外形发生改变而不同于正常奶牛的蹄形，又称变形蹄。

（一）病因

引起蹄变形的因素很多，但主要原因是饲养管理不当。

1. 饲养不当

日粮配合不平衡。例如为了追求产奶量而喂食精饲料过多，粗饲料不足或缺乏；日粮中矿物质饲料钙、磷不足，或比例不当，致使钙、磷代谢紊乱。

2. 管理不当

多见于不定期地进行修蹄等。

3. 遗传因素

变形蹄具有遗传性，特别是后肢外侧趾呈翻卷状的蹄形。经调查，公牛后肢蹄呈翻卷状，其后代蹄变形率也较高。

（二）症状

临床上，将变形蹄分为长蹄、宽蹄和翻卷蹄三种。

1. 长蹄

蹄的两侧超过了正常蹄的长度，蹄角质向前过度伸延，外观呈长形。

2. 宽蹄

蹄的两侧长度和宽度都超过了正常蹄范围，外观大而宽，故称为"大脚板"。此类蹄角质部较薄。

3. 翻卷蹄

多见于后蹄的外侧。从正面看，呈翻卷状，蹄尖部细长而向上翻卷；从蹄底面看，蹄磨损不整。由于变形蹄的影响，严重者，两后肢向后方伸展，病牛弓背，运步呈拖拽式。

（三）治疗

最实用的方法是修蹄。临床上曾用补钙、注射维生素D及抗生素等疗法，但只能阻止病情的继续恶化，而不能使蹄恢复正常。

（四）预防

该病预防是关键。

1. 制定合理的日粮结构，满足奶牛营养需要

日粮的供应要根据奶牛生理状况合理搭配。特别是泌乳高峰期的牛，日粮中注意维生素、矿物质的含量。钙、磷比以1.4∶1为合适，可适当补给维生素AD、鱼肝油。严防为追求产奶量而片面追加精饲料。保证粗饲料，尤其是干草

给量，每头牛每日能进食干草 3~3.5 kg，增加瘤胃缓冲能力，维持正常的瘤胃pH。必要时日粮中可加入 2% 碳酸氢钠（按干物质计），与精料混合饲喂。

2. 加强圈舍卫生，改善环境条件

为防止牛蹄被粪、尿、污物污染，保持路干净、干燥，每年夏季和秋季多雨季节，应疏通排水渠道，保持圈舍干燥清洁；运动场低洼处用细沙填平，粪便及时清扫，使牛处于良好的环境之中。

3. 药浴牛蹄，保持牛蹄卫生

坚持每日清刷牛蹄，冬天用毛刷干刷，除去泥土、粪渣等；夏天湿刷，用清水冲洗 1 次，坚持浴蹄，常用 4% 硫酸铜溶液喷洒蹄部，每 4~5 d 喷洒 1 次，长时间坚持。

4. 保持蹄形正常，定期修蹄

每年应对全群牛蹄形进行普查，建立定期修蹄制度。凡变形者，一律修正。每年修蹄 1~2 次。为防止蹄部感染，修蹄不宜于雨季进行。

5. 加强选育，调整配种方案

在每年制订选配方案时，要选择肢蹄健壮、蹄形正常的公牛，避免公牛蹄形对后代的影响。

二、蹄糜烂

蹄糜烂又名慢性坏死性蹄皮炎，常因角质深层组织感染化脓，临床上出现跛行，是舍饲奶牛常发蹄病。

（一）病因

牛舍和运动场潮湿、不洁是造成本病的主要因素，过长蹄、蹄叶炎易诱发本病。趾间皮炎与发生在球部的糜烂有直接关系，结节状杆菌也是引起糜烂的微生物。管理不当、未定期进行修蹄、无完善的护蹄措施等情况下，也可发生本病。

（二）症状

本病多为慢性经过，除非有并发症，很少引起跛行。轻病例只在蹄底部、球部、轴侧沟有小的深色坑。进行性病例，坑融合到一起，有时形成沟状，坑内呈黑色，外观很破碎，最后，在糜烂的深部暴露出真皮。

患蹄检查：蹄变形，蹄底磨灭不整，在蹄底出现小的黑色小洞，有时许多小洞可融合为一个大洞或沟，充满黑色浓稠脓汁，污灰色或污黑色，具腐臭气味。腐烂后，炎症蔓延到蹄冠、球节时，关节肿胀，皮肤增厚，失去弹性，疼痛明显，步行呈"三脚跳"；当化脓后，关节处破溃，流出乳酪样脓汁，病牛全身症状加重，体温升高，食欲减退，产奶量下降，卧地，消瘦。

（三）诊断

1. 诊断要点

四蹄皆可发病，以后蹄多见；全年皆有，但以7~9月最多。蹄底部有黑色小洞，角质糜烂、溶解，流出黑色脓汁。

2. 鉴别诊断

（1）蹄底溃疡（局限性蹄皮炎）　跛行严重、持续时间长。典型症状是角质呈红色、黄色，角质软，疼痛，角质因溃疡而缺损，真皮暴露，或长出菜花样的肉芽组织。

（2）蹄底刺伤　由锐利物体直接刺伤蹄真皮组织所致。病畜突然发生疼痛，跛行明显，检查蹄部，可能发现异物存在。蹄部肿胀，蹄抖动。

（3）蹄底挫伤　由于运动场内地面不平，砖头、石块等钝性物体对蹄底挤压，致使真皮损伤。削蹄时，蹄角质有黄色、红色、褐色的血斑，经1~3次削蹄，血斑痕迹即可消失。

（4）白线病　主要是因白线处软角质裂开或糜烂，蹄壁角质与蹄底角质分离，泥沙、粪土、石子嵌入，致使真皮化脓。病牛患蹄蹄壁温度增高，疼痛明显，白线色变深，宽度增大，内嵌异物，当伴发继发感染时，体温升高，食欲减退。

（四）治疗

1. 局部处理

先将患蹄修理平整，找出角质部糜烂，由糜烂的角质部逐渐向内轻刮，直到见有黑色腐臭的脓汁流出为止。用4%硫酸铜溶液彻底洗净创口，创内涂10%碘酊，填入松馏油棉球，或放入高锰酸钾粉、硫酸铜粉，安装蹄绷带。

2. 全身疗法

如体温升高，食欲减退，或伴有关节炎时，可用磺胺类药物、抗生素治疗，青霉素500万IU，一次肌内注射；10%磺胺钠150~200ml，10%葡萄糖注射液500ml，一次静脉注射，每日1次，连续注射7d；5%碳酸钠溶液500ml，一次静脉注射，连续注射3~5d。金霉素或四环素，剂量为每千克体重0.01g，静脉注射，也有效果。最好用水乌钙、新促反刍液、抗生素三步疗法（见创伤性网胃腹膜炎）。关节发炎者，可应用乙醇鱼石脂绷带包裹。

（五）预防

1. 加强管理

经常保持圈舍、运动场干燥及清洁卫生，粪便及时处理，运动场内的石块等异物应及时清除，保护牛蹄卫生，减少蹄部外伤的发生。

2. 坚持蹄浴

用4%硫酸铜溶液浴蹄，5~7 d进行1~2次蹄部喷洒。

3. 加强病牛的护理

已经发病的牛，对其应加强护理，单独饲喂，根据具体病状采取合理治疗，促使尽早痊愈。

三、蹄叶炎

蹄叶炎又称弥散性无败性蹄皮炎，可分为急性、亚急性和慢性，通常侵害几个趾。蹄叶炎可能是原发性的，也可能继发于其他疾病，如乳腺炎、子宫炎、酮病、瘤胃积食、瘤胃酸中毒以及胎衣不下等。蹄叶炎可发生于奶牛、肉牛和青年公牛。母牛发生本病与产犊有密切关系，而且年轻母牛发病率高。奶牛中以精料为主的饲养方式发病率高。

（一）病因

引起蹄叶炎的发病因素很多，长期以来认为牛蹄叶炎是全身代谢紊乱的局部表现，但确切原因尚无定论，倾向于综合性因素所致，包括分娩前后到泌乳高峰时期饲喂过多的碳水化合物精料、不适当运动、遗传和季节因素等。

（二）症状

1. 急性型蹄叶炎时，症状非常典型

病牛运动困难，特别是在硬地上。站立时弓背，四肢收于一起，如仅前肢发病时，症状更加严重，后肢向前伸，达于腹下，以减轻前肢的负重。有时可见两前肢交叉，以减轻患肢的负重。通常内侧趾疼痛更明显，一些病畜常跪着采食。后肢患病时，常见后肢运步时画圈。病牛不愿站立，较长时间躺卧，在急性期早期可见明显的出汗和肌肉颤抖。体温升高，脉搏显著加快。

局部症状可见趾静脉扩张，趾动脉搏动明显，蹄冠的皮肤发红，蹄壁增温。蹄底角质脱色，变为黄色，有不同程度的出血。

发病1周以后放射学摄片时可看到蹄骨尖移位。

急性型蹄叶炎早期如未抓紧治疗，会变成慢性型。慢性型蹄叶炎不仅可引起不同程度的跛行，也会发展为其他蹄病。

2. 慢性型蹄叶炎多由急性蹄叶炎转变而来

临床症状轻微，病程长，病牛站立时以蹄球部负重，患蹄变形，蹄壁角质延长，蹄前壁和蹄底形成锐角；由于蹄骨下沉、蹄底角质变薄，甚至出现蹄底穿孔。

（三）诊断

急性型蹄叶炎应根据长期过量饲喂精料，以及典型症状如突发跛行、异常姿势、弓背、步态强拘及全身僵硬，可以确诊。鉴别诊断时应与多发性关节炎、蹄骨骨折、软骨症、蹄糜烂、腱鞘炎、腐蹄病、乳热、镁缺乏症、破伤风等区分。

慢性型蹄叶炎往往被误认为蹄变形，而这只能通过 X 线检查确定。其依据是系部和球节的下沉；趾静脉的持久性扩张；生角质物质的消失及蹄小叶广泛性纤维化。

（四）治疗

原则是除去病因、减轻蹄内压、消炎镇痛、促进吸收，防止蹄骨变位。

1. 放血疗法

为改善血液循环，减轻蹄内压，在病后 36~48 h，可采取颈静脉放血 1 000~2 000 ml（体弱者禁用），然后静脉注入等量的 5% 葡萄糖氯化钠注射液，内加 0.1% 盐酸肾上腺素溶液 1~2 ml 或 10% 氯化钙注射液 100~150 ml。

2. 冷敷及温敷疗法

病初 2~3 d，可行冷敷、冷蹄浴或浇注冷水，每日 2~3 次，每次 30~60 min。以后改为温敷或温蹄浴。

3. 脱敏疗法

病初可试用抗组胺药物，如内服盐酸苯海拉明 0.5~1 g，每日 1~2 次；或肌内注射盐酸异丙嗪 250 mg；或皮下注射 0.1% 盐酸肾上腺素溶液 3~5 ml，每日 1 次；或用盐酸普鲁卡因 0.5 g、氢化可的松 250 mg、10% 葡萄糖 1 000 ml，混合一次静脉内缓慢滴注。

4. 清理肠道和排出毒物

可应用缓泻剂，也可静脉注射 5% 碳酸氢钠 300~500 ml，5% 葡萄糖注射液 500~1 000 ml。

5. 自体血疗法

自体血 80 ml，皮下注射，隔日 1 次，每次增加 20 ml，连用 3 次，可广泛用于各种炎症性疾病治疗。

6. 修蹄

慢性蹄叶炎，可注意修整蹄形，防止芜蹄。已成芜蹄者，配合使用矫正蹄铁。

（五）预防

合理喂饲和使役，特别是在分娩前后应注意饲料不要急剧变化，产后应逐渐恢复精料的饲喂量；长途运输或使役时，途中要适当休息，并进行冷蹄浴，日常要注意护蹄。

第十五章
眼病

第一节
角膜炎

角膜炎是角膜上皮的炎症。临床上可分为外伤性、表层性、深层性及化脓性角膜炎数种。如转为慢性，则易形成角膜翳。

一、病因

原发性角膜炎多由于刺激性化学物质或尖锐异物如碎玻璃、碎铁片、沙石误入眼内引起。另外，本病也可继发于细菌感染、维生素 A 缺乏症以及邻近组织炎症的蔓延。牛恶性卡他热等传染病也可继发本病。

二、症状

急性期主要表现为畏光流泪、怕风、结膜潮红、肿胀等一般症状。根据损伤程度和性质，临床上分为以下三类：

（一）浅在性角膜炎

即角膜表层损伤，可见角膜表层上皮脱落及伤痕，角膜表面粗糙干燥、无光泽，重则呈灰白色浑浊外观，角膜周围常发生血管增生，外观呈树枝状。

（二）深在性角膜炎

外观角膜表面不粗糙，仍有镜状光泽，但角膜深部出现浑浊，可呈点状、小棒状及云雾状，颜色可有灰白色、乳白色、淡蓝色等，角膜周围及边缘血管充血，出现明显新生血管增生，有时与虹膜发生粘连。

（三）化脓性角膜炎

初期角膜周围充血，畏光、流泪，疼痛剧烈，时间延长形成脓肿，角膜上呈现多少不等的粟粒状或豌豆大小的黄色浑浊病灶，在病灶周围生长有灰白色的晕圈，可发生破溃，流出脓液变为溃疡。如脓灶破溃后脓汁流入眼球深部，则形成眼前房积脓症。

如治疗不及时，炎症可转为慢性，多在角膜上面出现白斑或色素斑，有的呈烟雾状，外观浑浊，称为角膜翳，可出现不同程度的视力障碍，严重者可导致失明。

三、治疗

原则是消除炎症，促进炎性渗出物消散吸收。

（一）消除炎症

可用 2%～3% 硼酸或 0.1% 乳酸依沙吖啶溶液冲洗后，再用乙酸可的松或抗生素眼药膏点眼，每日 2～4 次。化脓性角膜炎，可用生理盐水或者 2% 硼酸水冲洗后涂布金霉素眼膏。

（二）促进浑浊消散

可进行眼部热敷，或将氯化亚汞与蔗糖等量的混合粉剂吹入眼内。也可于眼睑皮下注射庆大霉素 16 万 IU、地塞米松 5 mg、2% 盐酸普鲁卡因混合液或自体血液 2～3 ml，隔 3～4 d 注射 1 次。或于球结膜下注射氢化可的松与 1% 盐酸普鲁卡因等量的混合液 0.5～1 ml。继发虹膜炎时，可用 0.05%～0.1% 硫酸阿托品点眼。

急性角膜炎，可施行封闭疗法，进行消炎镇痛，用 0.5%～1% 盐酸普鲁卡因混合液 10～15 ml，加青霉素 20 万～40 万 IU。注射用长 10 cm 左右的针头，垂直刺入眼球后深部 7～8 cm，缓慢注入药液，每周 2 次。

四、预防

减少不良刺激，及时治疗原发病。

第二节
结膜炎

结膜炎是指眼睑结膜和眼球结膜受外界刺激和感染而引起的炎症，是最常见的一种眼病，有卡他性、化脓性、滤泡性、伪膜性及水疱性结膜炎等类型。

一、病因

结膜对各种刺激敏感，常由于外来或内在的轻微刺激而引起炎症，主要由各种不良刺激造成，如风沙、灰尘、芒刺、谷壳、草棒、花粉以及化学药品、烟雾、毒气等，进入结膜囊，以及日光强射、机械性损伤、压迫、摩擦等。另外，流感、恶性卡他热、牛吸吮线虫病及其他高热性疾病也可继发本病。衣原体可引起绵羊滤泡性结膜炎。给放线菌病牛用碘化钾治疗时，如果发生碘中毒，会引发该病。

二、症状

结膜炎的共同症状是畏光、流泪、结膜充血、结膜浮肿、眼睑痉挛、渗出物及白细胞浸润。

（一）卡他性结膜炎

是临床上最常见的病型，结膜潮红、肿胀、充血、流浆液、黏液或黏脓性分泌物。卡他性结膜炎可分为急性和慢性两型。

1. 急性型

轻者结膜及穹隆部稍肿胀，呈鲜红色，分泌物较少，初似水，继则变为黏液性。重度时，眼睑肿胀、有热痛、畏光、充血明显，甚至见出血斑。炎症可波及球结膜，有时角膜面也见轻微的浑浊。若炎症侵及结膜下时，则结膜高度肿胀，疼痛剧烈。水牛的急性卡他性结膜炎可波及球结膜，此时结膜潮红、水肿明显，表面凹凸不平，并突出外翻，甚至遮住整个眼球。

2. 慢性型

常由急性转来，症状往往不明显，畏光很轻或见不到。充血轻微，结膜呈暗赤色、黄红色或黄色。经久病例，结膜变厚呈丝绒状，有少量分泌物。

（二）化脓性结膜炎

因感染化脓菌或在某种传染病经过中发生，也可以是卡他性结膜炎的并发症。一般症状较重，常由眼内流出多量纯脓性分泌物，上、下眼睑常粘在一起。化脓性结膜炎常波及角膜而形成溃疡，且常带有传染性。

三、治疗

原则是避免强光刺激，除去病因，消炎止痛，清洗患眼，减少分泌。

（一）除去原因

应设法将原因除去，若是症候性结膜炎，则应以治疗原发病为主。

（二）遮挡光线

应将病畜放在暗厩内或应用眼绷带，但分泌物量多时不宜应用眼绷带。

（三）清洗患眼

用3%硼酸溶液或5%盐水（加庆大霉素和地塞米松更好）。对牛的结膜炎可用麻醉剂点眼，因病牛的眼睑痉挛症状显著，易引起眼睑内翻，造成眼睫毛刺激角膜。当奶牛血镁低时，经常见到短暂的、明显的眼睑痉挛症状。

（四）对症疗法

1. 急性卡他性结膜炎

初期可应用冷敷，每日3次，每次20 min，分泌物变为黏液时，则改为温敷，再用0.5%～1%硝酸银溶液点眼（每日1～2次），10 min后用生理盐水冲洗。分泌物已见减少或趋于吸收过程时，用0.5%～2%硫酸锌溶液（每日2～3次）等收敛药。此外，还可用2%～5%蛋白银溶液、0.5%～1%明矾溶液或2%黄降汞眼膏。

2. 慢性结膜炎

以刺激温敷为主。可用0.5%～1%硝酸银溶液点眼，或用硫酸铜棒涂擦眼结膜表面，然后立即用生理盐水冲洗，每日1次，不要让硝酸银触及角膜，有假膜形成时忌用，再施行温敷。对于比较顽固的结膜炎，可用组织疗法或自体血液疗法，具有一定的疗效。

3. 化脓性结膜炎

病毒性结膜炎时，可用5%乙酰磺胺钠眼膏涂布眼内。

四、预防

注意畜舍清洁卫生，避免眼部受外界刺激。发病后，最好将病畜放在光线较暗的畜舍中，并加强饲养管理及护理工作。

第十六章
损伤及外科感染

第一节
损伤

损伤是由各种不同外界因素作用于机体，引起机体组织器官的形态学改变或生理上的紊乱，并伴有不同程度的局部或全身反应。

一、创伤

创伤是皮肤、黏膜、皮下组织和器官受到尖锐物体或钝性物体的强烈作用而造成的开放性损伤。创伤一般由创围、创缘、创口、创面、创腔、创底构成。临床上分新鲜创和感染化脓创。

（一）病因

主要是强烈的机械外力，如牛角、铁钉刺伤，粗糙墙壁及地面的擦伤，铁锹、竹片的切割，也有少数是其他动物造成的，如犬的咬伤等。

（二）症状

创伤的一般症状为出血、创口裂开、疼痛和功能障碍。根据伤后经历时间，可分为新鲜创和感染化脓创。

1. 新鲜创

主要症状是伤处出血，血色鲜红疼痛明显，创口裂开，组织未见明显坏死。其中，动物咬伤可见齿痕，咬部多呈管状或撕裂状，可见组织缺损。

2. 感染化脓创

初期伤处疼痛，局部温热，创缘、创面肿胀，创口流脓汁或形成脓性结痂，有时可形成脓肿或继发蜂窝织炎。后期，创面出现新生肉芽组织，而变得比较坚实。

（三）治疗

治疗原则是局部结合全身抗菌治疗，防止感染，促进创伤愈合。

1. 新鲜创的治疗

主要步骤是止血、清创、消炎、缝合包扎。

（1）止血　可采取压迫、钳夹、结扎，亦可用药物止血，如肌内注射安络血，也可静脉注射维生素 K 或氯化钙。

（2）清创　用灭菌纱布盖住创面，由外向内顺序剪毛，用温肥皂水清洗创围，然后用碘酊消毒创围，消毒创围后，再用镊子除掉创腔内的异物及坏死组织，用 0.1% 高锰酸钾或 0.1% 新洁尔灭溶液反复冲洗创腔。再用灭菌纱布吸去冲洗液。

（3）消炎　清创后可采取下列措施。

较小创口：创面撒布磺胺粉，或抗生素粉，如青霉素、链霉素、氟哌酸粉，再装置绷带。

较大创口：未污染者可在涂布抗生素后施行结节缝合，然后进行包扎，外置浸有碘酊的纱布条；已污染的，在消毒后局部麻醉，行扩创术，切除挫灭组织，扩大创口，修整创缘，清除创腔内的异物及凝血块，然后开放治疗，定期用 0.1% 新洁尔灭或 0.1% 高锰酸钾溶液冲洗创腔，并做适当引流，至肉芽生长为止。

（4）缝合包扎　创缘整齐、对合完好的新鲜创，可在上述处理后进行缝合包扎，以防感染。

2. 化脓创的治疗

治疗原则是控制感染，防止炎症蔓延，清除异物，促进肉芽生长。

（1）清洁创围、冲洗创腔　常用药物有 0.1% 盐水、2% 碳酸氢钠溶液、0.1% 新洁尔灭溶液等。

（2）扩大创口　消除异物，排除脓汁，保持清洁。

（3）引流　用涂布 10% 磺胺乳剂或松碘油膏的纱布条引流。

（4）对症治疗　局部及全身抗菌消炎，结合强心、解毒。

3. 肉芽创的治疗

（1）清洁创围、创面　除去脓汁，2~4d 清理 1 次。

（2）促进肉芽生长及上皮形成　可用松碘油膏或 1% 磺胺乳剂等填塞、引流或灌注。当肉芽成熟时，促进上皮新生，可用氧化锌软膏（氧化锌 10g、凡士林 90 g），或氧化锌水杨酸软膏。上皮形成后，定期涂布甲紫溶液以防止肉芽过度增生，促使创面结痂。

二、挫伤

挫伤指钝性物体强烈作用于畜体而引起的组织非开放性损伤。根据受伤程度可分为一度、二度和三度挫伤，根据受伤组织部位可分软组织挫伤、骨挫伤和关节挫伤。

（一）病因

多由钝性物体机械压迫所致，如打击、冲撞、摔跌、蹴踢、挤压等。轻度的牙咬、角顶、车轮碾压等。

（二）症状

挫伤部位主要表现为溢血、肿胀、疼痛以及功能障碍。

1. 溢血

因受伤程度及部位不同而出现皮下充血或溢血，皮肤黏膜处可出现血斑、血肿，肤色较浅处则可见暗红淤血斑，指压不褪色。

2. 肿胀

伤后不久即可发生，触之坚实，略有升温，淋巴外渗、血肿则有波动感，穿刺物为血液或淋巴液，若感染则可带脓汁，伴有体温上升现象。

3. 疼痛

因渗出物和肿胀压迫的刺激，局部有疼痛表现，触诊敏感。

4. 机能障碍

因受伤部位不同，而表现出相应的功能障碍，有时伴有全身性反应。

（三）治疗

原则是防止休克和酸中毒，预防感染，消肿止痛。

1. 轻度挫伤

局部剪毛、消毒。初期热痛明显时可行冷敷或冷冻法。2~3 d 可行温敷，结合局部按摩以促进消除肿胀。出血较少，可局部涂布甲紫溶液或 2% 碘酊。渗出物较多，可涂布青霉素或环丙沙星粉剂，以消炎和保持创面干燥。

2. 血肿较大

初期进行冷疗，3~4 d，无菌穿刺放血后，注入适量 0.25% 普鲁卡因青霉素溶液，再应用压迫绷带。亦可切开血肿，除去血凝块。若已发生感染，可按感染创进行开放疗法。

3. 严重挫伤

可适量输血、补液。可静脉注射5%碳酸氢钠溶液300~500 ml，以防酸中毒。疼痛剧烈时，可肌内注射安乃近10~30 ml或复方氨基比林20~50 ml。

在治疗过程中，应防止继发感染，可依病情采取局部和全身运用抗生素类药物水乌钙疗法，如有外伤应注射破伤风抗毒素，以防破伤风的发生。若局部化脓，可按化脓创处理。

三、血肿

血肿是由于各种外力作用，导致血管破裂，溢出的血液分离周围组织，形成充满血液的腔洞。牛的血肿常发生于胸前和腹部。根据损伤的血管不同，血肿分为动脉性血肿、静脉性血肿和混合性血肿。

（一）病因

血肿常见于软组织非开放性损伤，但挤压、棒打、骨折、刺创、火器创也可形成血肿。

（二）症状

特点是肿胀迅速增大，肿胀呈明显的波动感或饱满且有弹性。4~5 d后肿胀周围坚实，并有捻发音，中央部有波动，局部增温。穿刺时，可排出血液。有时可见局部淋巴结肿大和体温升高等全身症状。

血肿感染可形成脓肿，注意鉴别。

（三）治疗

应从制止溢血、防止感染和排除积血着手。可于患部涂碘酊，装压迫绷带。经4~5 d后，可穿刺或切开血肿，排除积血或凝血块和挫灭组织，如发现继续出血，可行结扎止血，清理创腔后，再行缝合创口或开放疗法。

四、淋巴外渗

淋巴外渗指在钝性外力作用下，由于淋巴管断裂，致使淋巴液聚积于组织内的一种非开放性损伤。

（一）病因

淋巴外渗主要是由于钝性外力在动物体上强行滑擦，致使皮肤或筋膜与其下部组织发生分离，淋巴管发生断裂，淋巴液流入组织内。淋巴外渗常发生于淋巴管较丰富的皮下结缔组织，而筋膜下或肌间则较少。

（二）症状

肿胀出现缓慢，一般于伤后3~4d出现肿胀，并逐渐增大，有明显的界线和波动感，皮肤不紧张，炎症反应轻微。穿刺可放出橙黄色稍透明的液体，或其内混有少量的血液。时间较久的，析出纤维素块，囊壁增厚，有坚实感。

（三）治疗

使动物安静，有利于淋巴管断端的闭塞。

1. 较小淋巴外渗的治疗

于波动明显处用注射器抽出淋巴液，然后注入95%乙醇或1%福尔马林—乙醇，停留片刻后再将其抽出，打压迫绷带。

2. 较大淋巴外渗的治疗

可行切开术，排出淋巴液及纤维素，将浸有上述药液的纱布块填塞于腔内停留12~24h，取出后创伤按Ⅱ期愈合进行处理。

治疗时应注意，长时间的冷敷能使皮肤发生坏死；温热、刺激剂和按摩疗法，均可促进淋巴液流出和破坏已形成的淋巴栓塞，都不宜应用。

第二节
外科感染

一、脓肿

脓肿指在任何组织或器官内形成外有脓肿膜包裹，内有脓汁潴留的局限性肿胀。如果解剖腔（鼻窦、喉囊、胸膜腔及关节腔等）内有脓汁滞留时称为蓄脓。根据脓肿发生部位的深度不同，分浅在脓肿和深在脓肿。

（一）病因

多数脓肿由感染引起，常继发于急性化脓性感染的后期。主要病原菌是葡萄球菌、链球菌、绿脓杆菌、大肠杆菌及腐败性菌，其不完整的皮肤或黏膜进入机体，并在局部生长、繁殖，最后形成脓肿。

当给动物注射氯化钙、高渗盐水、新肿凡纳明及松节油等刺激性强的药物时，因操作不当而误注或漏入组织可引起无菌性脓肿。还可能由于血液或淋巴液将原发性病灶的病原微生物转移到其他组织器官内而形成转移性脓肿。

（二）症状

1. 浅在脓肿

常发生在皮下、筋膜下及肌肉间的组织内。病初出现急性炎症，患部肿胀，无明显界线，质地坚实，局部温度增高，皮肤潮红，剧痛。继而局部化脓，病灶中央软化有波动感，皮肤变薄，被毛脱落以致化脓，病灶皮肤破溃，排出脓汁，这时脓肿症状缓和。牛皮较厚，脓肿不易破溃。

2. 深在脓肿

多发生在深层肌肉、肌间、骨膜下、腹膜下及内脏器官。局部症状不太明显。患部皮下组织有轻微的炎性水肿，触诊留指压痕，疼痛，病灶中央无波动感。如不及时治疗，脓肿膜可发生坏死、破溃，脓汁溢出向深部蔓延扩散，呈现较明显的全身症状，严重时还可引起败血症。

（三）诊断

体表脓肿时，局部出现局限性热痛性肿胀，易于发现。体内脓肿如肝、脾、肾、肺的脓肿，诊断困难，可于肿胀最明显处穿刺抽出脓汁而确诊。脓肿诊断需要与外伤性血肿、淋巴外渗、挫伤和某些疝相区别。

（四）治疗

治疗原则为消除病因，消炎、止痛及促进炎性产物消散吸收，增强机体的抵抗力。

1. 消炎、止痛及促进炎症产物消散吸收

早期制止渗出，冷敷；中后期促进吸收，温敷或用刺激药。当局部肿胀正处于急性炎性细胞浸润阶段，可局部涂擦樟脑软膏；或用冷疗法（如复方乙酸铅溶液冷敷，鱼石脂乙醇、栀子乙醇冷敷）；或在局部肿胀周围进行普鲁卡因青霉素封闭。当炎性渗出停止后，可用温热疗法、短波透热疗法、超短波疗法以促进炎症产物的消散吸收。局部治疗的同时，可根据病畜的情况配合应用抗生素、磺胺类药物并采用对症疗法。

2. 促进脓肿成熟

在脓肿形成过程中，患部可用鱼石脂软膏、鱼石脂樟脑软膏、超短波疗法、温热疗法等以促进脓肿的成熟。待局部出现明显的波动时，应立即进行手术治疗。

3. 手术疗法

脓肿成熟以后应及时施行手术切开或穿刺抽出脓汁。然后用防腐消毒溶液冲洗脓肿腔，用纱布吸净脓肿腔内残留药液，向脓肿腔内注入抗生素溶液。切开脓肿时，应在波动最明显处切开。如果脓肿腔内压力较高时，应先穿刺，抽出脓汁，减压后再切开脓肿。切口要有一定长度，以利于排脓。切开时不要损伤脓膜。为了彻底排脓，可另做辅助切口。对于脓肿膜完整的浅在性小脓肿，可行脓肿摘除法，此时需注意勿刺破脓肿膜，预防新鲜手术创面被脓汁污染。

二、蜂窝织炎

蜂窝织炎指发生于疏松结缔组织的急性弥漫性化脓性炎症。多发生于皮下、筋膜下及肌肉间的疏松结缔组织内，病变扩散迅速，与正常组织无明显界线，并伴有明显的全身症状。

（一）病因

主要是溶血性链球菌通过微小伤口感染而引起，其次是金黄色葡萄球菌，有时大肠杆菌、腐败菌也可引起。也可因邻近组织的化脓性感染扩散或通过血液循环和淋巴道的转移形成。偶见于继发某些传染病或刺激性强的化学制剂误注或漏入皮下疏松结缔组织内而引起。

（二）症状

本病发展迅速，迅速呈现局部和全身的明显症状。

1. 局部症状

主要表现为短时间内局部呈现大面积肿胀。浅在的病灶起初按压时有压痕，化脓后，肿胀部位有波动感，常发生多处皮肤破溃，排出脓汁后症状减轻。深在的病灶呈坚实的肿胀，局部增温，剧痛，化脓形成脓汁后，导致患部内压增高，使患部皮肤、筋膜及肌肉高度紧张，但皮肤不易破溃。

2. 全身症状

患畜精神沉郁，食欲下降或废绝，体温升高到40℃以上，呼吸、脉搏增数。循环、呼吸及消化系统都有明显的症状。深部的蜂窝织炎病情严重，可继发败血症而死亡。

（三）诊断

可根据临床症状进行诊断。局部出现弥漫性、热痛性肿胀，有时可见多处皮肤破溃排脓。另外，全身症状严重。

（四）治疗

治疗原则为局部与全身治疗相结合。早期较浅表的蜂窝织炎以局部治疗为主，而部位深、发展迅速、全身症状明显者应尽早全身应用抗生素和磺胺药物。目的在于减少炎性渗出物、抑制感染扩散、减轻组织内压、改善全身状况、增强机体抗病能力，以防败血症的发生。

1. 局部治疗

在于控制炎症发展，促进炎症产物消散吸收。发病 2 d 内用 10% 鱼石脂乙醇、90% 乙醇、复方乙酸铅冷敷，用青霉素普鲁卡因溶液对病灶周围进行封闭。发病 3~4 d 以后改用温热疗法，将上述药液改为温敷。或用中药大黄栀子粉（1:1）、醋酒（1:1）调敷，具有良效。

2. 手术切开

经局部治疗，症状仍不减轻时，特别是形成化脓性坏死时，为了排出炎性渗出物，减轻组织内压，应尽早地切开患部。先行适当麻醉，切口要有足够的长度及深度，可做几个平行切口或反对口。再用 3% 过氧化氢溶液或 0.1% 新洁尔灭溶液或 0.1% 高锰酸钾溶液冲洗创腔，并用纱布吸净创腔药液。最后用中性盐高渗溶液（如 50% 硫酸镁溶液）浸泡的纱布条引流，并按时更换引流条。当局部肿胀明显消退，体温恢复正常时，局部创口可按化脓创处理。

3. 全身疗法

尽早应用大剂量抗生素或磺胺类药物治疗，提高机体抵抗力，预防败血症。可静脉注射 5% 碳酸氢钠注射液，或 40% 乌洛托品注射液、葡萄糖注射液，或樟酒糖注射液（精制樟脑 4 g、精制乙醇 200 ml、葡萄糖 60 g、0.8% 氯化钠液 700 ml）。也可用水乌钙、新促反刍液、抗生素三步疗法。同时，对病畜应加强饲养管理，并供给富含蛋白质和维生素的饲料。

三、败血症

败血症是全身化脓性感染中的一种，指致病菌（主要是化脓菌）侵入血液，持续存在，迅速繁殖，产生大量毒素及组织分解产物而引起的严重的全身性感染。

（一）病因

局部感染治疗不及时或处理不当，如脓肿引流不及时或引流不畅、清创不彻底等；致病菌繁殖快、毒力大；病畜抵抗力降低等均可引起。此外，免疫机能低下的病畜，还可并发内源性感染尤其是肠源性感染，使肠道细菌及内毒素进入血液循环，导致本病发生。金黄色葡萄球菌、溶血性链球菌、大肠杆菌、绿脓杆菌和厌氧性病原菌等均可引起败血症。有时呈单一感染，有时混合感染。其中革兰氏阴性杆菌引起败血症更为常见。在使用广谱抗生素治疗全身化脓性感染的过程中，也有继发真菌性败血症的危险。经验证明，如果败血病灶成为细菌毒素大量繁殖和制造的场所，即使机体有较强的抵抗力，也往往容易发生败血症。

（二）症状

以病畜全身中毒症状为主。病畜体温明显增高，一般呈稽留热，恶寒战栗，四肢发凉，脉搏细数，动物常躺卧，起立困难，运步时步态蹒跚，有时能见到中毒性腹泻。随病程发展，可出现感染性休克或神经系统症状，病畜可见食欲废绝，结膜黄染，呼吸困难，病畜烦躁不安或嗜睡，尿量减少并含有蛋白或无尿，皮肤黏膜有时有出血点，血液学指标有明显的异常变化，死前体温突然下降。最终因衰竭而死亡。

（三）诊断

首先了解动物是否有原发感染性病灶，再结合上述临床症状，即可做出诊断。但临床表现不典型或原发病灶隐蔽时，诊断可发生困难或延误诊断。因此，对一些临床表现如畏寒、发热、贫血、脉搏细速、皮肤黏膜有淤血点、精神改变等，不能用原发病来解释时，即应提高警惕，密切观察和进一步检查，以免漏诊败血症。

确诊败血症可通过血液细菌培养，但有抗菌药物治疗史的病畜，往往影响培养结果。也可进行血液电解质、血气分析、血尿常规检查以及重要器官功能的监测。

（四）治疗

治疗原则为尽早采取综合性治疗。

1.去除原发局部感染病灶

彻底清除所有的坏死组织，切开创囊、流注性脓肿和脓窦，摘除异物，排出脓汁，畅通引流，用刺激性较小的防腐消毒剂彻底冲洗败血病灶。然后局部按化脓性感染创进行处理。创围用混有青霉素的盐酸普鲁卡因溶液封闭。

2. 全身疗法

在处理局部的同时，根据病畜的具体情况可以大剂量地使用庆大霉素、青霉素、链霉素或四环素等进行全身治疗。使用磺胺增效剂可取得良好的治疗效果，常用的是三甲氧苄氨嘧啶，也可选用恩诺沙星。另外，应积极补液或输血，合理应用碳酸氢钠、维生素和葡萄糖等。

3. 对症疗法

当心脏衰弱时可应用强心剂，肾功能紊乱时可应用乌洛托品，败血性腹泻时静脉注射氯化钙溶液。

第十七章
疝

疝有先天性和后天性之分，先天性疝多见于犊牛，是解剖孔先天性过大引起的；后天性疝因外伤和腹压过大而发生，如分娩时的努责、角斗导致的外伤等。当动物体位改变或人们用手推送疝内容物时，能通过疝孔还纳于腹腔的叫可复性疝；如因疝孔过小，疝内容物与疝囊粘连，或疝内容物嵌顿在疝孔内，使脏器遭受压迫，造成局部血液循环障碍甚至发生坏死，出现一系列临床症状时，则称为嵌闭性疝。按照疝的发生部位，最常见的疝有脐疝、腹股沟阴囊疝和外伤性腹壁疝。

第一节
脐疝

脐疝主要发生于犊牛，脐疝内容物是肠袢和网膜。

一、病因

主要原因是脐孔发育不全、脐孔没有闭锁或腹壁发生缺陷。另外，断脐不正确或脐带感染导致腹壁脐孔闭合不全。此时若动物强烈努责或用力跳跃，使腹内压增加，肠管容易通过脐孔进入皮下而形成脐疝。犊牛的先天性脐疝多数在出生后数月逐渐消失，少数病例愈来愈大。

二、症状

脐部出现局限性的、柔软无痛的半球形肿胀，大小不定，多为可复性的。犊牛脐疝一般由拳头大小可发展至小儿头大，甚至更大，此时往往摸不清疝轮。在患部听诊可听到肠蠕动音。陈旧性的病例可发生粘连。

三、诊断

应注意与脐部脓肿和肿瘤等相区别，必要时可慎重地做诊断性穿刺。

四、治疗

可根据发病情况选择保守疗法和手术疗法。

（一）保守疗法

适用于疝轮较小或幼龄动物。可用疝带（皮带或复绷带）、强刺激剂（犊牛用重铬酸钾软膏）或用95%乙醇（碘液或10%~15%氯化钠溶液代替乙醇）等，在疝轮四周分点注射，每点3~5 ml，以促使局部炎性增生而闭合疝口。

（二）手术疗法

此法比较可靠。术前禁食，常规无菌术。全身麻醉或局部浸润麻醉，仰卧保定或半仰卧保定。切口在疝囊底部，呈梭形。认真检查疝内容物有无粘连和变性、坏死。仔细剥离粘连的疝内容物，若有疝内容物坏死，需行切除术。若无粘连和坏死，可将疝内容物直接还纳腹腔内，然后缝合疝轮。若疝轮较小，可做荷包缝合，或纽孔缝合，但缝合前需将疝轮光滑面做轻微切割，形成新鲜创面。如果病程较长，一方面要修割疝轮，进行纽孔状缝合；另一方面在闭合疝轮后，需分离囊壁形成左右两个纤维组织瓣，将一侧纤维组织瓣缝在对侧疝轮外缘上，然后将另一侧的组织瓣缝合在对侧组织瓣的表面上。最后修整皮肤创缘，皮肤做结节缝合。

术后不宜喂得过饱，限制剧烈活动，防止腹压增高。

五、预后

可复性脐疝预后良好，幼畜经保守疗法常能痊愈，疝孔由瘢痕组织填充，疝囊腔闭塞而疝内容物自行还纳于腹腔内。

第二节
阴囊疝

阴囊疝包括鞘膜内阴囊疝和鞘膜外阴囊疝。腹腔脏器经过腹股沟管进入鞘膜腔时称为鞘膜内阴囊疝（假性阴囊疝）；有时肠管经腹股沟内孔稍前方的腹壁破裂孔脱至阴囊皮下、总鞘膜外面时，称为鞘膜外阴囊疝（真性阴囊疝）。

一、症状

鞘膜内阴囊疝时，患侧阴囊明显增大，触诊柔软且无热无痛。可复性的有时能自动还纳。因而阴囊大小不定。如若嵌闭，则阴囊皮肤水肿、发凉，并出现剧烈疝痛症状，若不立即施行手术就有死亡危险。鞘膜外阴囊疝时，患侧阴囊呈炎性肿胀，开始为可复性的，以后常发生粘连。外部检查时很难与鞘膜内阴囊疝区别，只有在直肠检查时，才能发现腹壁破裂孔及脱出的肠管；而在鞘膜内阴囊疝时，直肠检查能发现腹股沟内孔过大及脱出的肠管。

二、治疗

手术是本病的根治方法，公牛阴囊疝的治疗方法决定于病情。

可在睾丸上方的阴囊颈部皮肤做切口，钝性分离阴囊皮肤与鞘膜，直至腹股沟外环。在尽量靠近外环处做一个结扎，在结扎线下方适当部位切除睾丸与总鞘膜，将精索末端推向内环，并用灭菌纱布压住，以便固定断端于内环处，皮肤做一系列褥状缝合以便固定纱布，48 h 内将缝线与纱布拆除。局部按开放创处理。此方法适用于病期较长的大疝病例，这些病例多数有广泛的粘连，在整复内容物返回腹腔以前应将粘连剥离。

公牛阴囊疝也可以采用剖腹术。这种方法可保留睾丸，保持阴囊形状，并可延长优良品种公牛的配种用途（其后代不宜作种用）。具体方法为在阴囊疝的同侧做剖腹术，戴灭菌长袖手套的手臂经切口伸向腹股沟环，触诊可知内容物从腹腔通过腹股沟环而至患侧阴囊，粗大的内容物往往不能立即提起，当助手协助托起阴囊内容物时，术者可能将疝内容物慢慢牵引回腹腔，但有时可发现粘连，妨碍疝的整复，这时可用手指轻轻剥离开。将内容物还纳腹腔后，缝合腹股沟内环。疝环可用大号弯针引缝线穿过，做成一个线圈，拉紧闭合内环。腹膜与腹肌切口用 2 号铬制肠线做连续缝合，皮肤结节缝合，14 d 左右拆线。

第三节
腹壁疝

外伤性腹壁疝由于腹肌或腱膜受到钝性外力的作用而形成。牛常发生左侧腹壁的瘤胃疝及右侧剑状软骨部的皱胃疝，羊多见于肋弓后方的下腹壁。

一、病因

腹壁疝主要是强大的钝性暴力所引起，如棍棒、牛角的顶击、高处跳下等。其次是因腹内压过大，如母畜妊娠后期或分娩过程中难产、强烈努责等引起。山羊腹壁疝常发生于抵角争斗之后。

二、症状

腹壁疝主要症状是腹壁受伤后局部突然出现一个局限性扁平、柔软的肿胀（形状、大小不同），触诊时有疼痛，常为可复性，多数可摸到疝轮。伤后2 d，炎性症状逐渐发展，形成越来越大的扁平肿胀并逐渐向下、向前蔓延。其次是受伤后腹膜炎所引起的大量腹腔积液，并形成腹下水肿，此时原发部位变得稍硬。在腹下的水肿常偏于病侧，一般仅达中线或稍过中线，其厚度可达10 cm，发病2周内不易摸清疝轮。在腹壁疝病畜肿胀部位听诊时可听到皮下的肠蠕动音。

三、诊断

可根据病史，视诊、触诊、听诊做出诊断。受钝性暴力后突然出现柔软可缩性肿胀，视诊时疝囊体积时大时小，触诊能摸到疝轮，听诊能听到肠蠕动音（如为肠管脱出），蠕动音有时甚至随着肠管的蠕动而忽高忽低。其炎性肿胀，一般在3~5 d达到最高峰，炎性肿胀常常妨碍技术人员触摸出疝的范围，使技术人员更不易确定疝轮的方向与大小，因此诊断为腹壁疝时应慎重。有时还会误诊为淋巴外渗或腹壁脓肿。

淋巴外渗发生较慢，病程长，既无疝痛症状，也无疝轮。靠近后方的肿胀可做直肠检查，从腹腔内探查腹壁有无损伤。凡存在疝轮的肯定是疝；体表炎性肿胀或穿刺出淋巴液，仅能证明腹肌受到损伤的同时淋巴管也发生断裂。此外，还应与蜂窝织炎、肿瘤与血肿等进行区别诊断。

四、治疗

可采用保守疗法与手术疗法。

（一）保守疗法

适用于初发的外伤性腹壁疝，凡疝孔位置高于腹侧壁的 1/2 以上，疝孔小，有可复性，尚不存在粘连的病例，可做保守疗法。在疝孔位置安放特制的软垫，用特制压迫绷带在畜体上绷紧后可起到固定填塞疝孔的作用。随着炎症及水肿的消退，疝轮即可自行修复愈合。经常检查压迫绷带，使其在正确的位置上，经过 15 d，如疝轮愈合即可解除压迫绷带。

（二）手术疗法

手术宜早不宜迟，最好在发病后立即手术，术前应充分禁食。

1. 保定与麻醉

牛可站立保定或侧卧保定，做局部浸润或腰旁神经传导麻醉，同时配合静松灵等药物进行全身浅麻醉。

2. 术部定位

切口部位的选择决定于是否发生粘连。在病初尚未粘连的，可在疝轮附近做切口；如已粘连，须在疝囊处做皮肤梭形切口。钝性分离皮下组织，将内容物还纳入腹腔，缝合疝轮，闭合手术切口。

3. 疝修补手术

外伤性腹壁疝的修补方法较多，需依具体病情而定。

（1）新患腹壁疝 当疝轮小、腹壁张力不大时，若腹膜已破裂，首先缝合腹膜和腹肌，然后用丝线做内翻缝合法闭锁疝轮，皮肤结节缝合。当疝轮较大，腹壁张力大，需根据疝轮的大小做若干对双纽孔缝合。所有缝线完全穿好后逐一收紧，助手使两边肌肉及皮肤靠拢，分别在皮肤外打结并垫上圆枕，做皮肤结节缝合。

（2）陈旧性腹壁疝 切开皮肤后将疝囊的皮下纤维组织与皮肤囊进行分离。然后切开疝囊，还纳疝内容物。用外科刀将疝轮上瘢痕化的结缔组织切削成新鲜创面，如果疝轮过大还需用邻近的纤维组织或筋膜做成瓣以填补疝轮。

将一侧的纤维组织瓣用纽孔缝合法缝合在对侧的疝轮组织上，根据疝轮的大小做若干个纽孔缝合；再将另一侧的组织瓣用纽孔缝合法覆盖在上面，最后用减张缝合法闭合皮肤切口。

已发生感染的腹壁疝病例，应在疝的修补术前控制感染，待机进行修补术。

4. 术后护理

术后应保持术部清洁、干燥，防止病畜摔跌；为减轻腹压，术后应防病畜过食，以免伤口裂开；术后应注意观察，如发现病畜疝痛或不安，要及时采取必要的措施，甚至重新做手术。

第十八章
肿瘤

肿瘤是病畜机体中某些正常组织细胞在各种内外致病因素的作用下，异常增殖分化而形成的病理性新生物。它与受累组织的生理需要无关，无规律生长，丧失正常细胞功能，破坏原器官结构，有的可转移到其他组织器官，危及生命。肿瘤组织比正常的组织增殖分化快，耗损畜体大量的营养，同时还产生某些有害物质，损害机体。

临床上，根据肿瘤对病畜的危害程度不同，通常可分为良性肿瘤和恶性肿瘤。在诊断病理学中，根据肿瘤的组织来源、组织形态和性质不同，可区分为上皮组织肿瘤、间叶组织肿瘤、神经组织肿瘤和其他类型肿瘤。良性肿瘤一般称为"瘤"，如纤维组织发生的肿瘤称为纤维瘤；脂肪组织发生的肿瘤称脂肪瘤等。在一些情况下，良性肿瘤也可根据其生长的形态而命名，如发生在皮肤或黏膜上，形似乳头的良性肿瘤，称乳头状瘤。恶性肿瘤源于上皮组织的称为"癌"，源于间叶组织的统称为"肉瘤"。

第一节
眼鳞状细胞癌

眼鳞状细胞癌是由鳞状上皮细胞转化而来的恶性肿瘤，又称鳞状上皮癌，简称鳞癌。最常发生于动物皮肤的鳞状上皮和有此种上皮的黏膜（如口腔、食管、阴道和子宫颈等）。眼鳞状细胞癌，以牛最为多发。

一、病因

原因较多，如遗传因素、紫外线长时间照射、昆虫及化学因素作用等。近年来认为病毒如乳头状瘤病毒、牛疱疹病毒也与本病有关。

二、症状

首先在角膜和巩膜面上出现癌前期的色斑，略带白色，稍突出表面；继而呈疣状物被覆于结膜面，进一步形成乳头状瘤；最后在角膜或巩膜上形成癌瘤。

三、诊断

当眼睑、结膜或角膜出现灰白色或淡黄色斑点，或局限性突起、光滑、不规则，无药物反应，并见溃烂者，流脓或肿瘤增大、突出可初步确诊。确诊应进行病理学检查。

四、治疗

如能及早发现、早诊断，往往可望获得治愈，但当癌细胞转移，如转移到颌下腺、淋巴结或骨组织时，无治疗价值。可用手术疗法、放射疗法、激光治疗、化学疗法或免疫疗法，最好选用手术治疗。手术中动作要轻而柔，在健康组织范围内进行，不进入癌组织，尽可能阻断癌细胞扩散的通路，并切除附近的淋巴结，用纱布保护好癌肿和各层组织切口。

第二节
乳头状瘤

乳头状瘤是奶牛最常见的肿瘤性疾病，多数为良性、自限性的。该肿瘤可分为传染性和非传染性两种，传染性乳头状瘤多发于奶牛。

一、病因

牛乳头状瘤的病原为牛乳头状瘤病毒，具有严格的种属特异性，不易传播给其他动物。常因吸血昆虫或其他媒介而传染。

二、症状

以2岁以下的牛，特别是舍饲奶牛最易发。该病潜伏期为3~4个月，以动物面部、颈部、肩部和下唇，尤以眼、耳的周围最多发；成年母牛的乳头、阴门、阴道有时发生；公牛可发生于包皮、阴茎、龟头部。有的口、咽、舌、食管、胃肠黏膜也会发生此瘤。乳头状瘤的外形，上端常呈乳头状或分支的乳头状突起，表面光滑或凹凸不平，可呈结节状与菜花状等，瘤体可呈球形、椭圆形，大小不一，可单个散在，也可多个集中分布。皮肤的乳头状瘤，颜色多为灰白色、淡红或黑褐色。瘤体表面无毛，时间经过较久的病例常有裂隙，摩擦易破裂脱落。其表面常有角化现象。发生于黏膜的乳头状瘤还可呈团块状，但黏膜的乳头状瘤则一般无角化现象。瘤体损伤易出血。病灶范围大和病程过长的病畜，可见食欲减退，体重减轻。乳房、乳头的病灶，则造成挤奶困难，或引起乳腺炎。

三、治疗

手术切除，或烧烙、冷冻及激光疗法是治疗本病的主要措施。据报道，疫苗注射可达到治疗和预防本病的效果。刘得元（2003）用鸦胆子仁合剂（由鸦胆子仁20g研细、盐酸普鲁卡因2ml、病毒灵10ml、敌百虫10g、滑石粉10g，加入少量凡士林混匀而成）涂于患部可得到良好疗效。方法为将鸦胆子仁合剂涂于患处，每日早晚各1次，连用10d后，乳头状瘤开始自行脱落，半月后痊愈。

第十九章
皮肤病

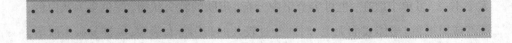

第一节
湿疹

湿疹是上皮细胞对过敏物质刺激的一种炎症反应，这种过敏物质存在于外界环境中。该病临床特点为多形性皮疹，倾向渗出，有的呈对称分布，剧烈瘙痒，病程较长，易反复。

一、病因

病因较复杂，多由某些外界或体内因素的相互作用所致。

（一）外界因素

外源性过敏原是物质直接接触皮肤而引发的，如外寄生虫、化学制剂、清洁剂、动物毒素、蛋类及牛奶特异性蛋白质、花粉、尘埃、细菌感染、日晒、寒冷、搔抓等。

（二）体内因素

内源性过敏原是物质通过肠道由血液带到皮肤而引发的，如因过食、便秘、内寄生虫被消化造成的自体中毒等。

二、症状

（一）急性湿疹

常对称分布，开始为弥漫性潮红，以后可发展为红斑、丘疹、水疱、糜烂、渗液和结痂等形式或常数种皮损同时并存，严重者可泛发全身。因剧痒，病畜摩擦或啃咬后可引起感染。病程2~3周，但容易转为慢性，且反复发作。

（二）慢性湿疹

常因急性和亚急性湿疹处理不当，长期不愈转变而来。多局限于某一部位，牛以四肢多见。表现为皮肤增厚变粗糙，可呈苔藓样病变，脱屑，色素沉着，剧痒。部分皮损上仍可出现新的丘疹或水疱，破损后有少量浆液渗出。当病畜受到刺激而紧张时有剧痒表现。

三、诊断

确诊是困难的，而且区别湿疹和皮炎也困难。

四、治疗

治疗的基础是避免继续接触致敏原，包括搞好环境卫生，改变饲料、垫草，驱除内外寄生虫，避免潮湿和不必要的刺激，以保护皮肤。

（一）急性湿疹

在早期阶段，使动物保持安静，防止搔痒引起的皮肤损伤。用抗组胺制剂、非特异性蛋白质（如自体全血或煮过的脱脂乳）和可的松制剂可以促进痊愈。红肿明显或渗液较多时，可用收敛杀菌洗剂（如3%~4%硼酸溶液或5%乙酸铝溶液）湿敷患部。对红斑、丘疹或水疱，可涂擦炉甘石洗剂或振荡洗剂。也可用水乌钙疗法（见咽炎），或静脉注射普鲁卡因加氢化可的松或钙制剂。

（二）慢性湿疹

可用3%~5%糠馏油软膏外擦；无渗液时，可用地塞米松霜或氟轻松软膏外擦；也可适当灌服苯海拉明等。

第二节
皮肤真菌病

皮肤真菌病是由头疣状毛癣菌引起的一种以脱毛、鳞屑为特征的慢性、局部表在性的真菌性皮肤炎，人畜共患。本病传染性强，在舍饲奶牛场，常由于饲养管理不当，造成牛群感染，犊牛比成年牛更常发生。病原菌在失活的角化组织中生长，当感染扩散到活组织细胞时立即停止，一般病程1~3个月，良性常自行消退。

一、病因

本病为接触传染，病牛及其所用的刷拭工具和与病牛接触的木栅、墙壁、牛床等均可传播该病。饲养管理不当，环境卫生不良，牛舍狭小、阴暗潮湿，饲养密度过大，营养不良，维生素 A、维生素 D 不足或缺乏，皮肤创伤等可诱发本病。

二、症状

潜伏期为 1~4 周。初期损伤轻微，仅见局部不完全脱毛和鳞屑。随后逐渐从其外缘以同心圆状向外扩散，形成直径 1~5 cm 的圆形或卵圆形隆起。病灶被毛减少，界线清楚，被覆灰黄色或灰白色痂皮。痂皮坚实、干燥，逐渐变厚呈石棉样。痂皮脱剥后，可见到湿润、血样溃烂面。病灶可遍布全身，波及头、颈、胸、腹、乳房和四肢等处，但以眼周围、颈部多见。通常没有全身症状，但在初期和痊愈时期，病牛常与坚硬物体摩擦，导致皮肤出血、溃烂和继发感染，使皮肤增厚和苔藓样硬化。轻症者经月余、重症者经数月后，痂皮脱落，病变部位长出新毛而痊愈。已痊愈牛一般不再感染。

三、诊断

必须对病原真菌直接镜检和分离培养才能确诊。

（一）镜检

取病灶鳞屑、被毛，混于 10%~20% 氧化钠溶液中，放置 15 min 以上，稍稍加温使角质溶解，镜检。可见到石垣状或镶嵌状排列的球状节孢子。

（二）分离培养

刮取患部鳞屑、断毛或皮置于载玻片上，加数滴 10% 氢氧化钾液于载玻片样本上，微加热后盖上盖片。显微镜下见到真菌孢子即可确认真菌感染阳性。真菌的培养可在真菌培养基中进行。

四、治疗

多数病牛 4 个月后可自愈，积极治疗可促进炎症的痊愈。

（一）局部治疗

剪除患部被毛，清除鳞屑、痂皮等污物后，消毒擦洗。然后选用以下药物涂布患部：10% 水杨酸乙醇乳剂，2~3 次/d；10%~30% 过氧化氢尿素型软膏，2~3 次/d。

（二）全身治疗

灰黄霉素每千克体重 6~15 mg，一次口服，连服 1 周；20% 碘化钠（钾）溶液 150~165 ml，一次静脉注射，隔 3~4 d 再注射 1 次。

五、预防

加强畜群管理，保持圈舍环境、用具和畜体卫生，保证运动和日照；在饲养上要饲喂全价日粮，充分注意维生素及矿物质的添加饲喂，增进牛体质，提高抗病力。如出现发病，应隔离饲养病牛，并彻底治疗。

第二十章
新生仔畜疾病

第一节
新生仔畜窒息

新生仔畜窒息又称假死，是指犊牛或羔羊出生后，出现呼吸微弱或呼吸停止，仅有心跳的现象。如不及时抢救，仔畜往往死亡。

一、病因

一般由于气体代谢不足或胎盘血液循环障碍。例如，分娩时胎盘过早分离脱落，胎囊破裂过晚，胎盘水肿，子宫痉挛性收缩；各种原因造成分娩时间延长或胎儿产出受阻，胎儿倒生产出时脐带受到压迫，阵缩过强或胎儿脐带缠绕等，或因母畜患有严重的热性病或贫血、过度疲劳、大出血、心力衰竭、高热或全身性疾病自身缺氧，而引起胎儿缺氧，使之过早地呼吸而吸入羊水发生窒息；早产胎儿易发生窒息。

二、症状

轻者，仔畜呼吸微弱而短促，有时张口喘气或咳嗽，全身软弱无力，黏膜发绀，舌脱出口外，心跳快而弱。可见口鼻腔内充满黏液，肺部有湿啰音，喉、气管最明显。严重者，呈假死状态，出生后即没有呼吸，全身松软，黏膜苍白，全身松弛，反射消失，仅有微弱的心跳，若不及时抢救，多很快死亡。

三、诊断

依据新生犊牛呼吸微弱或丧失，但有心跳，可确诊。

四、治疗

关键是保持仔畜呼吸道畅通、刺激呼吸。

（一）保持呼吸道畅通

倒提仔畜，抖动并轻拍和按压胸腹部，同时用手或纱布擦去口鼻内的羊水、黏液，并抬高仔畜后躯，促使口腔、鼻腔及气管内的黏液排出，还可用长胶管插入气管吸出其中的黏液。

（二）刺激呼吸

将其背部垫高、头部放低，有节律地按压腹部，或者让其嗅闻氨水。呼吸严重衰竭者，可用25%尼可刹米1.5ml皮下注射。也可立即输氧或静脉注射0.3%过氧化氢溶液。

（三）纠正酸中毒

窒息缓解后，可静脉注射5%碳酸氢钠液50~100ml，为预防继发呼吸道感染，可应用抗生素。

五、预防

主要是在母牛分娩时及时进行合理助产和仔畜护理，积极治疗原发病。对胎儿倒生、胎膜破裂过晚、胎儿产出期延长以及各种难产要及时助产。

第二节
犊牛肺炎

犊牛肺炎，中兽医又称为犊牛肺黄，多发生于40日龄以内的犊牛，冬春季节多发。

一、病因

发病因素较复杂。

第一，母牛分娩时羊水破裂较早及接生护理不当。犊牛出生之前羊水破裂过早，致使羊水进入呼吸道；出生时没有及时清理犊牛身上污垢及鼻腔内羊水异物，易引起吸入性肺炎。

第二，饲养管理不当。如过早断奶；喂给犊牛大量含高浓度干物质的牛奶或代乳品；从不同地区购买的犊牛混养在一起，使患慢性或亚临床性肺炎的病牛所携带的微生物传给健康犊牛。

第三，环境因素。如圈舍通风不良并有氨气和微生物积聚；相对湿度高且环境温度低，相对湿度低且环境温度高；每日温差变化大，牛群拥挤等。

第四，其他因素。如伴发链球菌病、下痢、结核病、巴氏杆菌病等，均有肺炎症状。详见传染病部分。

感冒能降低犊牛抗病力，是引起犊牛肺炎的重要原因。

二、症状

犊牛精神沉郁，采食量降低；呼吸困难、咳嗽，眼结膜充血、潮红或发绀，体温升高，脉搏增数，瘤胃蠕动减弱或停止；听诊肺部，病初肺泡音增强，呼吸粗，继而引起支气管黏膜肿胀，听诊有干啰音；病程延长时，两鼻孔内流出蛋清样鼻液或白色泡沫样鼻液；严重者全身症状较重，如治疗不及时，往往死亡。

三、治疗

治疗以迅速排出羊水、异物，防止肺组织的腐败分解，抗菌消炎及对症治疗为治则。

四、预防

保持圈舍清洁、卫生，适当通风；临近分娩时，加强监护。羊水破后，及时拉出犊牛，并擦净口鼻黏液，倒提后肢；给牛犊喂奶时，要少量多次，防止喂呛；喂给足够的初乳，避免营养性的应激；灌药时应喝一口灌一口，以防呛肺。

第三节
犊牛腹泻

犊牛腹泻是指正在哺乳期的犊牛，由于肠蠕动亢进，肠内容物吸收不全或吸收困难，致使肠内容物与多量水分被排出体外，粪便稀薄或呈水样，犊牛表现脱水、酸中毒等症状。本病一年四季均可发生，以1月龄内的犊牛发病率和死亡率最高。

一、病因

（一）饲养管理不当

母牛产前营养不良，犊牛初乳不足，缺乏微量元素或矿物质；母牛乳房不洁，奶质不卫生，或喂给犊牛患乳腺炎母牛的乳汁；犊牛圈舍阴暗潮湿、不洁、通风不良。

（二）应激反应

犊牛突然受冷或热刺激；长途运输、环境突变、惊吓、噪声过大、饲喂过饱等均可作为腹泻的诱因。

（三）某些传染病或寄生虫病感染

犊牛感染肠道病毒（轮状病毒、冠状病毒和星状病毒等）、细菌（大肠杆菌、沙门菌等）、寄生虫（犊牛在胚胎期由母体感染蛔虫，或犊牛感染球虫等）均可导致腹泻。其发病原因、症状、诊疗详见传染病、寄生虫病部分。

二、症状

因饲养管理、应激而发生的消化不良性腹泻可发生于各年龄阶段的犊牛，主要集中于3周龄前犊牛。发病后由于体液和电解质丧失而致机体脱水，大量使用抗生素不见明显疗效。病犊精神沉郁，鼻镜处有很多干痂，排粪减少，仅排不成形的、黄色粪便，内含有黏液。病犊不愿站立，走路蹒跚，腹围增大，体温升高，听诊心跳稍快，肠音很高。劣质代乳品引起的腹泻，表现为精神、食欲正常，饮食后胀肚，喜卧，会阴、尾部常被粪便污染，有异食癖。过多饲喂母乳全奶引起的腹泻，表现为精神萎靡，厌食，粪便多而恶臭，并带有很多黏液。缺硒引起的腹泻，常反复发作，经久不愈，机体抵抗力差，常易患呼吸道炎症，心音浑浊有杂音。

三、治疗

治疗原则为清理肠道、促进消化、消炎解毒、防止脱水、调节肠胃功能，目前多采用水电解质疗法。

（一）适量补液

补液量应根据脱水量和临床症状来决定，有口服补液及静脉补液两种方法。口服补液适用于有食欲、脱水量在体重6%~8%时的犊牛。

方剂一：碳酸氢钠108.9g，氯化钠113.6g，氯化钾50.3g，葡萄糖535.2g，甘氨酸224g，以上药剂混合。按混合物38.3g加水1000g的比例配液。静脉补液适用于无食欲、脱水量在体重10%以上的犊牛。

方剂二：氯化钠2.9g，氯化钾1.1g，乳酸钠3.7g，葡萄糖19.8g，以上药剂加水1000ml混合均匀。剂量为每千克体重25ml，静脉注射。

（二）对症治疗

一般性消化不良的，可用乳酸片10片、磺胺脒10片、酵母片5片，一次灌服；脱水的，可用5%葡萄生理盐水500ml、四环素75万IU、30%安乃近10ml、地塞米松磷酸钠10mg，一次静脉注射；中毒性消化不良的，可用5%葡萄糖生理盐水500ml、5%碳酸钠100ml、维生素C 10ml、10%安钠咖4ml，一次静脉注射；伴有呼吸道症状的，可用双黄连20ml、5%葡萄糖生理盐水500ml、氨青霉素0.5g、地塞米松磷酸钠10mg，一次静脉注射。除上述治疗外，应配合抗应激药物，如给予口服补液盐（氯化钠3.5g、碳酸钠2.5g、氯化钾1.5g、葡萄糖40g、温开水1000ml，混合）供犊牛自由饮用。

第四节
犊牛便秘

一、病因

常因管理不当或犊牛体弱，使犊牛不能及时吸吮到初乳，胎粪在体内停留时间过长，不能及时排出，而造成胎粪滞留。

二、症状

犊牛出生后24h内不排便，表现精神沉郁，食欲不振或废绝，不时磨牙，回头顾腹，起卧不安，后肢踢腹。严重者不愿行走，举尾弓背、努责，有时做转圈运动，发出嘶哑叫声、出汗。体温正常或稍高，隔腹触摸或直肠检查有大小不等干硬粪块。

三、治疗

保证让犊牛出生后及时吃到初乳。便秘时，可用植物油或液状石蜡 30 ml 直肠灌注，或 50 ml 内服，并配合腹部按摩。黄修奇（2002）自制"蒜汤"治疗便秘犊牛有良效，方法为：蜂蜜 150 g，大蒜 50 g（捣泥），加常水适混匀，一次灌服。也可结合当归 20 g、肉苁蓉 15 g、大黄 10 g，水煎灌服。若严重腹痛，可肌内注射 30% 安乃近 5~6 ml，若胎粪停留时间过长，引起肠道炎症，可配合消炎药物治疗，也可应用副交感神经兴奋药。

第五节
犊牛脐炎

脐炎是脐带断端感染细菌而引起的化脓性坏疽性炎症，如治疗不及时或方法不当可导致化脓、坏死，形成顽固性硬肿或化脓性脐炎，严重影响犊牛发育，甚至造成犊牛死亡。

一、病因

接生或助产时过早，用力不均匀，导致脐带过短；牛舍环境卫生差、杂菌滋生导致脐血管发炎、肿胀；犊牛间互相舔吸脐带；缺乏维生素 A 等，导致脐孔愈合慢；先天遗传因素。

二、症状

病初常不被注意，仅见犊牛消化不良、下痢，随病程延长而出现精神沉郁，体温升高，不愿行走，犊牛脐部组织增生，触诊质地坚硬、疼痛，脐带断端湿润、肿胀发热，形成大小不等的椭圆形硬肿，严重者在脐孔处形成瘘孔，中央可挤出发臭脓汁。严重者脐带残段呈污红色，有恶臭味，脐孔处肉芽赘生，形成溃疡面，可能继发脓毒败血症或破伤风。

三、治疗

脐部周围剪毛、消毒，当发生脓肿或坏死时，应切开排脓，并用过氧化氢溶液清洗，再向孔内灌注 5% 碘酊液；若有全身症状，可肌内注射青霉素 60 万 IU，每日 1~2 次，连用 3 d；或肌内注射庆大霉素 40 万 IU。

四、预防

仔畜出生后，脐带留得不宜过长，如果脐带不出血，可不结扎，以促其迅速干燥和脱落；每天用碘酊液涂擦脐带 1~2 次，并保证圈舍的清洁干燥；加强管理，防止犊牛互相吸吮脐带。